海洋天然气水合物开采基础理论与技术丛书

海洋天然气水合物开采
出砂管控理论与技术

李彦龙　吴能友　董长银等　著

科学出版社

北京

内 容 简 介

海洋天然气水合物储层具有埋藏浅、固结弱等特点，出砂问题是海洋天然气水合物开采面临的重要工程地质风险之一。

本书在梳理和总结海洋天然气水合物开采面临的出砂问题挑战、国内外研究进展的基础上，分析天然气水合物开采过程中储层力学性能的劣化产砂机理，利用实验模拟和数值模拟相结合的手段刻画不同生产工况下地层泥砂的运移产出规律，建立针对南海北部泥质粉砂型天然气水合物储层的井底控砂参数优选方法和井底控砂介质综合工况评价方法，提出以水平井为代表的复杂结构井宏观出砂调控理念和方法，介绍基于地质–工程一体化理念的提产–控砂–降本一体化开采新思路与方法，为我国海洋天然气水合物开发提供科学理论指导和技术参考。

本书是作者团队近年来在海洋天然气水合物开采出砂调控领域的最新研究成果，既提供了大量翔实的实验模拟与数值模拟结果，又结合我国海洋天然气水合物试采实践，形成了系列原创性基础理论和技术成果，可供从事天然气水合物勘探开发研究的科研人员和相关专业的研究生阅读。

图书在版编目（CIP）数据

海洋天然气水合物开采出砂管控理论与技术/李彦龙等著. —北京：科学出版社，2022.3

（海洋天然气水合物开采基础理论与技术丛书）

ISBN 978-7-03-070935-6

Ⅰ.①海…　Ⅱ.①李…　Ⅲ.①海洋–天然气水合物–气田开发–出砂–研究　Ⅳ.①TE5

中国版本图书馆 CIP 数据核字（2021）第 261863 号

责任编辑：焦　健　韩　鹏　李　静／责任校对：何艳萍
责任印制：吴兆东／封面设计：北京图阅盛世

斜学出版社 出版

北京东黄城根北街 16 号
邮政编码：100717
http://www.sciencep.com

北京中科印刷有限公司 印刷
科学出版社发行　各地新华书店经销

*

2022 年 3 月第　一　版　开本：787×1092　1/16
2022 年 3 月第一次印刷　印张：19 3/4
字数：468 000

定价：268.00 元
（如有印装质量问题，我社负责调换）

"海洋天然气水合物开采基础理论与技术丛书"
编 委 会

丛 书 序 一

  为了适应经济社会高质量发展，我国对加快能源绿色低碳转型升级提出了重大战略需求，并积极开发利用天然气等低碳清洁能源。同时，我国石油和天然气的对外依存度逐年攀升，目前已成为全球最大的石油和天然气进口国。因此，加大非常规天然气勘探开发力度，不断提高天然气自主供给能力，对于实现我国能源绿色低碳转型与经济社会高质量发展、有效保障国家能源安全等具有重大意义。

  天然气水合物是一种非常规天然气资源，广泛分布在陆地永久冻土带和大陆边缘海洋沉积物中。天然气水合物具有分布广、资源量大、低碳清洁等基本特点，其开发利用价值较大。海洋天然气水合物多赋存于浅层非成岩沉积物中，其资源丰度低、连续性差、综合资源禀赋不佳，安全高效开发的技术难度远大于常规油气资源。我国天然气水合物开发利用正处于从资源调查向勘查试采一体化转型的重要阶段，天然气水合物领域的相关研究与实践备受关注。

  针对天然气水合物安全高效开发难题，国内外尽管已经提出了降压、热采、注化学剂、二氧化碳置换等多种开采方法，并且在世界多个陆地冻土带和海洋实施了现场试验，但迄今为止尚未实现商业化开发目标，仍面临着技术挑战。比如，我国在南海神狐海域实施了两轮试采，虽已证明水平井能够大幅提高天然气水合物单井产能，但其产能增量仍未达到商业化开发的目标要求。再比如，目前以原位降压分解为主的天然气水合物开发模式，仅能证明短期试采的技术可行性，现有技术装备能否满足长期高强度开采需求和工程地质安全要求，仍不得而知。为此，需要深入开展相关创新研究，着力突破制约海洋天然气水合物长期安全高效开采的关键理论与技术瓶颈，为实现海洋天然气水合物大规模商业化开发利用提供理论与技术储备。

  因此，由青岛海洋地质研究所吴能友研究员牵头，并联合多家相关单位的专家学者，编著出版"海洋天然气水合物开采基础理论与技术丛书"，恰逢其时，大有必要。该丛书由6部学术专著组成，涵盖了海洋天然气水合物开采模拟方法与储层流体输运理论、开采过程中地球物理响应特征、工程地质风险调控机理等方面的内容，是我国海洋天然气水合物开发基础研究与工程实践相结合的最新成果，也是以吴能友研究员为首的海洋天然气水合物开采科研团队"十三五"期间相关工作的系统总结。该丛书的出版标志着我国在海洋天然气水合物开发基础研究方面取得了突破性进展。我相信，这部丛书必将有力推动我国海洋天然气水合物资源开发利用向产业化发展，促进相应的学科建设与发展及专业人才培养与成长。

中国科学院院士

2021 年 10 月

丛书序二

欣闻青岛海洋地质研究所联合国内多家单位科学家编著完成的"海洋天然气水合物开采基础理论与技术丛书"即将由科学出版社出版,丛书主编吴能友研究员约我为丛书作序。欣然应允,原因有三。

其一,天然气水合物是一种重要的非常规天然气,资源潜力巨大,实现天然气水合物安全高效开发是全球能源科技竞争的制高点,也是一个世界性难题。世界上很多国家都相继投入巨资进行天然气水合物勘探开发研究工作,目前国际天然气水合物研发态势已逐渐从资源勘查向试采阶段过渡。美国、日本、德国、印度、加拿大、韩国等都制定了各自的天然气水合物研究开发计划,正在加紧调查、开发和利用研究。目前,加拿大、美国和日本已在加拿大麦肯齐三角洲、美国阿拉斯加北坡两个陆地多年冻土区和日本南海海槽一个海域实施天然气水合物试采。我国也已经实现了两轮水合物试采,尤其是在我国第二轮水合物试采中,首次采用水平井钻采技术,攻克了深海浅软地层水平井钻采核心关键技术,创造了"产气总量""日均产气量"两项世界纪录,实现了从"探索性试采"向"试验性试采"的重大跨越。我多年来一直在能源领域从事勘探开发研究工作,深知天然气水合物领域取得突破的艰辛。"海洋天然气水合物开采基础理论与技术丛书"从海洋天然气水合物开采的基础理论和多尺度研究方法开始,再详细阐述开采储层的宏微观传热传质机理、典型地球物理特性的多尺度表征,最后涵盖海洋天然气水合物开采的工程与地质风险调控等,是我国在天然气水合物能源全球科技竞争中抢占先机的重要体现。

其二,推动海洋天然气水合物资源开发是瞄准国际前沿,建设海洋强国的战略需要。2018年6月12日,习近平总书记在考察青岛海洋科学与技术试点国家实验室时强调:"海洋经济发展前途无量。建设海洋强国,必须进一步关心海洋、认识海洋、经略海洋,加快海洋科技创新步伐。"天然气水合物作为未来全球能源发展的战略制高点,其产业化开发利用核心技术的突破是构建"深海探测、深海进入、深海开发"战略科技体系的关键,将极大地带动和促进我国深海战略科技力量的全面提升和系统突破。天然气水合物资源开发是一个庞大而复杂的系统工程,不仅资源、环境意义重大,还涉及技术、装备等诸多领域。海洋天然气水合物资源开发涉及深水钻探、测井、井态控制、钻井液/泥浆、出砂控制、完井、海底突发事件响应和流动安全、洋流影响预防、生产控制和水/气处理、流量测试等技术,是一个高技术密集型领域,充分反映了一个国家海洋油气工程的科学技术水平,是衡量一个国家科技和制造业等综合水平的重要标志,也是一个国家海洋强国的直接体现。"海洋天然气水合物开采基础理论与技术丛书"第一期计划出版6部专著,不仅有基础理论研究成果,而且涵盖天然气水合物开采岩石物理模拟、热电参数评价、出砂管控、力学响应与稳定性分析技术,对推动天然气水合物开采技术装备进步具有重要作用。

其三,青岛海洋地质研究所是国内从事天然气水合物研究的专业机构之一,近年来在天然气水合物开采实验测试、模拟实验和基础理论、前沿技术方法研究方面取得了突出成绩。早在 21 世纪初，青岛海洋地质研究所天然气水合物实验室就成功在室内合成天然气水合物样品，并且基于实验模拟获得了一批原创性成果，强有力地支撑了我国天然气水合物资源勘查。2015 年以来，青岛海洋地质研究所作为核心单位之一，担负起中国地质调查局实施的海域天然气水合物试采重任，建立了国内一流、世界领先的实验模拟与实验测试平台，组建了多学科交叉互补、多尺度融合的专业团队，围绕水合物开采的储层传热传质机理、气液流体和泥砂产出预测、物性演化规律及其伴随的工程地质风险等关键科学问题开展研究，创建了水合物试采地质-工程一体化调控技术，取得了显著成果，支撑我国海域天然气水合物试采取得突破。"海洋天然气水合物开采基础理论与技术丛书"对研究团队取得的大量基础理论认识和技术创新进行了梳理和总结，并与广大从事天然气水合物研究的同行分享，无疑对推进我国天然气水合物开发产业化具有重要意义。

　　总之，"海洋天然气水合物开采基础理论与技术丛书"是我国近年来天然气水合物开采基础理论和技术研究的系统总结，基础资料扎实，研究成果新颖，研究起点高，是一份系统的、具有创新性的、实用的科研成果，值得郑重地向广大读者推荐。

中国工程院院士

2021 年 10 月

丛书前言

天然气水合物（俗称可燃冰）是一种由天然气和水在高压低温环境下形成的似冰状固体，广泛分布在全球深海沉积物和陆地多年冻土带。天然气水合物资源量巨大，是一种潜力巨大的清洁能源。20世纪60年代以来，美、加、日、中、德、韩、印等国纷纷制定并开展了天然气水合物勘查与试采计划。海洋天然气水合物开发，对保障我国能源安全、推动低碳减排、占领全球海洋科技竞争制高点等均具有重要意义。

我国高度重视天然气水合物开发工作。2015年，中国地质调查局宣布启动首轮海洋天然气水合物试采工程。2017年，首轮试采获得成功，创造了连续产气时长和总产气量两项世界纪录，受到党中央国务院贺电表彰。2020年，第二轮试采采用水平井钻采技术开采海洋天然气水合物，创造了总产气量和日产气量两项新的世界纪录。由此，我国的海洋天然气水合物开发已经由探索性试采、试验性试采向生产性试采、产业化开采阶段迈进。

扎实推进并实现天然气水合物产业化开采是落实党中央国务院贺电精神的必然需求。我国南海天然气水合物储层具有埋藏浅、固结弱、渗流难等特点，其安全高效开采是世界性难题，面临的核心科学问题是储层传热传质机理及储层物性演化规律，关键技术难题则是如何准确预测和评价储层气液流体、泥砂的产出规律及其伴随的工程地质风险，进而实现有效调控。因此，深入剖析海洋天然气水合物开采面临的关键基础科学与技术难题，形成体系化的天然气水合物开采理论与技术，是推动产业化进程的重大需求。

2015年以来，在中国地质调查局、青岛海洋科学与技术试点国家实验室、国家专项项目"水合物试采体系更新"（编号：DD20190231）、山东省泰山学者特聘专家计划（编号：ts201712079）、青岛创业创新领军人才计划（编号：19-3-2-18-zhc）等机构和项目的联合资助下，中国地质调查局青岛海洋地质研究所、广州海洋地质调查局、中国科学院广州能源研究所、武汉岩土力学研究所、力学研究所、中国地质大学（武汉）、中国石油大学（华东）、中国石油大学（北京）等单位的科学家开展联合攻关，在海洋天然气水合物开采流固体产出调控机理、开采地球物理响应特征、开采工程地质风险评价与调控等领域取得了三个方面的重大进展。

（1）揭示了泥质粉砂储层天然气水合物开采传热传质机理：发明了天然气水合物储层有效孔隙分形预测技术，准确描述了天然气水合物赋存形态与含量对储层有效孔隙微观结构分形参数的影响规律；提出了海洋天然气水合物储层微观出砂模式判别方法，揭示了泥质粉砂储层微观出砂机理；创建了海洋天然气水合物开采过程多相多场（气-液-固、热-渗-力-化）全耦合预测技术，刻画了储层传热传质规律。

（2）构建了天然气水合物开采仿真模拟与实验测试技术体系：研发了天然气水合物钻采工艺室内仿真模拟技术；建立了覆盖微纳米、厘米到米，涵盖水合物宏-微观分布与动态聚散过程的探测与模拟方法；搭建了海洋天然气水合物开采全流程、全尺度、多参量仿真模拟与实验测试平台；准确测定了试采目标区储层天然气水合物晶体结构与组成；精细刻画了储层声、电、力、热、渗等物性参数及其动态演化规律；实现了物质运移与三相转化过程仿真。

（3）创建了海洋天然气水合物试采地质–工程一体化调控技术；建立了井震联合的海洋天然气水合物储层精细刻画方法，发明了基于模糊综合评判的试采目标优选技术；提出了气液流体和泥砂产出预测方法及工程地质风险评价方法，形成了泥质粉砂储层天然气水合物降压开采调控技术；创立了天然气水合物开采控砂精度设计、分段分层控砂和井底堵塞工况模拟方法，发展了天然气水合物开采泥砂产出调控技术。

为系统总结海洋天然气水合物开采领域的基础研究成果，丰富海洋天然气水合物开发理论，推动海洋天然气水合物产业化开发进程，在高德利院士、孙金声院士等专家的大力支持和指导下，组织编写了本丛书。本丛书从海洋天然气水合物开采的基础理论和多尺度研究方法开始，进而详细阐述开采储层的宏微观传热传质机理、典型地球物理特性的多尺度表征，最后介绍海洋天然气水合物开采的工程与地质风险调控等，具体包括：《海洋天然气水合物开采基础理论与模拟》《海洋天然气水合物开采储层渗流基础》《海洋天然气水合物开采岩石物理模拟及应用》《海洋天然气水合物开采热电参数评价及应用》《海洋天然气水合物开采出砂管控理论与技术》《海洋天然气水合物开采力学响应与稳定性分析》等六部图书。

希望读者能够通过本丛书系统了解海洋天然气水合物开采地质–工程一体化调控的基本原理、发展现状与未来科技攻关方向，为科研院所、高校、石油公司等从事相关研究或有意进入本领域的科技工作者、研究生提供一些实际的帮助。

由于作者水平与能力有限，书中难免存在疏漏、不当之处，恳请广大读者批评指正。

自然资源部天然气水合物重点实验室主任

2021 年 10 月

前　言

出砂，是指地质能源开采过程中，地层泥砂颗粒从原始地层骨架脱落并随着流体在地层中迁移或进入生产井/管道，进而对能源的持续稳定生产过程产生不利影响的工程地质现象。出砂问题最早见于常规疏松砂岩油气储层，随着近年来地质能源开发种类的增多，出砂问题也频频见于天然气水合物储层、煤层气储层、地下储气库、地热开采井、碳酸盐岩储层和经压裂改造的页岩油气储层。因此，出砂问题不是某一类能源开采的"专利"，它普遍潜伏于各类地质能源开采过程中，并成为高效开发利用地质能源的关键制约因素之一。但不同类型的能源，其赋存条件、开发模式千差万别，出砂问题的产生机理不一而足，出砂对能源开采过程的影响程度也截然不同，针对特定类型的储层的出砂问题防御、调控办法自然存在天壤之别。

海洋天然气水合物具有埋藏浅、固结弱、未成岩等基本特征。天然气水合物开采过程中，天然气水合物分解导致储层胶结强度不断降低，多相流体渗流引起开采井周围地层应力改变，井筒–地层系统的多相多场强耦合特征明显，而这种多相多场强耦合作用也是天然气水合物开采过程出砂问题区别于其他成岩储层出砂问题的根本原因。这种特殊性使我们无法照搬疏松砂岩油气储层的经验开展天然气水合物开采过程出砂防控方案的制订。

本书聚焦我国 2017 年、2020 年海域天然气水合物试采区域——南海北部神狐海域，在梳理和总结海洋天然气水合物开采面临的出砂问题挑战、国内外研究进展的基础上，分析水合物开采过程中储层力学性能的劣化机理；利用实验模拟和数值模拟相结合的手段刻画不同生产工况下地层泥砂的运移产出行为；建立针对神狐海域泥质粉砂型天然气水合物储层的井底控砂参数优选方法和井底控砂介质综合工况评价方法；提出以水平井为代表的复杂结构井宏观出砂调控理念和方法；介绍天然气水合物开采出砂模拟新方法和基于地质–工程一体化理念的提产–控砂–降本一体化开采新思路，以期为我国天然气水合物勘探开发提供科学理论指导和技术参考。

本书共分为八章：第一章绪论，主要回顾和梳理国内外天然气水合物储层出砂研究领域的主要进展，并提出从系统工程角度解决出砂问题的基本思路；第二章含水合物沉积物的力学性质，介绍不同类型的含水合物沉积物剪切破坏特征，探讨不同类型的含水合物沉积物在开采过程中的力学参数弱化机理，为天然气水合物出砂预测模型的建立提供依据；第三章水合物储层泥砂运移产出特征实验模拟，分别采用砂质沉积物和泥质粉砂沉积物，模拟水合物已分解区、分解过渡带储层的泥砂迁移规律，分析地层泥砂的启动运移产出的基本特征；第四章水合物储层出砂预测模型与数值分析方法，在实验模拟基础上建立天然气水合物储层临界出砂流速预测理论模型，并重点介绍两类用于水合物储层出砂行为预测的数值模拟方法；第五章水合物开采井控砂参数设计方法，探讨不同控砂方法在海洋天然气水合物开采井中的适应性，提出针对泥质粉砂水合物储层的控砂精度设计方法；第六章水合物开采井控砂介质工况模拟与分析，聚焦出砂问题防控的核心硬件——控砂介质，介绍控砂介质的基本失效形式，重点探讨控砂介质的堵塞、冲蚀失效规律；第七章水合物开采水平井出砂调控原理与方法，针对水合物开采水平井独特性，阐述水平井开采条件下储层出砂预测、井筒控砂参数设计和井筒携砂防堵的基本方法，在此基础上形成水合物开采水平井携砂生产系统协调优化方法；第八章水合物储层出砂管控体系新技术与新方法，介绍由作者团队提出的部分水合物储层出砂探测与模拟实验技术，围绕实现天然气水合物提产、降本、控砂一体化目标，提出新的海洋天然气水合物开采方法。

本书的创作源于天然气水合物开采出砂问题本身，但作者团队多年从事出砂问题研究的最大体会是：出砂问题不是独立于天然气水合物开发的系统工程存在的，自然也不可能通过单纯的控砂解决与出砂相关的所有问题。将出砂管控问题从单一的工程问题上升到与天然气水合物开发模式融合考虑，提出打破常规油气开发理念的新方法新技术，实现出砂、产气、产水和其他工程地质风险一体化调控，这是未来的发展趋势，也是我国天然气水合物产业化进程的必然需求。

本书的组织和编写工作，是在全体研究人员共同努力下完成的，李彦龙副研究员和吴能友研究员共同完成全书的组织和统稿工作，撰写过程中得到了青岛海洋地质研究所、中国石油大学（华东）、中国地质大学（武汉）、广州海洋地质调查局等单位的大力支持。各章编写分工如下：第一章由吴能友、李彦龙完成；第二章由李彦龙、刘昌岭、廖华林完成；第三章由李彦龙、綦民辉、吴能友、宁伏龙、匡增桂完成；第四章由宁伏龙、李彦龙、董长银、纪云开完成；第五章由吴能友、李彦龙、宁伏龙、孙建业、谭明建完成；第六章由董长银、李彦龙、孟庆国完成；第七章由陈强、李彦龙、綦民辉、董长银完成；第八章由胡高伟、李彦龙、吴能友、刘昌岭、匡增桂完成。高德利院士审阅了全书并提出了宝贵意见，全书图表编排和校对由北京师范大学青岛附属学校杨俊卿完成，联合培养研究生中国石油大学（华东）董林博士、刘浩伽硕士、何楚翘硕士、赛福拉硕士，加拿大里贾纳大学靳玉蓉博士，中国海洋大学黄萌硕士，中国地质大学（武汉）徐猛硕士、郁桂刚硕士等先后在自然资源部天然气水合物重点实验室学习并完成了学位论文，对本书相关内容的研究作出了贡献，在此一并衷心感谢。

本书的出版得到了中国地质调查局、青岛海洋科学与技术试点国家实验室、国家专项"水合物测试技术更新"项目（编号：DD20221704）、国家自然科学基金"南海神狐海域水合物储层静力触探响应特征及其主控因素研究"项目（编号：41976074）、山东省泰山学者特聘专家项目（编号：ts201712079）、青岛市科技创新领军人才项目（编号：19-3-2-18-zhc）的联合资助。另外，本书第六章中控砂介质冲蚀破坏相关的研究工作还得到了国家重点研发计划项目课题"水合物开采过程气-液-固多相流动规律与泥砂控制机理"（编号：2017YFC0307304）的联合资助，特致谢意。

希望读者能够通过本书系统了解海洋天然气水合物开采出砂管控理论与技术的发展现状与未来科技攻关方向，为科研院所、高校、石油公司等从事相关研究或有意进入本领域的科技工作者、研究生提供一些实际的帮助。

由于作者水平与能力有限，书中难免存在不妥之处，希望广大读者不吝赐教。

目　　录

第一章 绪 论

第一节 天然气水合物能源开发现状

一、天然气水合物试采概况

1810 年，英国学者 Davy 首次在实验室命名了气体水合物。至 21 世纪初，先后发现 40 多种气体分子（分子直径 0.4～0.9nm）能够形成气体水合物。1934 年，Hammerschmidt（1934）在天然气输送管道中发现天然气水合物堵塞，由此拉开了天然气水合物研究的序幕。特别是 Makogon（1965）报道了天然气水合物在永久冻土带和深海环境中大量存在后，掀起了全球天然气水合物研究的热潮。国际天然气水合物研究队伍从化工界扩展到地质界，研究目标由原来的工业灾害防治转变为非常规能源找矿甚至直指商业开采应用。近年来，尽管对天然气水合物在环境气候、海底灾害方面的讨论和争议从未间断（Ruppel and Kessler，2017），但在全球能源结构转型、实现"双碳"目标的大背景下，天然气水合物作为一种非常规战略能源已成为国际共识。

纵观世界各国及组织天然气水合物勘探开发发展历程，大致可归纳为三个阶段。第一阶段（1965 年至 20 世纪 80 年代）的主要目标是证实天然气水合物在自然界中的存在，美国布莱克海台、加拿大麦肯齐三角洲的天然气水合物就是在这一时期发现的，该阶段研究认为全球天然气水合物蕴含的甲烷总量在 $10^{17}\sim10^{18}m^3$（标准状况）量级（Makogon，2010）。这一惊人数据给全球天然气水合物能源调查研究注入一针强心剂。随后开展了以圈定天然气水合物分布范围、评估资源潜力、确定有利区和预测资源远景为主要目的的水合物现场调查研究（第二阶段，80 年代至 2002 年）。随着该阶段调查程度的深入和资源量评估技术的进步，全球天然气水合物所含的甲烷气资源量预测结果降低至 $10^{14}\sim10^{15}m^3$ 量级（Boswell and Collett，2011）。2002 年，加拿大等国在 Mallik 5L-38 井进行储层降压和加热分解测试，证明天然气水合物储层具有一定的可流动性（Takahashi et al.，2003），尽管单纯依靠热激发很难实现天然气水合物的高效生产，但至少证明人类通过技术革新有实现天然气水合物可控利用的可能性。由此，天然气水合物高效开采方法的研究成为热点，国际天然气水合物研发态势从勘查阶段转入勘查试采一体化阶段（即第三阶段，2002 年至今）。目前，中国、美国、日本、印度、韩国是天然气水合物勘查与试采领域最活跃的国家。

在各国天然气水合物勘探开发国家计划的支持下，迄今（截至 2020 年年底）已在加拿大北部麦肯齐三角洲外缘的 Mallik（2002 年、2007～2008 年）（Dallimore et al.，2005；Kurihara et al.，2010）、美国阿拉斯加北坡的 Ignik Sikumi（2012 年）（Boswell et al.，

2017)、中国祁连山木里盆地（2011 年、2016 年）（王平康等，2019）等 3 个陆地冻土区和日本东南沿海的 Nankai 海槽（2013 年、2017 年）（Yamamoto et al.，2014，2019）、中国南海神狐海域（2017 年、2020 年）（Li et al.，2018；叶建良等，2020）2 个海域成功实施了 9 次试采。

基于对天然气水合物储层孔渗特征、技术可采难度的认识，国际主流普遍认为赋存在砂层沉积物中的天然气水合物应该是试采的优选目标。因此，日本在 2013 年和 2017 年海域天然气水合物试采中也都将试采站位锁定在海底砂质沉积物中。前期印度、韩国的天然气水合物钻探航次也将寻找砂层型天然气水合物作为重点目标，从而为后续的试采提供可选站位。我国在早期天然气水合物钻探航次和室内研究中，也大多瞄准赋存于砂层沉积物中的天然气水合物。但据预测，全球天然气水合物总量的 90% 以上赋存于海底黏土质粉砂或淤泥质沉积物中。进一步落实海底黏土质粉砂或淤泥质沉积物中的天然气水合物资源量并突破其开采瓶颈对于改善全球能源结构意义重大（吴能友等，2020）。

聚焦国内，我国自 20 世纪末期启动天然气水合物调查研究以来，经过 20 余年的不懈努力，初步评价我国海域天然气水合物资源量约 800 亿吨油当量（中国矿产资源报告，2019 年），并在南海北部陆坡评价圈定了 11 个天然气水合物成矿远景区，25 个有利区块，锁定了 24 个钻探目标区，取得了一系列重大找矿突破（中国矿产资源报告，2018 年）。我国天然气水合物研究历程主要可划分如下三个阶段：①1999～2001 年，原地矿部启动天然气水合物调查预研究，2001 年 11 月 3 日，青岛海洋地质研究所业渝光研究员牵头，在国内首次人工合成天然气水合物样品并实现点火成功，央视集中报道了这一历史性时刻，这一事件极大地鼓舞了国内科研人员和相关政府组织机构，随即拉开了天然气水合物大调查序幕。②2002～2015 年，由中国地质调查局牵头开展水合物调查，先后在我国祁连山冻土带、南海北部东沙海槽和神狐海域钻获了天然气水合物实物样品，经 2007 年以来多轮钻探取样和调查，我国海域天然气水合物勘查研究提升到了一个新高度。2014 年，由中国地质调查局和中国科学院联合主办第八届国际天然气水合物大会，宣布我国将开展海域天然气水合物试采。③2015 年年底，中国地质调查局启动首轮海域天然气水合物试采工程，由吴能友研究员担任首席专家，卢海龙教授担任首席科学家。由此，我国海域天然气水合物研究由资源家底普查转入勘查试采一体化阶段。目前，南海北部陆坡已经成为我国主要的天然气水合物调查、试采研究区，目前已经在陆坡中部神狐海域和西部琼东南海域启动建设两个试采先导区。

特别值得一提的是，2017 年我国在南海北部陆坡开展泥质粉砂型天然气水合物试采并获得成功，在全球首次证明赋存于海底黏土质粉砂中的天然气水合物具备技术可采性，从而扭转了国际天然气水合物研究界的常规认识。因此，我国首次海域天然气水合物试采成功也被外界认为是我国天然气水合物能源研究从跟跑到领跑的重要标志。2020 年，我国采用水平井实现第二轮海域天然气水合物试采，2 月 17 日至 3 月 18 日累计产气 86.14 万 m³，一方面进一步证实泥质粉砂天然气水合物开采的可行性，另一方面充分说明水平井等新技术新工艺的应用是实现天然气水合物开发提质增效的有效途径。

然而，无论是我国主导的两轮试采，还是国外历次试采，均处于科学试验阶段，离产业化开采还有很多关键技术需要解决。我国已经将天然气水合物产业化作为阶段目标予以推进。在国家战略的刺激和牵引下，近年来国内天然气水合物研究队伍在不断扩张，部分能源研究高校在短期内迅速转型并投入了大量的人力物力攻关天然气水合物开发相关的技术，在天然气水合物开采方法与技术室内实验模拟、数值模拟、现场试采等方面都取得了一定的进展，也为后续学科建设和人才培养奠定了基础。

二、天然气水合物试采的产能制约

按照天然气水合物分解驱动力的差异，目前普遍认为天然气水合物开采的基本方法有降压法、热激发法、CO_2置换法、化学抑制剂法及上述单一方法的联合（Chong et al.，2016）（图1.1）。但实际上，上述方法仅仅是"水合物分解方法"，与实际工程需求的"开采"仍然有一定的差距。鉴于目前天然气水合物开采方法都是在常规油气开采方法基础上的改良，因此天然气水合物的开采基本原理可以归纳为：通过一定的物理化学手段促使天然气水合物在原地分解为气-水两相，然后应用类似于油气开采的手段将天然气产出到地面。但常规石油、天然气开采过程中没有相变，天然气水合物在开采过程中会发生相变。因此，开采过程中含天然气水合物沉积层处于动态体系中，其化学物理性质受水合物饱和度及其微观分布模式的影响，传质传热、分解扩散能力和地层力学强度也随天然气水合物聚散过程而动态调整。

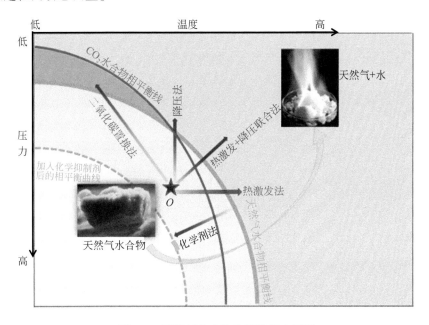

图1.1　天然气水合物分解的基本原理

除了现场试采，国内外学者基于室内数值模拟、实验模拟开展了大量的针对天然气水合物开采方法评价方面的研究工作，也暴露出了现有技术开采中存在的一些问题。例如，降压法在开采海域天然气水合物过程中面临着地层失稳、大面积出砂等潜在工程地质风险，也会造成地层物质、能量的双重亏空。二氧化碳置换法能在一定程度上解决天然气产出造成的物质亏空，但生产效率低是该方法的最大缺陷，也存在产出气体分离困扰。向储层中注热水的方法能够补充地层能量并在很大程度上避免工程地质风险的发生，但是受能量传递及热利用效率的影响，注热法在深远海天然气水合物开采中作为主要方法的前景不容乐观，但其作为一种辅助增产提效措施的作用仍然不可忽视。

从技术层面考虑，实现单井产能的量级提升是实现天然气水合物产业化的关键。考虑到市场因素，天然气水合物产业化开采产能门槛值应不是一个确定的数值，随着低成本开发技术的发展而能够有所降低。国内外研究文献普遍采用的冻土区天然气水合物产业化开采的产能门槛值是 $3.0 \times 10^5 \, \mathrm{m^3/d}$；对于海域天然气水合物储层而言，日产气量的门槛值通常认为是 $5.0 \times 10^5 \, \mathrm{m^3/d}$。尽管上述产业化门槛产能标准数据的准确值有待进一步考证，但在没有考虑天然气价格、没有确切行业标准的情况下，采用固定的产能数据来衡量目前试采所处的技术水平，删繁就简、直观可行，也有其优势所在。

当前已有天然气水合物试采日均产能结果与产业化开采门槛产能之间的对比关系如图 1.2 所示。由图 1.2 可知，当前陆域天然气水合物试采最高日均产能约为产业化开采日均产能门槛值的 1/138，海域天然气水合物试采最高日均产能约为产业化开采日均产能门槛的 1/17。总之，目前天然气水合物开采产能距离产业化开采产能门槛仍然有 2~3 个数量级的差距，海洋天然气水合物试采日均产能普遍高于陆地永久冻土带试采日均产能 1~2 个数量级。

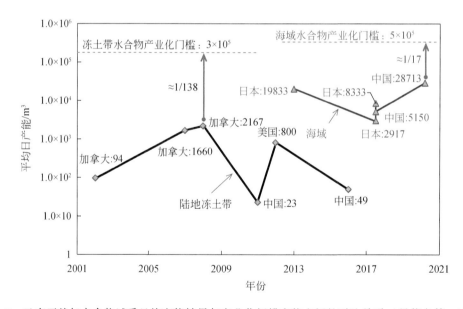

图 1.2　已有天然气水合物试采日均产能结果与产业化门槛产能之间的对比关系（吴能友等，2020）

综合现场试采、数值模拟、实验模拟结果，降压法及基于降压法的改良方案可能是实现海域天然气水合物产业化试采的最佳途径，而其他方法则主要作为降压法的辅助增产措施或产气稳定措施使用。为了提高天然气水合物的单井日产量，大量的研究人员从数值模拟和实验模拟两个方面开展了研究，也提出了很多新的增产手段，如以水平井或多分支井为代表的复杂结构井、以多井簇群井开采为代表的井网开采模式、以降压辅助热激发为主的开采新方法、以水力造缝为代表的储层改造技术的联合应用方法等。这些方法的根本作用机理无外乎扩大天然气水合物分解阵面、提高天然气水合物分解速率和改善储层渗流条件。

另外，为了降低现有基于常规深水油气改良技术进行天然气水合物开采过程中的高成本问题，研究人员也提出了五花八门的"非常规"天然气水合物开采技术，如可再生能源（地热、太阳能）热开采法、可再生能源（风力、太阳能）电热泵开采法、原位热源（催化氧化、原位燃烧、自生热液/固体热化学法）开采法等。目前这些方法基本停留在概念模型的阶段。虽然研究人员在公开发表的学术论文中对这些方法都持乐观态度，但从根本上看，这些技术本身的成本在短期内也很难降低到能够满足产业化开采的需求，不同"非常规"方法的实际可用性仍然值得探讨。

三、天然气水合物试采的工程地质风险制约

针对海域天然气水合物安全有效开采相关工程地质风险的研究，应包含以下三个层次（吴能友等，2017）：

（1）明确海域天然气水合物开采活动可能造成的工程地质风险类型及其诱发因素（即知其然）；

（2）研究不同类型的工程地质风险对安全有效开采海域天然气水合物的影响程度、影响机制（即知其所以然）；

（3）探索针对不同的工程地质风险的防控措施，使工程地质风险处于可控范围内，保证天然气水合物的长效安全开采（即调控对策）。

从海域天然气水合物开发的整个生命周期分析，海域天然气水合物开发相关的工程地质风险主要可以分为钻完井阶段的工程地质风险、开采产气阶段的工程地质风险及天然气水合物储层产出物输送阶段可能面临的工程地质风险。

其中，在天然气水合物储层钻完井阶段，由于钻井液、完井液和固井水泥浆与地层温度差异、化学成分差异，会造成储层段近井地层中的天然气水合物分解，与天然气水合物分解过程相伴的工程地质风险主要包括井壁失稳坍塌、固井质量变差、井筒气侵等。由于深水常规油气开发过程中已存在钻穿含天然气水合物层并且进行完井作业的实践经验，过天然气水合物层进行深水常规油气钻探所获得的现场实践数据，将是打开天然气水合物开发钻完井可能引起的工程地质风险研究大门的钥匙。大量的矿场实践经验表明，钻完井阶段的工程地质风险可以通过适当的工艺参数优化设计得以缓和。

与钻完井阶段所面临的工程地质风险相较而言，由于缺乏长期进行天然气水合物开采的经验和现场数据，目前对海域天然气水合物持续开采产气条件下可能面临的工程地质风险种类、工程地质风险对天然气水合物开采的影响等都缺乏较为系统的认识。因此，海域天然气水合物开采过程中的工程地质风险是目前长效安全开发海洋天然气水合物资源的最主要挑战。

目前国内外进行的历次天然气水合物试采作业，由于其作业周期较短，不足以暴露长期持续开采条件下可能面临的全部工程地质风险。从目前试采经验及室内研究结果来看，

水合物长期分解开采条件下可能面临的工程地质风险主要有储层出砂、地层沉降、海底滑坡及水下井口的破坏等。导致上述工程地质风险的总根源是：天然气水合物开采过程是一个涉及热–流–固–化多场非线性耦合的复杂过程，具有多尺度、强耦合的时空演化特征，导致对储层特别是井周储层响应行为，如出砂预测和控制变得异常困难。以降压开采Class I 型天然气水合物藏为例，降压开采过程中涉及的工程地质风险与温度–渗流–应力–化学多场耦合作用关系如图 1.3 所示。

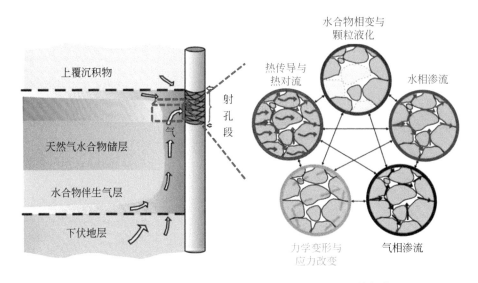

图 1.3　温度–渗流–应力–化学多场耦合作用关系示意图（宁伏龙等，2020a）

除了上述与储层相关的工程地质风险外，海域天然气水合物长期开采还面临流动保障（包括水合物二次生成、砂堵等）、海洋生态环境潜在威胁、大气环境保护等挑战。目前国际上已经有部分学者对上述问题进行了理论研究，但由于天然气水合物从深海开采井到最终用户端目前没有任何实践积累且实际现场试采周期较短，未来在天然气水合物产业化开采过程中，流动保障、环境效应面临的挑战仍然会任重而道远。

综上所述，历次天然气水合物现场试采以及大量的室内研究工作为海域天然气水合物产业化开发提供了一定的基础，但是目前天然气水合物开发领域整体呈现出学科发展、基础理论研究严重滞后于现场工程实践的现象，可持续发展面临瓶颈，主要是产能和工程地质风险的双重制约。因此，亟需开展天然气水合物增产理论与技术、天然气水合物工程地质风险调控基础研究，并在增产方案设计过程中充分考虑工程地质风险的影响，形成系统化的方案。

第二节　出砂对历次天然气水合物试采的影响

从目前全球天然气试采情况来看，历次试采或多或少受到了出砂问题的制约。特别是加拿大 2007 年 Mallik 2L-38 井试采、日本 2013 年全球首次海域天然气水合物试采、日本 2017 年第二轮试采第一口井等三次试采都由于过度出砂导致试采被迫终止，迫使工程界和学界对出砂问题的关注迅速升温。表 1.1 总结了历次天然气水合物试采面临的出砂问题及其对开采过程的制约情况。

表 1.1 历次天然气水合物试采面临的出砂问题及其对开采过程的制约情况

试采井	年份	试采方法	控砂工艺	试采结果简况
Mallik 5L-38	2002	热激发+短期 MDT 降压测试	直井套管射孔，无防砂工具	热激发试采 5 天，累计产气 470m³；6 轮次 MDT 降压测试证明天然气水合物储层降压开采的可能性
Mallik 2L-38	2007	降压法		试采持续 1.5 天，大量出砂导致泵的反复启动和停止，泵磨损严重
	2008	多步逐级降压	在前期套管射孔井中补充下入防砂筛管	试采 6 天，试采过程中产气速率受地层砂运移的影响显著
Ignik Sikumi #1	2012	CO$_2$ 置换法	套管定向射孔，安装防砂筛管	累计天然气产量约 23248m³，泵入口阀门被地层产出的砂粒冲蚀破坏，导致中途关井维修
AT1-P	2013	降压法	裸眼砾石充填	顺利产气 6 天，而后因大量出砂导致井筒砂埋，且当时海况较差，试采被迫终止
AT1-P3	2017	降压法	先期膨胀型 GeoFORM 筛管	井筒砂埋，为避免人工举升系统和地面处理设备的损坏，提前终止试采
AT1-P2	2017	降压法	入井后原位膨胀型 GeoFORM 筛管	防砂措施起明显作用，未见出砂相关报道，试采宣布成功，主动关井
SHSC4	2017	地层流体抽取法	预充填筛管	持续试采 60 天，累计产出泥砂总体积 0.286m³，试采宣布成功，主动关井
SHSC2-6	2020	地层流体抽取法	预充填旁通筛管+轻质砂循环充填双重控砂	持续试采 30 天，试采宣布成功，主动关井

一、陆地冻土带试采面临的出砂问题

2002 年，日本联合加拿大、美国、德国和印度等国在 Mallik 地区进行了全球首次天然气水合物试采，共钻 3 口井，其中 1 口生产井（即 Mallik 5L-38 井），2 口观察井（监测井），试采采用的是注热法，天然气水合物层厚度 13m，在约 5 天（实际生产约 124 小时）的开采周期内，累积产出天然气 470m³。根据试采方案，2 口观察井位于生产井两边各40m 处，用于监测试采过程中地层参数的变化，为天然气水合物开采过程中工程地质风险的研究提供基础数据。热激发试采结束后，利用斯伦贝谢 MDT 工具开展六轮次降压测试，其主要目的是验证天然气水合物储层的压力恢复特征，进而证实降压法开采天然气水合物的可行性。本次天然气水合物试采拉开了全球天然气水合物勘查开发一体化进程的序幕，具有里程碑意义（Dallimore et al.，2005；Takahashi et al.，2003）。尽管试采结束后在分离器中发现了泥砂颗粒，且在实际射孔段推测存在十余米厚的砂埋段，但由于试采周期较短，与储层出砂的相关制约因素没有得到充分暴露，本次试采施工方科学目标已经达到，因此对外宣布试采是"成功的"。

基于 2002 年 Mallik 5L-38 井的试采结果，2007 年在加拿大地质调查局的牵头下在该区域进行了第二次基于降压法的更长期试采试验。试采站位为 Mallik 2L-38。参考 Mallik 5L-38 经验，本次天然气水合物试采井采用套管射孔完井，然后开展降压测试。但是，测试过程中发现大量的地层砂涌入井筒，导致人工举升泵砂磨，泵马达的温度由于摩阻而迅速升高。因此本次试采不得不反复关停举升泵。在仅约 19.5 小时的降压试采周期内，产出了至少 $2m^3$ 的地层砂（图 1.4），试采被迫终止（Kurihara et al.，2010）。

图 1.4　Mallik 2L-38 站位 2007 年天然气水合物试采产出砂及其对马达的磨损情况

在总结 2007 年试采经验教训的基础上，作业承包商于 2008 年冬在 Mallik 2L-38 井中补下机械筛管并继续开展了降压试采。生产时间为 2008 年 3 月 10~16 日，采用三级分阶段降压模式，最终井底压力维持在 4.5MPa 左右。在第一级降压阶段，观察到的试采产气速率高达 $4000m^3/d$，远高于此前的预测值。后期分析显示产能的"意外"高可能与 2007 年试采时储层中由于出砂形成蚯蚓洞或其他形式的高渗通道有关。随着试采的持续，蚯蚓洞会逐渐被进一步的地层砂产出堵塞，近井地层附加表皮系数上升，因此在第二降压阶段的平均产气速率降低到 $2000~3000m^3/d$。在第三降压阶段，进一步增大降压幅度导致近井地层发生破坏，形成进一步的破碎带，近井堵塞截除，因此观察到产能的再次抬升（Dallimore et al.，2012）。由此可见，天然气水合物开发过程中的出砂过程和流体产出过程高度耦合，不可能用单一的、在井筒中下入控砂筛管的方式解决所有与出砂相关的工程、地质问题，必须采用系统工程的思路，将其与产能提升手段综合考虑。

美国阿拉斯加北坡 Ignik Sikumi #1 试采的主要目的是验证 CO_2 流体注入天然气水合物储层并置换天然气的可行性。借鉴 Mallik 2L-38 井的经验，试采工程准备阶段将出砂作为工程主要矛盾之一予以考虑，射孔后下入机械筛管完井。然而，试采过程中仍然发现出砂导致举升泵入口阀门冲蚀损坏，以致停产维修，说明机械筛管精度设计不合理，没有达到控砂目标（图 1.5）（Boswell et al.，2017；Schoderbek et al.，2012）。另外，由于 CO_2 置换法开采涉及向井筒注入高浓度的CO_2流体，因此我们推测：试采井中阀门可能存在严重的腐蚀风险，腐蚀作用和冲蚀作用联合加剧了井下阀门失效速率。

图 1.5　Ignik Sikumi #1 试采产出砂

二、海域试采面临的出砂问题

基于上述陆地冻土带的试采经验，并结合深水常规油气防砂完井的经验，2013 年全球首次海域天然气水合物试采（AT1−P）采用裸眼砾石充填防砂方式完井，降压法试采，其井身结构示意图如图 1.6 所示（Collett, 2019）。砾石充填所选用的砾石尺寸为 40~60 目，砾石层内部采用 Excluder 2000 机械筛管支撑。施工过程使用的是 CS−300TM 砾石充填体系，该体系专门为裸眼砾石充填体系设计，用于在筛管部署期间保持井眼稳定（Yoshihiro et al., 2014）。

在上述井身结构中，电潜泵（ESP）用于降低井底的压力，泵出的水通过单向阀进入单独的水路，其流速由 ESP 和吸入阀控制；加热器和 ESP 的电机用于确保管路流体的流动性，降低由于海底低温高压条件下管道内含气流体重新形成水合物导致的堵塞风险。分布式温敏电缆（DTS）和聚丙烯外壳电缆（SureSENS）用于实时监测井下温度和压力；水下采油树（SSTT）用于封隔防喷器（BOP）下的完井系统，提供紧急条件下立管与"CHIKYU"钻探船的断开功能。

本轮试采在前六天的降压过程中，获得了非常理想的产气速率（平均产气速率约为

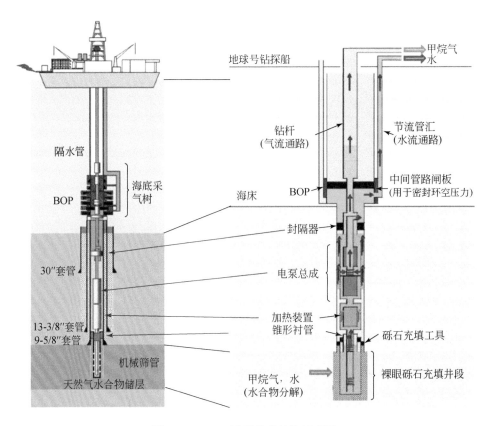

图 1.6　AT1-P 试采井身结构示意图

20000m³/d)。然而,此后出现了突发性的大规模出砂(图 1.7)(Konno et al.,2017;Yamamoto et al.,2014),意味着井底控砂措施已经完全失效。考虑到试采平台不具备大规模处理地层产出砂的能力,加之当时的恶劣海况,全球首次海域天然气水合物试采工作被迫终止。

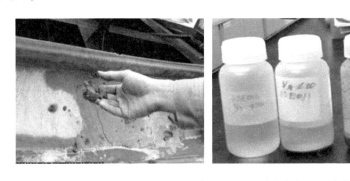

图 1.7　日本 AT1-P 试采收集的地层产出砂

　　分析认为,上述突发性出砂现象并不意味着地层骨架颗粒在第 6 天时发生突发性破坏造成出砂;储层骨架在生产过程中逐渐发生破坏,地层中较细的泥砂颗粒持续不断地运移至近井地带,即泥砂在地层中的迁移过程是随着水合物分解产出过程而持续进行的;但是，由于水合物开采过程中井筒附近固相物质亏空，导致原本充填密实的砾石层逐渐变得疏松，砾石层颗粒不均匀翻转沉降，形成砾石充填井段上部亏空。失去砾石层覆盖的机械筛管将面临由地层产出气液混合物携带砂颗粒直接冲击，形成冲蚀孔，机械筛管控砂功能逐渐丧失。一旦冲蚀孔增大至某一临界值，大量地层砂会通过冲蚀孔涌入井底，最终表现为突发性井底出砂。上述裸眼砾石充填界面失效原理如图 1.8 所示。

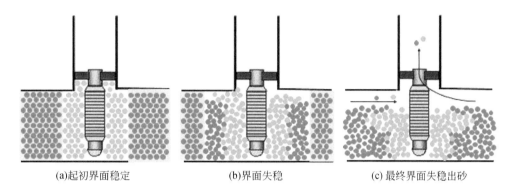

(a)起初界面稳定　　　　　　(b)界面失稳　　　　　　(c) 最终界面失稳出砂

图 1.8　天然气水合物储层裸眼砾石充填界面失效示意图（Li et al.，2021）

基于 AT1–P 站位的试采经验，日本于 2017 年在同一地区开展了第二轮天然气水合物试采。为防止试采过程中裸眼充填砾石的蠕动沉降亏空，试采通过涂敷砂化学剂激活并紧密围绕在基管外，即所谓的 GeoFORM 防砂系统。这次两口生产井分别采用两种不同型号的基于形状记忆材料的 GeoFORM 防砂系统。该系统以形状记忆聚合物为过滤介质，防砂精度 40μm，渗透率最高可达 40D（1D＝0.986923×10^{-12}m^2），生产期间出现压力波动时，系统可通过贴合井筒并向地层施加应力有效阻止颗粒运移。第一口井（AT1–P3）采用下入井底前预先膨胀的 GeoFORM 防砂系统，但防砂失败，推测是套管引鞋上的单向阀没有正常关闭所致；第二口井（AT1–P2）采用下入井底后膨胀的 GeoFORM 防砂系统，共计产气 24 天，未观察到明显的出砂现象（Yamamoto et al.，2019；宁伏龙等，2020b）。

与日本第二次海域天然气水合物试采同步，中国地质调查局主持在南海神狐海域进行我国首轮海域天然气水合物试采（试采站位：SHSC4），采用预充填筛管控砂技术，尽管试采结束后预充填控砂管被地层抱死难以拔出，从而无法观察预充填筛管工作 60 天以后的具体情况，但总体而言试采过程中泥砂产出速率始终维持在可控状态（图 1.9），实现了主动可控关井，试采没有受到出砂因素的严格制约（Li et al.，2018）。但是，由于试采时间有限，产水量较少，产气量递减快，其背后的流–固产出耦合机理还不十分清楚，且防砂控泥与提产矛盾较突出，该防砂技术能否推广应用到南海天然气水合物产业化开采还有待更多验证。

2019 年 10 月至 2020 年 4 月在南海神狐海域水深 1225m 处进行了第二次天然气水合物试采（试采站位 SHSC2–6）。本次试采攻克了钻井井口稳定性、水平井定向钻进、储层增产改造与防砂、精准降压等一系列深水浅软地层水平井技术难题，实现连续产气 30 天，总产气量 86.14×10^{4}m^3，日均产气 2.87×10^{4}m^3，是首次试采日产气量的 5.57 倍，大大提高了日产气量和产气总量。从出砂控制的角度看，实际上是采用了多级防砂方法的思路，

图 1.9　南海神狐海域首次天然气水合物试采初期不同阶段的泥砂产出情况

在井眼中形成"粗+细"粒砾石充填+高精度预充填筛管的三级复合防砂,实现容砂减堵,大大延缓了井筒被泥砂堵塞的时间节点,维持了试采期内较高的产能(叶建良等,2020)。

综上所述,无论是陆地冻土带成岩储层还是海域未成岩极弱固结储层,出砂都是天然气水合物开采必然面临的最大工程地质挑战之一。随着试采的不断推进,工程界对出砂问题的认识也在不断深入,出砂调控手段也得到了进一步的丰富和完善。从最近三次海域天然气水合物试采(即日本 AT1-P2、中国 SHSC4、中国 SHSC2-6)经验来看,只要出砂问题得到工程人员足够重视,通过对常规油气开采相关技术的改造和更新,就能够在短期试采条件下妥善解决出砂与稳定产气之间的矛盾。然而,目前所有的天然气水合物试采周期离产业化开采所需的试采周期仍有巨大的差距,短期试采周期不足以暴露全部与出砂问题相关的矛盾。因此,现有出砂问题解决方案对于长期试采的可行性仍然是一个值得长期探讨的问题。

第三节　出砂管控体系的基本内涵

当前,天然气水合物开发90%以上的工程技术都继承于深水常规油气,对天然气水合物开发过程中遇到的很多工程技术问题的解决方案也是沿用常规油气的手段,并在其基础上结合天然气水合物具体的工程地质特征做一些完善和修订。天然气水合物开采过程中的出砂问题,从学术定义及其基本调控方案上看,目前还无法完全脱胎于常规油气领域。因此,对天然气水合物开采过程中的出砂问题,可以做如下学术定义:天然气水合物开采过程中的出砂问题是指天然气水合物在降压、热激、置换等作用下由固态分解为气液两相并流入井筒过程中,各种地质、工程综合因素导致井底附近地层原有结构破坏,地层离散泥砂或剥落砂颗粒被流体携带进入井筒或地面,并对天然气水合物的持续开采产生不利影响的现象,如图 1.10 所示。出砂问题是目前天然气水合物长效安全开采面临的主要工程地质问题之一,涉及复杂的热-流-固-化耦合过程。对出砂问题的研究也涉及石油工程、地质工程、水文地质等多个学科方向,是一个典型的多学科交叉问题(李彦龙等,2016)。

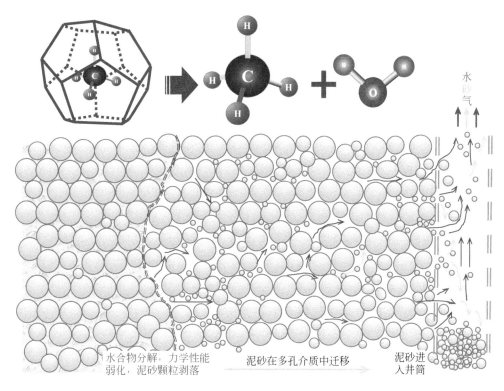

图 1.10 天然气水合物开采储层出砂原理示意图

天然气水合物降压开采过程中泥砂对生产系统的影响主要表现在两方面：①泥砂在近井地层和控砂介质中的堆积导致附加表皮增大，严重影响产能，影响试采效率；②进入井筒的泥砂对人工举升系统带来压力，造成泵筒砂磨、井筒砂埋、平台处理压力大等工程风险，影响试采周期。因此，对天然气水合物开采过程中出砂问题分析的根本目的是如何减缓其对试采效率、试采周期的不利影响。

如第二节所述，出砂问题给历次天然气水合物试开采都造成了不利影响。天然气水合物的试采历程也是不断暴露问题的过程，如 Mallik 2L-38 试采不仅说明控砂措施的必要性，更说明无法通过简单的下入机械筛管控砂来解决所有与出砂相关的问题（如地层砂运移与产气速率的强耦合与解耦问题）。这就必然要求我们从系统工程的角度提出合适的出砂解决方案，避免"捡了芝麻，丢了西瓜"。因此，本书在叙述过程中尽量让读者理解系统观在天然气水合物出砂管控研究中的重要性。

天然气水合物开采过程中的出砂管控体系是指：应用系统工程的基本原理，综合考虑天然气水合物开采过程中的储层多场耦合效应、开发方式、人工举升方案等因素的影响，从储层出砂机理与出砂规律精细刻画、井底控砂方案优化与控砂介质工况分析、井筒携砂流动保障等方面，对天然气水合物生产系统中与泥砂迁移过程相关的各个单元进行有机划分和综合预测评估，进而对整个天然气水合物开采系统的生产调控提供建议和风险提示，以达到稳定储层、延续生产的目的，而要维持天然气水合物试采过程的持续，就必须使泥砂迁移的各个子单元既相互衔接又相互协调，其中任何一个迁移子单元发生变化都会影响其他过程，从而改变天然气水合物试采井的生产状况（Li et al.，2019）。

因此，天然气水合物开采出砂管控体系要求用系统工程的基本思路去缓解泥砂产出与天然气水合物持续生产之间的矛盾。这就必须在整个泥砂产出运移体系中设置节点，将整个出砂系统按照泥砂运移特征的差异划分为若干个子系统，并在分析研究各子系统内部泥砂迁移特征的基础上，厘清各子系统的相互关系及其对整个生产系统的影响，从而达到对泥砂产出全过程进行系统分析和控制的目标。在此，我们将节点系统分析方法的基本理念应用于天然气水合物开采出砂管控体系研究中，对每一个子系统采用相应的数学相关式进行计算，使整个系统中泥砂启动、运移、产出过程均处于协调状态，从而达到稳定地层和维持生产的目的。

节点系统分析方法是20世纪80年代以来，为了进行油气生产系统设计和生产动态预测建立的方法，节点系统分析方法目前已经在常规油气开采中得到普遍应用。在天然气水合物开采，特别是泥质粉砂型天然气水合物开采出砂管控体系分析中应用节点系统分析方法的第一步是进行节点划分，如图1.11所示。整个体系的始节点即天然气水合物储层原始泥砂状态或泥砂剥落产出前缘位置，解节点包括井壁、控砂介质、井筒生产管柱，末节点即井口平台或沉砂口袋。通过在泥砂迁移系统内设置解节点和始、末节点，可将系统划

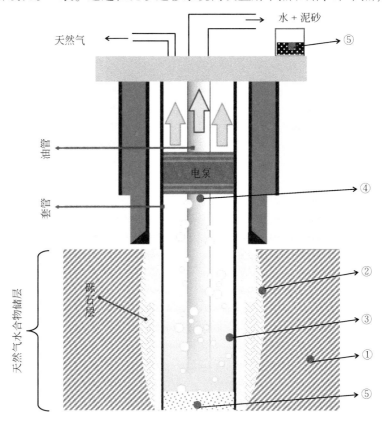

图1.11 天然气水合物开采储层出砂系统节点设置示意图

①始节点：出砂位置前缘；②中间节点：控砂介质外围解节点；③中间节点：控砂介质内壁解节点；④中间节点：井内生产管柱解节点（气体分离器）；⑤末节点：井口平台或沉砂口袋

分为相互衔接又相互耦合的三个子系统：①泥砂从地层剥落并运移至井筒挡砂介质外围的过程；②泥砂从控砂介质到井筒内部管柱的过程；③泥砂在井筒中的沉降或携带运移过程。

如上所述，天然气水合物储层中泥砂从骨架上剥落并从地层深部向井筒控砂介质外围迁移是导致出砂的根本原因。对特定的泥质粉砂型天然气水合物储层而言，由于储层地质条件一定，地层能否发生出砂、出砂速率的大小都取决于开采降压方案。而地层出砂趋势对井底控砂方案的优选起直接决定作用：出砂趋势越严重，控砂介质面临的控砂压力越大，控砂介质抗堵塞能力需求越高。另外，井底控砂介质作为沟通地层与井筒的桥梁，其控砂精度越高，井筒携砂压力越低，出砂对井筒工作状态的影响越小，但与此同时造成的近井地层附加表皮越大，对产能的影响越大。

因此，井底控砂方案与地层出砂参数、井筒携砂参数的优选都存在双向耦合关系，各迁移过程相互依赖、相互制约，其协调运作是保障天然气水合物试采周期和试采安全的必要条件。尤其是对于泥质粉砂型天然气水合物开采来说，出砂管控的根本目的不是"防砂"，而是通过适度排泥等手段有效缓解泥砂产出与水合物持续生产之间的矛盾，减小泥砂产出对开采工程的影响。

因此，上述出砂过程各子系统面临的关键科学问题分别为地层泥砂迁移规律刻画、井筒出砂控制技术、井筒携砂生产制度优化，这些问题将分别在本书的后续章节中展开叙述。

第四节　天然气水合物开采出砂管控研究进展

一、学术研究论文分析

单纯一次试采不可能暴露所有的工程地质问题，工程界对出砂问题的认识也是随着天然气水合物试采次数的增加而不断加深。但总体而言，工程界对出砂管控的关注早于基础研究领域。在天然气水合物开采出砂研究领域，工程界对学术界的牵引作用明显。

学术界对出砂问题的研究热度自 2013 年首次海域天然气水合物试采被迫终止后迅速升温；而国内则更晚，国内最早关于天然气水合物开采出砂管控相关的学术论文为本书作者团队于 2016 年发表的《天然气水合物开采过程中的出砂与防砂问题》一文，2017 年我国首次海域天然气水合物试采后出砂问题研究成为热点，带动了出砂问题研究的快速升温。

为了清晰认识天然气水合物开采出砂问题的学术研究历程，我们调研了知网、Elsevier、Onepetro、Wiley、ACS、MDPI、Springer 等数据库（出版商）发表的关于该主题的学术文献，调研中使用的关键词包括但不限于"出砂"（sand production）、"防砂"（sand control）、"防砂筛管"（sand screen）、"砾石充填"（gravel pack）、"堵塞"（plugging or clogging）、"砂粒运移"（sand/fine migration）、"侵蚀"（internal erosion）等，累计检索到天然气水合物出砂管控领域的学术论文 52 篇，如图 1.12 所示（截至 2020 年

10 月 10 日）。

　　从文献调研结果来看，天然气水合物开采出砂管控相关的研究正处于萌发阶段，其学术论文数较为有限，呈逐年上升趋势。值得注意的是，上述文献中 45% 来自知网（中文文献），在全部文献（含中文和英文）中，有 70% 来源于中国的研究机构，且大部分为 2018～2020 年发表，这一方面与国内天然气水合物研究过热现象有关，另一方面也说明在该领域国内的研究基本处于国际领先地位。

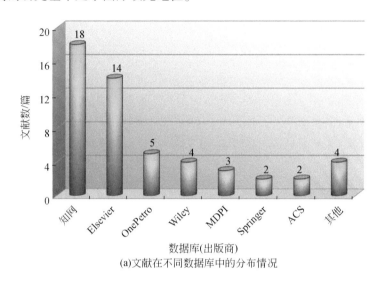

(a)文献在不同数据库中的分布情况

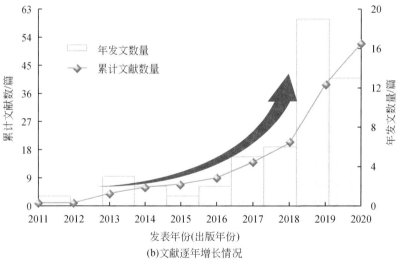

(b)文献逐年增长情况

图 1.12　天然气水合物出砂管控领域的文献分布情况（Wu et al., 2021）

　　在上述文献集合中，Oyama 等（2010）最早讨论了地层砂粒运移对天然气水合物开采过程的影响，并根据其实验结果推测出砂的主要动力源为地层水渗流而非分解气渗流。尽管现在看来这一结论过于绝对，但其结论对天然气水合物出砂数值模拟模型的简化提供了很强的引导性。

当然，上述结果仅包含中文文献、英文文献及部分有英文摘要的文献，并且由于关键词的限制，不排除还有其他很多关于天然气水合物出砂研究领域的论文没有得到全面的调研。

二、出砂机理与出砂规律

（一）数值模拟

出砂在常规疏松砂岩油藏或气藏中普遍存在，但天然气水合物储层（特别是海域天然气水合物储层，本书后续如果没有特别指出是陆地冻土带储层，默认为海域天然气水合物储层）的出砂问题完全区别于常规疏松砂岩油藏/气藏，其最主要的特征：天然气水合物相变导致的热-流-固-化强耦合特征（图1.3），这种多场耦合特征导致很难用常规油气的解析公式方法直接预测天然气水合物开采过程中的出砂特征。为此，国内外目前关于天然气水合物出砂规律预测及出砂机理分析的文章大都基于数值模拟手段。

第一个专门针对天然气水合物储层出砂模拟的多场耦合模型由 Uchida 等（2013）提出，此后该模型经过不断更新，发展为能够考虑颗粒剥落、运移、储层蠕变、天然气水合物分解等过程的综合性数值模拟器。原作者基于该数值模拟器模拟了砂泥互层沉积物的出砂特征，证实了砂泥互层界面效应对产砂过程的控制（Uchida et al.，2016，2019）。除此之外，考虑水合物储层热-流-固-化多场耦合效应的出砂预测模型还包括 Akaki 和 Kimoto（2019）、Loret（2019）建立的侵蚀模型（图1.13）。在侵蚀模型中，地层砂颗粒的剥落通常被认为是流体侵蚀所致，即出砂的根本原因是原本处于固相状态的泥砂颗粒在流体渗流作用下发生传质过程，转变为流体相。

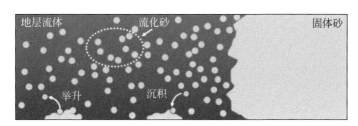

图1.13 地层泥砂颗粒产出的侵蚀模型基本原理示意图

基于流体侵蚀导致孔隙液化的基本假设，也有学者提出将液化临界条件方程离散化后嵌入已成熟的天然气水合物开采产气数值模拟器中，如 CMG-STARS（Yu et al.，2018）、HydrateBiot（Zhu et al.，2020a，2020b），实现对天然气水合物产气、产水、产砂过程的耦合分析。

实际上，传统油气行业极少用上述方法考虑地层的绝对量化出砂指标，而倾向于从储层发生宏观塑性屈服破坏的角度，将井周地层塑性屈服的临界值作为出砂的临界压降条件，建立出砂预测的解析公式。在我国首次海域天然气水合物试采过程中，本书团队也是基于这种思路来分析水合物储层的出砂临界值，并提出了"小步慢跑"以控制地层产砂速率的基本思路。

从数值模拟的角度，部分研究人员也将天然气水合物发生塑性屈服的临界状态方程融入有限元模拟器中，如 Abaqus、Flac3D 等，来定量预测生产制度与出砂临界压力条件的关系，进而将上述力学有限元或有限差分模拟器计算的结果与天然气水合物产气分析数值模拟器 Tough+Hydrate 耦合（Sun et al.，2018，2019），认为塑性破坏的泥砂能够产出到井筒并对生产产生负面影响。

上述基于颗粒液化假设和宏观塑性屈服假设模拟天然气水合物储层出砂规律的方法都是以连续介质为基本假设。然而，不可否认的是：连续介质假设无法对出砂、天然气水合物分解及其与微观应力松弛过程间的非连续耦合特征做出精细的刻画，也无法模拟单颗粒（或团簇）砂的随机运动状态。从这个角度考虑，离散元模拟方法（如 PFC3D）逐渐得到大家的认可。近期，本书作者团队实现了将有限元与离散元的跨尺度耦合，详细的结果将在本书第四章讨论。

综上所述，目前主流认为孔隙液化和塑性屈服是导致天然气水合物开采过程中产砂的根本原因，由此发展出不同的数值模拟模型。但不得不说，当前学术界对天然气水合物储层出砂机理的认识还处于初级阶段，数值模拟结果缺乏实验结果和现场试采结果的验证。尽管各种数值模拟模型不断涌现，但实际上工程研究人员对于出砂的绝对量并不十分关心，而数值模拟本身对工程人员来讲晦涩难懂。因此，在摸清水合物储层出砂机理的基础上，发展天然气水合物开采出砂预测的解析、半解析工程模型，将能够为现场工程人员快速评价和预判储层出砂趋势提供必要的手段，这也是该领域未来的发展方向。

（二）实验模拟

相较于数值模拟，实验模拟的结果更为直观，是研究天然气水合物开采出砂机理及获取出砂调控关键参数的主要手段。但值得注意的是：由于实验模拟边界效应的影响，不同尺度的实验模拟所反映出的宏微观出砂主控因素可能存在差异。例如，Oyama 等（2010）最早通过实验手段得到"地层出砂速率主要受水相渗流速率而并非气相渗流速率控制"的结论。但是，在常规疏松砂岩储层天然气开采过程中，即使没有产水，也观察到明显的出砂现象，这在我国的涩北气田和东方气田等均有报道。因此，上述结论存在一定的局限性，可能是由实验尺度效应导致的。

目前针对天然气水合物开采出砂问题的相关实验研究主要集中在以下几个方面（Ding et al.，2019；Jin et al.，2021；Jung et al.，2011；Lu et al.，2019）：①细颗粒（特别是泥质组分）运移对储层物性（如渗透率）的宏-微观影响特征及其与产气波动规律之间的定性关系；②降压规程与出砂量（速率）之间的双向耦合关系；③井底控砂介质对地层出砂过程的影响及细颗粒导致的控砂介质附加表皮效应；④非均质储层特征（如天然气水合物层状分布）对出砂参数的影响特征。

以解决出砂对地层渗流特性的影响为例，Han 等（2018）、Shen 等（2019）基于微观模拟实验认识到天然气水合物降压开采过程中泥砂产出可导致地层渗透率的上升，通过引入 Kozeny 方程可以大致计算泥砂颗粒产出对提升渗透率的作用。初步计算结果表明：在天然气水合物地层中，当10%的泥质随气水携带产出（不存在近井滞留堵塞）时，地层的渗透率可提升 3 倍多。上述结论的不足之处在于没有考虑上覆地层和海水自重导致的天然气水合物储层孔隙压实效应。尽管如此，Han 等（2018）的实验为我们现场制订出砂调控方案提供了重要的启示：为了保证从地层到井筒的气水渗流通道流畅，应穷尽一切手段防止泥砂颗粒在近井地层或控砂介质中的滞留堆积，这也是本书后续（第五章）提出"防粗疏细"控砂参数设计方法的主要原因之一。

通过实验研究，对天然气水合物开采出砂问题的认识也在不断加深。总体而言：①泥砂颗粒在地层中的运移与储层强度、渗透率等参数之间高度关联，并对井底控砂介质的工况产生直接影响；②降压规程影响出砂，出砂问题的解决方案需要上升到开发方案的角度，从系统工程出发，将出砂风险作为降压规程设计的重要考量；③实现天然气水合物开采过程中出砂问题的跨尺度实验模拟仍然是该领域的难题。

三、出砂控制技术

历次试采和室内研究均表明，出砂问题在天然气水合物开采过程中具有其必然性，无任何控砂措施的完井方案不适合于天然气水合物开发井。在天然气水合物开采出砂管控体系中，控砂介质作为沟通天然气水合物储层和井筒的唯一通道，是最关键的协调点。控砂介质控砂参数的优化设计是保证天然气水合物储层出砂速率处于可控状态的必然要求（Ma et al.，2020；李彦龙等，2017；余莉等，2019）。

如前所述，当前天然气水合物开采技术大都继承于深水常规油气，天然气水合物开发领域常用的控砂技术也来源于深水常规油气，已在历次天然气水合物试采中得到应用的控砂方式主要有机械筛管类控砂和砾石填充类控砂两种。值得注意的是，受天然气水合物储层出砂特征影响，试采井控砂介质控砂参数设计方法不能照搬常规油气经验，必须考虑天然气水合物开采的实际工程、地质特征加以修正。

对于机械筛管类控砂介质而言，控砂参数设计的核心是控砂精度（即筛网缝宽）的选择。历次冻土区天然气水合物试采均采用机械筛管控砂，从现场应用情况来看，似乎常规机械筛管控砂精度设计方法足以满足天然气水合物开采。但值得注意的是，常规控砂精度设计方法都是基于地层砂粒度分布特征曲线（PSD），该方法在冻土区试采中设计的挡砂精度是有效的，但前提是储层不均匀系数较小、泥质含量较低、储层固结成岩。然而，对海域天然气水合物储层（特别是泥质粉砂型天然气水合物储层）而言，泥质含量往往高达35% ~40%，按照常规控砂精度设计方法选择控砂参数将可能导致严重的泥质堵塞，进而严重影响产能。本书基于上述考虑提出了"防粗疏细"筛管控砂精度设计方法，将在第五章详细阐述。

对于砾石填充类控砂介质而言，控砂参数设计相对复杂，不仅涉及砾石尺寸的选择，更大的挑战则是砾石泵注安全性的设计，即在极窄的安全作业窗口条件下，如何安全地将砾石颗粒循环输送到井底环空。当然，如果采用化学胶结剂膨胀胶粘方法或采用预充填方式将砾石填充类控砂思路转换为机械筛管类控砂方式，则不存在泵注安全设计的问题，如日本 AT1–P3、AT1–P2 及中国 SHSC4 三口试采井分别采用的 GeoFORM 筛管和新型预充填筛管就是这种思路。

四、控砂介质工况分析与模拟

目前全球天然气水合物试采大部分采用垂直井，采用的完井方式有套管射孔不防砂完井、裸眼下机械筛管完井、管外砾石充填完井等。2007 年加拿大 Mallik 2L-38 采用套管射孔（无防砂措施），在仅 30 个小时的有效试采时间内出砂 2m³，试采作业中断，2008 年 2 月补充下入机械筛管，开展了 6 天的试采。此后，天然气水合物试采过程中储层出砂问题及其对试采调控过程的影响逐渐成为国内外研究热点。2008 年以来的历次天然气水合物试采均将如何调控泥砂产出作为重要工程制约因素予以考虑，控砂完井也成为天然气水合物试采的首选。

然而，受天然气水合物储层未成岩、弱固结特征的影响及天然气水合物分解产出导致的储层物质亏空、井底堵塞等因素限制，深水常规油气开发完井方式移植用于天然气水合物开发时，仍面临严重的不适应性问题。需结合具体的天然气水合物储层特征、井底工况特征做大量的精细化修正和处理。2020 年我国在南海神狐海域利用长水平段水平井进行天然气水合物试采并获得成功，证明以水平井为代表的复杂结构井在大幅提高海域天然气水合物产能方面的前景广阔。但目前仍缺乏有效的天然气水合物开采水平井控砂完井工艺参数设计方法，常规完井措施在水合物开采复杂工况下的适应性和长期稳定性仍需进一步检验。

控砂完井管柱及控砂介质全程处于气体或液体流动浸泡中，所承受的外力环境包括拉伸、内压力、外压力、振动等。其可能的失效形式包括机械损坏（拉断、内压变形、外挤变形、振动损坏等）、热应力或热变形损坏、腐蚀损坏、冲蚀损坏、介质堵塞故障等。

机械损坏主要包括拉伸或压缩、内压与外挤等破坏形式。截至目前尚未见天然气水合物试采中关于机械筛管因拉伸、压缩、外挤压等导致损坏的相关报道。热应力或热变形损坏主要发生在注热开采工况下。腐蚀损坏主要发生在采用二氧化碳置换或热流体注入等不同开发方式条件下，外界物质介入有可能形成二氧化碳腐蚀环境。冲蚀损坏是指高速气水流体混合携砂作用对机械筛管的冲击破坏（图 1.14），尽管目前天然气水合物研究领域对冲蚀损坏的关注较少，但我们必须清醒地认识到，对于天然气水合物产业化开采而言，井底管柱（包括控砂介质）的冲蚀破坏速率将直接决定开采周期和开采成本，将在本书第六章详述。

此外，还可能面临堵塞降产及沉砂故障。控砂介质堵塞虽然不是其本身的损坏，但堵塞将导致流动阻力增加，降低产量。极端情况下控砂介质被完全堵死，失去了连通地层与井筒的桥梁作用，对持续生产是致命的。常规油气开采经验表明，控砂介质的堵塞风险通常随着地层细粒组分的增大而增大。南海目标区储层泥质含量高达 30%～40%，控砂介质面临的抗堵塞压力可想而知。董长银等（2018）对降压开采条件下机械筛管可能面临的泥堵风险进行了大量的实验研究；Li 等（2020）则考虑泥质堵塞提出了针对天然气水合物开采井的"防粗疏细"控砂精度设计方法；Ding（2019）、Katagirid 等（2016）在水合物筛管优化、砾石尺寸优化时，也均在一定程度上考虑了控砂介质堵塞的影响。但上述研究重点考虑泥质堵塞对筛管工况的影响，对筛管中可能发生的水合物二次生成堵塞并没有做

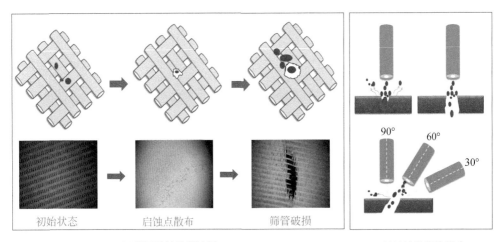

(a)筛网冲蚀破损过程   (b)冲蚀角度的影响

图 1.14　机械筛管的冲蚀损坏发展过程

过多考虑。本团队结合首次海域天然气水合物试采过程中观察到的产气波动特征，自主研发了天然气水合物控砂介质堵塞工况模拟装备，开展了系列实验，首次证明天然气水合物二次生成对机械筛管、砾石层渗透率的周期性影响。但目前仍然无法确认泥质堵塞与天然气水合物二次生成堵塞之间的耦合关系。

五、井筒携砂流动安全

地层砂穿透控砂介质进入天然气水合物开采井后，必须保证井筒有足够长的沉砂口袋或有足够的动力携带产出砂，从而防止井筒砂埋。特别是在出砂管控体系中，采用"防粗疏细"式控砂精度设计方法选择控砂介质意味着地层必然有大量的泥质产出，井筒携砂流动安全显得尤为重要。

由于井筒携砂流动安全属于井筒流动保障研究领域，在常规油气中已有较多的涉及，目前专门针对天然气水合物产气、产水特征条件下的井筒携砂流动安全实验研究较少。从数值模拟的角度，计算流体动力学（CFD）模拟为井筒携砂流动安全研究提供了必要手段。与天然气水合物开采相关的井筒携砂流动问题主要包括：井筒砂沉速率的预测、电泵最大允砂浓度、井筒最大砂沉点分析及砂沉堵塞风险预测、井筒补液携砂参数设计、泥砂与二次水合物耦合作用下的生产管柱堵塞风险评价等。

参 考 文 献

董长银，钟奕昕，武延鑫，等．2018．水合物储层高泥质细粉砂筛管挡砂机制及控砂可行性评价试验．中国石油大学学报（自然科学版），42：79-87.

李彦龙，刘乐乐，刘昌岭，等．2016．天然气水合物开采过程中的出砂与防砂问题．海洋地质前沿，32：36-43.

李彦龙，胡高伟，刘昌岭，等．2017．天然气水合物开采井防砂充填层砾石尺寸设计方法．石油勘探与开发，44：961-966.

宁伏龙，窦晓峰，孙嘉鑫，等. 2020a. 水合物开采储层出砂数值模拟研究进展. 石油科学通报，5：182-203.

宁伏龙，方翔宇，李彦龙，等. 2020b. 天然气水合物开采储层出砂研究进展与思考. 地质科技通报，39：114-125.

王平康，祝有海，卢振权，等. 2019. 青海祁连山冻土区天然气水合物研究进展综述. 中国科学：物理学力学天文学，49：76-95.

吴能友，黄丽，胡高伟，等. 2017. 海域天然气水合物开采的地质控制因素和科学挑战. 海洋地质与第四纪地质，37：1-11.

吴能友，李彦龙，万义钊，等. 2020. 对天然气水合物增产理论与技术体系的思考. 天然气工业，40：100-115.

叶建良，秦绪文，谢文卫，等. 2020. 中国南海天然气水合物第二次试采主要进展. 中国地质，47：557-568.

余莉，何计彬，叶成明，等. 2019. 海域天然气水合物泥质粉砂型储层防砂砾石粒径尺寸选择. 石油钻采工艺，41：670-675.

Akaki T, Kimoto S. 2019. Numerical modelling of internal erosion during hydrate dissociation based on multiphase mixture theory. International Journal for Numerical and Analytical Methods in Geomechanics，44：327-350.

Boswell R, Collett T S. 2011. Current perspectives on gas hydrate resources. Energy Environ Sci，4：1206-1215.

Boswell R, Schoderbek D, Collett T S, et al. 2017. The Ignik Sikumi field experiment, Alaska North Slope：Design, operations, and implications for CO_2-CH_4 exchange in gas hydrate reservoirs. Energy & Fuels，31：140-153.

Chong Z R, Yang S H B, Babu P, et al. 2016. Review of natural gas hydrates as an energy resource：Prospects and challenges. Applied Energy，162：1633-1652.

Collett T S. 2019. Gas hydrate production testing-knowledge gained//Offshore Technology Conference. Houston, Texas, USA.

Dallimore S R, Collett T S, Taylor A E, et al. 2005. Scientific results from the Mallik 2002 gas hydrate production research well program, Mackenzie Delta, northwest territories, Canada：Preface. Bulletin of the Geological Survey of Canada，585.

Dallimore S R, Yamamoto K, Wright J F, et al. 2012. Scientific Results from the JOGMEC/NRCan/Aurora Mallik 2007-2008 Gas Hydrate Production Research Well Program, Mackenzie Delta, Northwest Territories, Canada. Ottawa：Natural Resources Canada.

Ding J, Cheng Y, Yan C, et al. 2019. Experimental study of sand control in a natural gas hydrate reservoir in the South China sea. International Journal of Hydrogen Energy，44：23639-23648.

Hammerschmidt E G. 1934. Formation of gas hydrates in natural gas transmission lines. Industrial & Engineering Chemistry Research，26（8）：851-855.

Han G, Kwon T H, Lee J Y, et al. 2018. Depressurization-Induced fines migration in sediments containing methane hydrate：X-Ray computed tomography imaging experiments. Journal of Geophysical Research：Solid Earth，123：2539-2558.

Jin Y, Li Y L, Wu N, et al. 2021. Characterization of sand production for clayey-silt sediments conditioned to openhole gravel-packing：Experimental observations. SPE Journal SPE-206708-PA.

Jung J W, Jang J, Santamarina J C, et al. 2011. Gas production from hydrate-bearing sediments：The role of fine particles. Energy & Fuels，26：480-487.

Katagiri J, Yoneda J, Tenma N. 2016. Multiobjective optimization of the particle aspect ratio for gravel pack in a methane-hydrate reservoir using pore scale simulation. Journal of Natural Gas Science and Engineering, 35: 920-927.

Klar A, Uchida S, Charas Z, et al. 2013. Thermo-hydro-mechanical sand production model in hydrate-bearing sediments. International Workshop on Geomechanics and Energy, European Association of Geoscientists & Engineers: CP-369-00051.

Konno Y, Fujii T, Sato A, et al. 2017. Key findings of the world's first offshore methane hydrate production test off the coast of Japan: Toward future commercial production. Energy & Fuels, 31: 2607-2616.

Kurihara M, Sato A, Funatsu K, et al. 2010. Analysis of production data for 2007/2008 Mallik gas hydrate production tests in Canada//International Oil and Gas Conference and Exhibition in China. Beijing, China: Society of Petroleum Engineers, 24.

Li J, Ye J, Qin X, et al. 2018. The first offshore natural gas hydrate production test in South China Sea. China Geology, 1: 5-16.

Li Y, Ning F, Wu N, et al. 2020. Protocol for sand control screen design of production wells for clayey silt hydrate reservoirs: A case study. Energy Science & Engineering, 8: 1438-1449.

Li Y, Wu N, He C, et al. 2021. Nucleation probability and memory effect of methane-propane mixed gas hydrate. Fuel, 291: 120103.

Li Y L, Wu N Y, Ning F L, et al. 2019. A sand-production control system for gas production from clayey silt hydrate reservoirs. China Geology, 2: 121-132.

Loret B. 2019. Sand production during hydrate dissociation and erosion of earth dams: Constitutive and field equations. Fluid Injection in Deformable Geological Formations: 369-463.

Lu J, Xiong Y, Li D, et al. 2019. Experimental study on sand production and seabottom subsidence of non-diagenetic hydrate reservoirs in depressurization production. Marine Geology & Quaternary Geology, 39: 183-195.

Ma C, Deng J, Dong X, et al. 2020. A new laboratory protocol to study the plugging and sand control performance of sand control screens. Journal of Petroleum Science and Engineering, 184: 106548.

Makogon Y F. 1965. A gas hydrate formation in the gas saturated layers under low temperature. Gas Industry, 5: 14-15.

Makogon Y F. 2010. Natural gas hydrates—A promising source of energy. Journal of Natural Gas Science and Engineering, 2: 49-59.

Oyama H, Nagao J, Suzuki K, et al. 2010. Experimental analysis of sand production from methane hydrate bearing sediments applying depressurization method. Journal of MMIJ, 126: 497-502 (In Japanese with English Abstract).

Ripmeester J A, Alavi S. 2016. Some current challenges in clathrate hydrate science: Nucleation, decomposition and the memory effect. Current Opinion in Solid State and Materials Science, 20: 344-351.

Ruppel C D, Kessler J D. 2017. The interaction of climate change and methane hydrates. Reviews of Geophysics, 55 (1): 126-168.

Schoderbek D, Martin K L, Howard J, et al. 2012. North slope hydrate fieldtrial: CO_2/CH_4 exchange//OTC Arctic Technology Conference. Houston, Texas, USA: Offshore Technology Conference, 17.

Shen W, Li X, Cihan A, et al. 2019. Experimental and numerical simulation of water adsorption and diffusion in shale gas reservoir rocks. Advances in Geo-Energy Research, 3: 165-174.

Sloan E D. 2003. Fundamental principles and applications of natural gas hydrates. Nature, 426: 353-359.

Sun J，Ning F，Lei H，et al. 2018. Wellbore stability analysis during drilling through marine gas hydrate-bearing sediments in Shenhu area：A case study. Journal of Petroleum Science and Engineering，170：345-367.

Sun J，Ning F，Liu T，et al. 2019. Gas production from a silty hydrate reservoir in the South China Sea using hydraulic fracturing：A numerical simulation. Energy Science & Engineering，7：1106-1122.

Takahashi H，Yonezawa T，Fercho E. 2003. Operation overview of the 2002 Mallik gas hydrate production research well program at the Mackenzie Delta in the Canadian Arctic//Offshore Technology Conference. Houston，Texas：Offshore Technology Conference，10.

Uchida S，Klar A，Yamamoto K. 2016. Sand production model in gas hydrate-bearing sediments. International Journal of Rock Mechanics and Mining Sciences，86：303-316.

Uchida S，Lin J S，Myshakin E M，et al. 2019. Numerical simulations of sand migration during gas production in hydrate-bearing sands interbedded with thin mud layers at site NGHP-02-16. Marine and Petroleum Geology，108：639-647.

Wu N，Li Y，Chen Q，et al. 2021. Sand production management during marine natural gas hydrate exploitation：Review and an innovative solution. Energy & Fuels，35（6）：4617-4632.

Yamamoto K，Terao Y，Fujii T. 2014. Operational overview of the first offshore production test of methane hydrates in the Eastern Nankai Trough//2014 Offshore Technology Conference. Houston，Texas，USA，2014-5-8.

Yamamoto K，Wang X，Tamaki M，et al. 2019. The second offshore production of methane hydrate in the Nankai Trough and gas production behavior from a heterogeneous methane hydrate reservoir. RSC Advances，9：25987-26013.

Yoshihiro T，Mike D，Bill H，et al. 2014. Deepwater methane hydrate gravel packing completion results and challenges//Offshore Technology Conference. Houston，Texas，USA.

Yu L，Zhang L，Zhang R，et al. 2018. Assessment of natural gas production from hydrate-bearing sediments with unconsolidated argillaceous siltstones via a controlled sandout method. Energy，160：654-667.

Zhu H，Xu T，Yuan Y，et al. 2020a. Numerical analysis of sand production during natural gas extraction from unconsolidated hydrate-bearing sediments. Journal of Natural Gas Science and Engineering，76：103229.

Zhu H，Xu T，Yuan Y，et al. 2020b. Numerical investigation of the natural gas hydrate production tests in the Nankai Trough by incorporating sand migration. Applied Energy，275：115384.

第二章 含水合物沉积物的力学性质

天然气水合物储层的力学性质是控制储层出砂规律演变的总阀门。探索含水合物沉积物力学参数在开采过程中的劣化机制是揭示出砂风险发生临界条件、演变规律的基础。本章将以室内三轴剪切实验为重点，介绍不同类型的含水合物沉积物三轴剪切破坏特征，探讨不同类型的含水合物沉积物力学参数在开采过程中的弱化机理。

第一节 实验仪器与实验原理

低温高压三轴剪切试验是获取含水合物沉积物力学参数最有效的途径之一（Lijith et al., 2019；李彦龙等，2016）。笔者团队先后建立了基于时域反射技术（TDR）确定水合物饱和度的三轴测试装置、基于 X-CT 扫描的三轴剪切测试装置，以及含水合物沉积物动-静态力学参数一体化测试装置。本节简要介绍装置的基本结构、基本工作原理及实验方法。

一、基于 TDR 确定水合物饱和度的三轴测试装置

本实验装置主要由水合物合成与分解系统、控制系统、剪切加载系统三部分组成。其中，水合物合成与分解系统主要包括压力室、输送气模块、围压控制模块、温度控制模块、TDR 探测模块、数据采集与测量模块，能够真实模拟自然界中天然气水合物生成所需要的低温和高压条件。控制系统主要由围压控制泵、压力传感器、体变泵、三轴仪控制器、温度计和数据采集部分组成。剪切加载系统主要是三轴力学剪切仪和位移计。该实验装置的实物图和示意图分别如图 2.1 和图 2.2 所示。

压力室为钛合金 TC4 材质，可以承受的最大压力是 20MPa，可以在压力室内部原位制备试样（高度 120mm，直径 39.1mm）。试样被厚度为 0.5mm 的可变形耐压柔性薄膜容器包裹，可避免薄膜容器内气体或液体流出，也可以尽可能地传递围压。围压通过水浴加压控制，纯水充填于柔性薄膜与压力室之间的环形空腔，围压上限为 20MPa，控制精度为 0.1MPa。压力室整体放置于恒温空气浴中，温度控制范围 $-10\sim60℃$。紧贴柔性薄膜外壁布置一个"T"形热电偶温度探头用来监测水合物合成与三轴剪切过程中样品温度的变化，测量范围 $-10\sim100℃$，精度为 0.1℃。压力传感器测量上限为 25MPa，精度为 0.1% FS[①]。上述温度、压力、轴向应力和轴向位移数据均实现了自动化采集与实时记录。

本实验系统特色之一是：样品在柔性薄膜容器内原位合成。同时，为保证水合物可以在样品中均匀分布，薄膜容器的上部和下部都留有可以向样品供气的通道，可变形耐压柔

---

① FS 表示测量精度是仪表满量程的 0.1%。

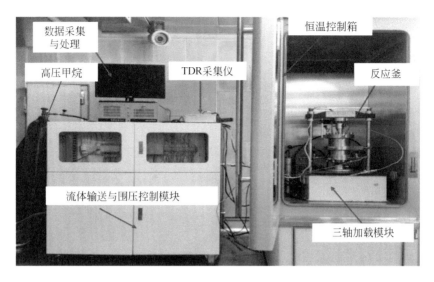

图 2.1　力学实验装置

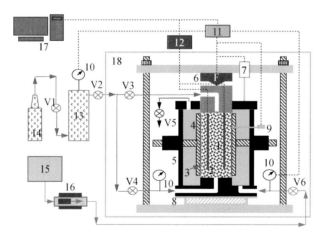

图 2.2　含水合物沉积物力学实验装置结构示意图

1. 含水合物沉积物；2. TDR 探针；3. 橡胶桶；4. 带孔半开磨具；5. 压力室；6. 压力传感器；7. 位移传感器；
8. 底座；9. 热电偶；10. 压力传感器；11. 数据采集模块；12. TDR100 转换器；13. 压力缓冲罐；14. 甲烷气瓶；
15. 水槽；16. 围压泵；17. 计算机；18. 恒温气浴；V1～V6 阀门

性薄膜容器可承受最大压差达 9MPa。容器内安装有柔性 TDR 探针，用于观察水合物的合成情况。为了避免在装样压实过程中柔性薄膜发生变形，在柔性薄膜外面还设计了可以包裹柔性薄膜、控制薄膜形状的开式成型模盒。在装样过程中，分次/分层紧密压实就可以使柔性薄膜的外壁紧贴在开式成型模盒内壁。压力室上部和下部密封盖的轴向为甲烷气体通道，其与环形空腔内的围压液体被柔性薄膜所隔开。围压则通过处于环形空腔中的纯水加载到柔性薄膜容器上。

　　TDR 技术有数据连续、不损坏样品的优点，所以在一些领域中得到了很好的应用。实际试验过程中可以利用 TDR 测量样品中的水的含量，进而估算水合物的饱和度。在三轴剪切的过程中，样品受到压缩，如果使用刚性探针会对剪切数据产生影响，因此，本实验系统中使用直径为 0.2mm、长为 9cm 的纯铜丝。

二、基于 X-CT 扫描的三轴剪切测试装置

　　X-CT 技术的发展及其对沉积物孔隙变化过程分析技术的提出对于深入理解含水合物沉积物的性质起了很大的推动作用。但目前 X-CT 在水合物测试领域的应用以表征水合物赋存行为为主，对水合物储层微观破坏形态的论述较少。基于 X-CT 技术与三轴剪切技术联合应用的含水合物沉积物力学参数测试系统的研发有其现实意义。

　　为满足含水合物沉积物破坏过程模拟，实验装置需满足如下要求：①能够满足合成甲烷水合物所需要的高压条件；②能够精确控制试样轴向温度，使其均匀分布；③能够实现快速控温以提高制样效率；④能够调节试样的尺寸，达到控制不同的试样高径比的目的；⑤能够满足轴向定剪切速率、定压力两种加载模式。同时，该装置还需要满足现有基于 X-CT 探究天然气水合物沉积物物理化学性质的微型反应釜的基本要求，如①尽可能降低装置重心，保证旋转过程平稳；②防止反应釜本体过度包装导致的 X-CT 扫描重影等。

　　基于上述技术需求和功能要求，研发了适用于含水合物沉积物的孔隙尺度微观观测-三轴剪切综合试验系统（发明专利号：ZL202020427444.4）。该系统包含反应釜系统本体、与孔压入口相连的恒速/恒压流体加载泵及其附件、与围压入口相连的恒速/恒压加载泵及其附件、与孔压出口相连的背压控制模块、与通气孔相连的卸载压力加载模块、与加载流体入口相连的剪切加载模块、应变测量模块，以及用于沉积物二维、三维扫描的 X-CT 实验系统等，反应釜本体与其他部件的连接流程如图 2.3 所示。实验系统反应釜主体为铍或碳纤维材质，X 射线可穿透，满足 X-CT 3D 扫描成像测试，该系统能够同时实现针对含水合物沉积物的孔隙尺度扫描与宏观应力-应变曲线的测试。

　　其中，高压反应釜本体由铍或碳纤维耐压管制成，耐压管两端加工"工"形凸起，用于与反应釜端盖配合；反应釜端盖为钛合金材质，分上、下端盖；上端盖与反应釜本体采用螺纹连接，上端盖中央位置设置孔压出口和围压出口；反应釜下端盖上部与反应釜本体采用螺纹连接，下部与轴压加载反力机构通过螺纹连接，轴压加载反力机构端部和侧壁包裹泡沫或丙烯酸覆膜作为绝热垫层。

　　在反应釜内部，从上到下依次安装：上部样品调节垫块—沉积物样品—下部样品调节垫块—轴压加载活塞，上部样品调节垫块下端和下部样品调节垫块上端均安装等直径的透水石，透水石边缘各安装一个示踪棒；沉积物样品采用橡胶套包裹，橡胶套与样品调节垫块之间用橡皮筋缠绕；在样品调节垫块与反应釜本体内壁之间安装压载扶正环。按照上述顺序安装后橡胶套与反应釜本体内壁之间的环空作为围压液空间。

　　样品调节垫块上设计凹槽，用于样品安装橡皮筋，密封橡胶套与调节垫块；样品调节垫块的高度根据实际样品需求调整，本系统设计的样品直径 25mm，样品高度可调范围为 25~90mm，标准试验条件下采用高径比 2:1 的岩心进行实验，即试样高度为 50mm。上部样品调节垫块与反应釜上端盖之间采用公母扣方式对接，下部样品调节垫块与轴压加载活塞之间采用公母扣方式连接，为保证上下样品调节垫块通用，垫块均为公扣，反应釜上

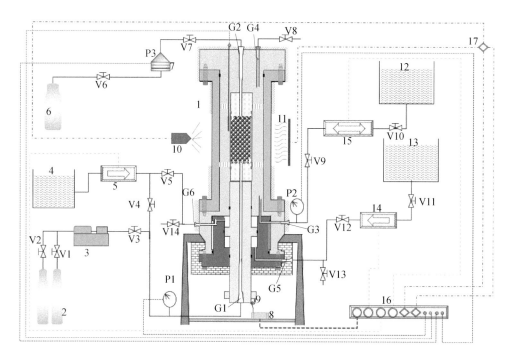

图 2.3 反应釜本体与其他部件的连接流程图

1. 反应釜本体；2. 甲烷气瓶；3. 高精度气体压力体积控制器；4. 孔压和轴压加载活塞卸荷共用流体槽；5. 流体泵；6. 氮气瓶；7. 背压阀；8. 拉线编码器；9. 拉线编码器挂钩；10. X 射线发射器；11. X 射线接收器；12. 围压供给水槽；13. 轴向加载流体槽；14. 轴向加载输送泵；15. 高精度流体变送器；16. 数据采集器；17. X 射线发射接收中继站；G1. 孔压入口；G2. 孔压出口；G3. 围压入口；G4. 围压出口；G5. 加载流体入口；G6. 通气孔；P1. 孔压压力；P2. 围压压力；P3. 背压阀 7 的输出压力

端盖下端面和轴压加载活塞上端面为母扣（图 2.4）。

示踪棒为一高密度金属材质，镶嵌在透水石边缘。此处采用高密度金属材质作为示踪棒的主要原理是：高密度材质相对于低密度的沉积物或水合物在 X-CT 扫描图像上会有明显的灰度差异。因此，在实际实验过程中，可以以示踪棒位置的变化量化监测沉积物-样品调节垫块界面的轴向位置变化过程；同时，由于示踪棒在径向方向的位置是固定的，因此可以以示踪棒为基准点，判断三轴加载过程中沉积物侧向应变量沿沉积物纵向的分布规律。

反应釜上端盖中央、上部样品调节垫块中央、下部样品调节垫块中央及轴压加载活塞中央设计孔压流体通道，实际实验过程中孔压流体从轴压加载活塞的下部注入，从反应釜上端盖中央的孔压出口排出；反应釜上端盖、反应釜下端盖偏心位置分别设置围压出口、入口，实际实验过程中围压液从位于反应釜下端盖的围压液入口进入，释压过程中从位于反应釜上端盖的围压出口流出。

轴压加载活塞与反应釜下端盖、轴压加载反力机构内腔体、轴压加载反力机构出口之间采用密封圈动密封；其中轴压加载活塞与轴压加载反力机构内腔体之间的滑动密封圈将轴压加载反力机构内腔体分割成上下两个不连通的腔体；实际实验过程中，轴压加载流体

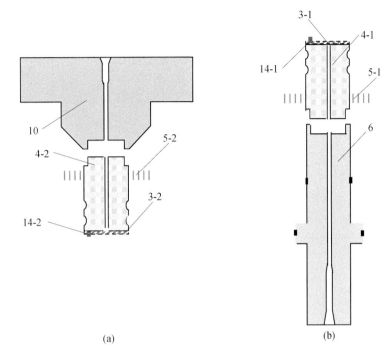

图 2.4   上部样品调节垫块与反应釜上端盖的连接方式（a）和
下部样品调节垫块与轴压加载活塞的连接方式（b）

3-1、3-2. 透水石；4-1、4-2. 样品调节垫块；5-1、5-2. 压载扶正环；6. 轴压加载活塞；

10. 反应釜上端盖；14-1、14-2. 示踪棒

从位于轴压加载反力机构侧壁的加载流体入口泵入下部腔体，推动轴压加载活塞上行，实现对内部沉积物的轴向压载；反之，卸载过程中，从位于轴压加载反力机构侧壁的通气孔泵入流体至轴压加载活塞与轴压加载反力机构形成的上部腔体，推动活塞下移，实现卸载。

轴压加载活塞在轴压加载反力机构腔体内部的上下活动范围决定了三轴剪切过程中允许的最大剪切变形量，本系统轴压加载活塞最大活动范围为 25mm，即在样品高度为 50mm 条件下，三轴加载允许的最大应变量为 50%；在本系统允许的最大样品高度（90mm）条件下，三轴加载允许的最大应变量为 22%，满足三轴加载所需的应变量条件。

轴压加载反力机构与反应釜下端盖之间在端面采用螺纹连接，侧面使用密封圈密封；反应釜下端盖连接反应釜支架，安装在 X-CT 载物台上；轴压加载反力架端部和侧面包裹绝热垫层（泡沫保温层或丙烯酸覆膜），防止 X-CT 载物台与反应釜系统发生直接的热交换，一方面保证 CT 扫描系统不受温度扰动的影响，另一方面减少反应釜内部热耗散，维持水合物生成所需的低温条件。

整个反应釜系统的温度控制模式以珀耳帖降温护套降温为主，珀耳帖降温护套与反应釜外径、反应釜端盖外径分别相同，珀耳帖分别与外接电源连接实现对反应釜的降温控制；为防止珀耳帖降温护套对内部扫描结果的影响，在反应釜本体中央位置（即沉积物样品所处位置）处不安装珀耳帖降温护套。

作为上述珀耳帖降温方式的补充，本装置可以直接将围压液在 X-CT 箱体之外通过恒温水浴槽预降温，实验过程中利用外接围压泵实现围压液的循环，从而进一步增加沉积物内部温度的平稳程度；温度控制范围为−5℃至室温，温度控制精度为±0.5℃，沉积物温度利用紧贴在橡胶套外壁的热电偶测量。

上述实验系统的整体设计耐压（围压）条件为 30MPa；孔压最大设计值为 29.8MPa，控制精度 0.1%，该装置可模拟天然气水合物的赋存条件，在三轴剪切系统内原位合成不同水合物饱和度的沉积物样品并开展力学剪切实验，同时结合微米 X-CT 观测技术原位监测剪切实验的微观过程，从而实现水合物储层力学特性的 CT 三轴的宏微观力学联合测量。

三轴剪切试验在 CT 扫描旋转台上进行，在剪切过程中同时进行 CT 扫描及图像记录。实验过程的前处理和后处理过程也异常复杂，整个实验过程包含样品中水合物的合成、水合物实时状态监测，以及通过阈值分割从 CT 图像中分离孔隙中的水合物及其他充填相，进而评价其力学变形特征。

三、含水合物沉积物动−静态力学参数一体化测试装置

通过室内三轴剪切试验获得的储层力学数据通常被称为静态力学参数，而通过现场测井资料估算获得的力学数据称为动态力学参数。从常规油气储层的经验判断，天然气水合物储层的动态力学参数与静态力学参数存在某种定量转化关系。无法用室内三轴剪切试验获得的静态力学参数，简单取代野外估算数据进行现场工程设计；同时，也不能在没有室内试验校准的情况下单纯依靠基于测井资料的估算结果进行工程设计。因此，非常有必要针对水合物储层建立其动、静态力学参数相关关系。

为此，笔者设计出一种含水合物沉积物动−静态力学参数同步测量反应釜（发明专利号：ZL201910778412.0），其主要结构如图 2.5 所示，主要包括壳体、壳体内的本体组件、壳体侧面的侧组件、壳体顶端的上盖组件，以及设置在所述壳体底端的下盖组件。

其中，反应釜本体组件包括：沉积物胶桶、透压成型模壳、加力杆、加力架等部件。沉积物胶桶安装在反应釜壳体内，透压成型模壳为闭合后内径与沉积物胶桶外径相等的两环形壳；加力杆与反应釜壳体间设置滑动，加力架螺旋设置在反应釜壳体的侧面，并通过转球与所述加力杆连接。

上盖组件包括：上密封压盖，设置在所述沉积物胶桶的两端；上内盖，设置在所述上密封压盖上，设有用于固定 TDR 接口以及排饱和水的出口通腔；上超声探头设置在上内盖内，与沉积物胶桶的内腔相对应连接；上盒盖，设置在所述壳体的顶端开口处；上导力轴，设于上超声探头及上内盖贯通的内腔，与上内盖固定；上导力轴与上盒盖滑动设置；上导力冒，与上导力轴连接，侧面设有与上导力轴内腔贯通的出口。所述下盖组件包括：下密封压盖，设置在沉积物胶桶的底端出口处；下盒盖，设置在下密封压盖的下方，与壳体的底端开口处连接，设有与壳体内腔贯通的饱和水进口通腔；下超声探头，设置在下盒盖上，与沉积物胶桶的内腔相对；转接板，设置在下盒盖上，设有与下超声探头贯通的内腔。

上述反应釜实现动态力学参数测试的核心是超声波探头，超声波探头获取纵横波数据，判断样品中的水合物丰度并基于常规岩石物理模型预测样品的动态强度参数，并与静

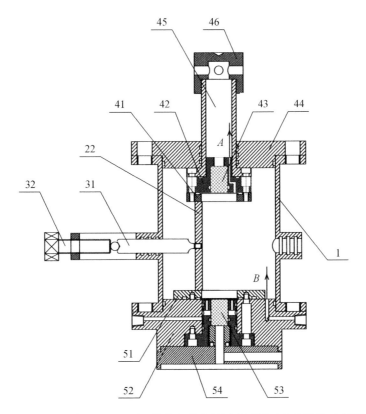

图 2.5　含水合物沉积物动-静态力学参数同步测量反应釜结构示意图

1. 壳体；22. 透压成型模壳；31. 加力杆；32. 加力架；41. 上密封压盖；42. 上内盖；43. 上超声探头；44. 上盒盖；45. 上导力轴；46. 上导力冒；51. 下密封压盖；52. 下盒盖；53. 下超声探头；54. 转接板

态强度参数对比获取动-静态强度参数的转换关系。

第二节　砂质含水合物沉积物的力学性质

一、实验材料及实验方法

实验采用纯度为 99.9% 的甲烷气体合成水合物。

为了尽可能避免泥质含量、矿物类型差异等因素对试验结果的影响，采用经去泥质处理的天然海滩砂模拟甲烷水合物赋存介质，其粒度分布曲线如图 2.6 所示。砂样主要由粗砂（500~2000μm）、中砂（250~500μm）和细砂（63~250μm）组成，其中粗砂含量约为 3%，中砂含量为 93%，细砂含量约为 4%，不含泥质成分。砂样的孔隙度为 40%。试样粒度中值 $D_{50}=0.31\text{mm}$。试验砂样的平均粒度略高于日本 Nankai Trough 天然气水合物岩心的粒度（Yamamoto et al.，2014），具有一定代表性。

含水合物沉积物原位制样法具体方法如下：称量 192g 经烘干处理的砂样，分别加入

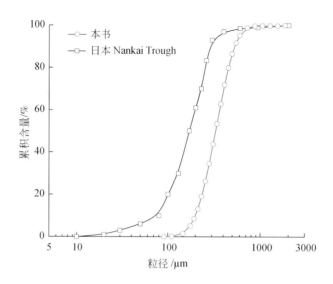

图 2.6　实验砂样的粒度分布曲线

8mL、16mL、24mL 质量浓度为 0.03% 的十二烷基磺酸钠（SDS）溶液搅拌，使两者充分混合（制备水合物饱和度为 0 的试样，无须加入 SDS 溶液）；分 4 次将砂样装入橡胶桶，分层压实；安装反应釜，施加 0.5MPa 围压，从下进气管路缓慢通入甲烷气体，上进气管路敞开，排除试样及管路中的空气；连接上进气管路，上下进气管路同时通入甲烷，逐步增大围压至 5.5MPa，同步增大孔压至 4.5MPa；启动恒温控制系统，设定系统温度 0.5℃（±0.2℃），降温制备含甲烷水合物沉积物；维持上述温压条件 72 小时，制样完成。

　　去泥质处理后中砂质沉积物堆积形成的孔隙尺寸相对较大，在恒温恒压、气过量条件下毛细效应不显著，气体与液体可以充分混合，再加上 SDS 溶液的促进作用，可假定沉积物中的液体能够全部反应形成甲烷水合物，进而根据式（2.1）估算沉积物中的水合物饱和度：

$$S_h = V_h / V_\varphi \times 100\% \tag{2.1}$$

式中，$V_h = \dfrac{m_h}{\rho_h}$，$m_h = \dfrac{n \times M_w + M_c}{n \times M_w} \cdot m_w$，$m_w = V_w \cdot \rho_w$，$m_w$ 和 m_h 分别为纯水、甲烷水合物的质量，g，ρ_w 和 ρ_h 分别为纯水、甲烷水合物的密度，$\rho_w = 1.0 \mathrm{g/cm^3}$、$\rho_h = 0.9 \mathrm{g/cm^3}$，$V_w$ 和 V_h 分别为纯水、甲烷水合物体积，$\mathrm{cm^3}$，M_c 和 M_w 分别为甲烷和水的摩尔质量，$M_c = 16 \mathrm{g/mol}$、$M_w = 18 \mathrm{g/mol}$；n 为水合数，$n = 5.75$；V_φ 为孔隙体积，根据胶桶体积（144cm³）、骨架密度（2.78g/cm³）及砂总重（192g）计算，$V_\varphi = 77.9 \mathrm{cm^3}$。根据上述方法可得初始含液量为 8mL、16mL 和 24mL 时的水合物饱和度分别为 13.3%、26.6% 和 40.0%。

　　制样结束后，在有效围压分别为 1MPa、2MPa 和 4MPa，剪切速率为 0.9mm/min 条件下进行剪切试验，每隔 5s 记录应变、应力数据并在采集界面上实时显示，试验过程中维持系统温度 0.5℃（±0.2℃），保证剪切过程中甲烷水合物不分解。若剪切过程中试样呈应变硬化规律，则当试样轴向应变为 12%～15% 时停止剪切；若试样剪切过程中出现应变软化现象，则当试样应力趋于稳定时停止剪切。

三轴剪切过程中随着三轴仪活塞压入试样胶桶，胶桶膨胀，排出部分围压液，根据活塞压入体积与围压液排出体积的差值计算沉积物体积变形量，继而测量含水合物沉积物的体积应变：

$$\varepsilon_{\mathrm{v}} = \frac{\Delta V}{V_0} \times 100\% \qquad (2.2)$$

式中，$\Delta V = V_{\mathrm{in}} - V_{\mathrm{out}}$，$V_{\mathrm{in}}$、$V_{\mathrm{out}}$ 分别为三轴仪活塞压入体积和围压液排出量，cm^3；V_0 为胶桶（试样）初始体积，cm^3。

二、应力–应变曲线特征

（一）应力–轴向应变特征

在水合物饱和度分别为 0、13.3%、26.6%、40.0%，有效围压分别为 1MPa、2MPa 和 4MPa 的条件下，典型偏应力–轴向应变关系曲线如图 2.7 所示。总体而言，含甲烷水合物砂质沉积物不存在明显的压密段，随着水合物饱和度的降低和有效围压增大，弹性增长阶段缩短，塑性屈服段变长。

在相同有效围压下，高含水合物饱和度沉积物达到峰值强度之前塑性变形较小，呈明显的脆性破坏；随着含水合物饱和度的降低，达到峰值强度之前的塑性变形量增大，塑性破坏趋势增强。随着水合物饱和度的增大，沉积物应力–应变呈由应变硬化向应变软化转化的趋势。例如，当水合物饱和度为 13.3% 时，应力–应变曲线已无明显的峰值点。

在相同的水合物饱和度条件下，当有效围压为 2MPa 时，应力–应变曲线无明显的峰值点，破坏后呈近似理想塑性变形状态，当有效围压为 1MPa 和 4MPa 时，应力–应变曲线分别呈现出明显的应变软化和应变硬化规律。由此推断，相同水合物饱和度条件下，随着有效围压的增大，沉积物的应力–应变曲线呈由应变软化向应变硬化转化的趋势（Li et al.，2018）。

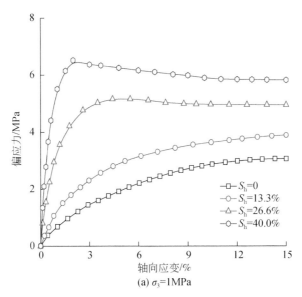

(a) $\sigma_3 = 1\mathrm{MPa}$

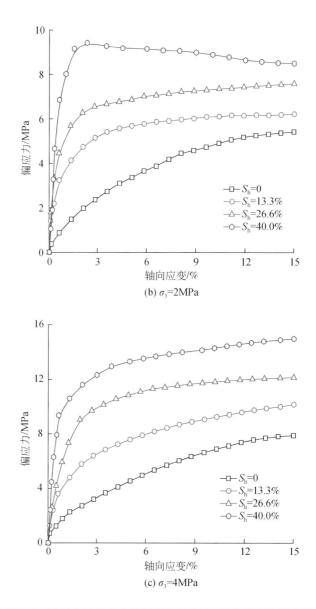

图2.7　砂质含甲烷水合物沉积物偏应力-轴向应变关系曲线

（二）轴向应变-体积应变特征

在有效围压 1MPa 和水合物饱和度 26.6% 条件下体积应变-轴向应变间的关系曲线如图 2.8 所示。其中体积应变为正表示剪缩，为负表示剪胀。图中实线分别为一定有效围压、水合物饱和度条件下含甲烷水合物砂质沉积物轴向应变-体积应变测试结果。

由图 2.8（a）可知，在相同的有效围压条件下（1MPa），高含水合物饱和度沉积物首先发生轻微的剪缩，之后迅速发生改变，表现出明显的剪胀现象。随着水合物饱和度的降低，沉积物体积应变由正转负的临界点对应的轴向应变增大，这说明水合物饱和度的降低可能导致沉积物剪缩性增强,剪胀性变差。

由图 2.8(b)可知,当水合物饱和度相同($S_h = 26.6\%$)时,低围压下沉积物体积先轻微减小,之后很快发生改变,发生剪胀;高围压条件下沉积物体积逐渐减小,最终趋于稳定。这说明随着有效围压的增强,含甲烷水合物沉积物剪缩性增大,剪胀性降低。因此,体变规律与图 2.8 中轴向应变规律得到的结论对应:有效围压越高或水合物饱和度越低,沉积物剪缩性越显著,应力–应变曲线表现为应变硬化型,反之则沉积物表现为应变软化破坏趋势。

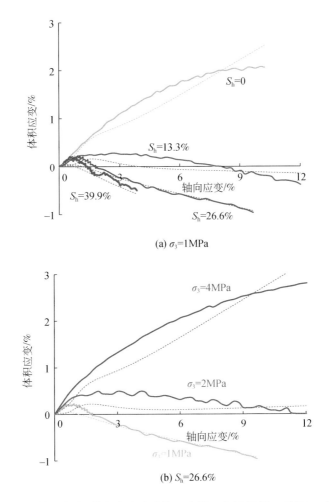

(a) $\sigma_3 = 1\text{MPa}$

(b) $S_h = 26.6\%$

图 2.8 轴向应变–体积应变试验值(实线)与计算值(虚线)对比

为了进一步阐述含甲烷水合物砂质沉积物发生应变硬化、应变软化的机理及其转化临界条件,可采用式(2.3)拟合图 2.8 中的轴向应变–体积应变关系曲线,拟合结果如图 2.8 中虚线所示。

$$\varepsilon_v = \frac{\ln(\varepsilon_a^n + 1)}{\exp(\varepsilon_a)} + \beta \cdot \varepsilon_a \qquad (2.3)$$

式中,ε_v、ε_a 分别为含甲烷水合物沉积物的体积应变、轴向应变值,%;n 为与体积应变

"极大值"和沉积物初始孔隙比有关的参数，本试验采用固定初始孔隙比（40%）的沉积物，可暂时不考虑初始孔隙比变化对 n 值的影响；β 为与应力-应变曲线软、硬化破坏形式相关的参数，可以通过非线性最小二乘拟合方法确定不同试验条件下的 n、β 取值。

三、软-硬化机制及破坏机理

（一）软化、硬化转换机制

总结图 2.8 中 12 轮三轴剪切数据的软、硬化特征，不同试验条件下沉积物破坏模式如表 2.1 所示（李彦龙等，2017a）。

表 2.1 不同试验条件下沉积物破坏模式

含水合物饱和度 S_h/%	$\sigma_3 = 1\text{MPa}$	$\sigma_3 = 2\text{MPa}$	$\sigma_3 = 4\text{MPa}$
0	应变硬化	应变硬化	应变硬化
13.3	应变硬化	应变硬化	应变硬化
26.6	应变软化	应变硬化	应变硬化
40.0	应变软化	应变软化	应变硬化

根据砂土的临界状态理论，在临界孔隙比-平均有效正应力平面（e-p' 平面）内，沉积物临界状态线右上方为松面，左下方为紧面（图 2.9）。沉积物剪切过程中，无论其初始状态如何，都趋于向临界状态线发展。因而初始状态处于紧面的沉积物在轴向有效应力作用下向"接近松面"发展，导致沉积物表现出较强的剪胀特性，应力-应变曲线表现为应变软化特性；而初始状态处于松面的沉积物在轴向有效应力的作用下向"接近紧面"发展，导致沉积物表现出较强的剪缩特性，应力-应变曲线表现为应变硬化特性。

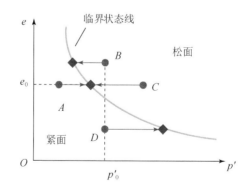

图 2.9 含甲烷水合物沉积物在 e-p' 平面内的路径趋势

由于沉积物中甲烷水合物以固相形态充填在多孔介质中，可以认为是骨架的一部分，因而水合物的存在必然会降低沉积物的有效孔隙比。对于相同的骨架颗粒，水合物饱和度相同意味着沉积物初始有效孔隙比（e_0）相同，如果有效围压较小，则沉积物初始状态在

e-p'平面内可能处于紧面（图2.9中A点），剪切过程中随着有效应力的增大必然向右发展，表现为剪胀特性，应力–应变曲线为应变软化型；如果有效围压较大，则沉积物初始状态在e-p'平面内可能处于松面（图2.9中C点），剪切过程中向左发展，表现为剪缩，应力–应变曲线为应变硬化型。

如果假设沉积物与甲烷水合物颗粒具有相同的性质，两者混合后形成各向同性均质材料，则当有效围压相同（即初始有效应力p'_0相同）时，以固相存在的甲烷水合物会导致沉积物有效孔隙比的降低。水合物饱和度越高，意味着初始有效孔隙比越低，沉积物初始状态在e-p'平面内可能处于紧面（图2.9中D点），剪切过程中向右发展表现为剪胀特性；水合物饱和度越低，则初始有效孔隙比越大，沉积物初始状态在e-p'平面内可能处于松面（图2.9中B点），剪切过程中沉积物表现出一定的剪缩特性，反映在应力–应变曲线上就表现为应变硬化型。这就是含甲烷水合物松散沉积物随有效围压、水合物饱和度的变化表现出不同的变形特性的根本原因。

（二）应变软化–应变硬化临界状态模型

由上述分析可知，β值是含水合物松散沉积物发生应变软化、应变–硬化两种不同破坏形式的绝对控制因素。当$\beta>0$时，应力–应变曲线表现为应变硬化特性；当$\beta<0$时，应力–应变曲线表现为应变软化特性。因此$\beta=0$对应的水合物饱和度、有效围压即为含水合物松散沉积物发生应变硬化、应变软化的临界点，即

$$S_h\big|_{\text{critical}}=(0.086+0.12\cdot\sigma_3)\times100\% \tag{2.4}$$

式（2.4）对应的函数关系在水合物饱和度–有效围压平面内的曲线称为含水合物沉积物发生应变软化、应变硬化破坏形式的临界状态线（图2.10）。临界状态线左上方为应变硬化区间，右下方为应变软化区间。如果沉积物初始状态处于应变软化区间，则三轴剪切过程中应力–应变曲线表现为应变软化破坏形态；如果沉积物初始状态处于应变硬化区间，则三轴剪切过程中应力–应变曲线表现为应变硬化破坏形态。图2.10中数据点为本书试验中使用的试样初始条件数据。

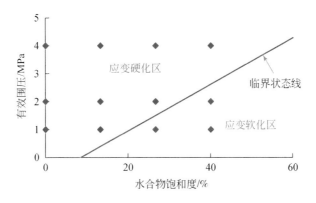

图2.10　含水合物松散沉积物破坏形式识别图版

由于上述模型中各系数是利用同一种沉积物作为水合物赋存介质拟合得到的，因此不

能反映不同初始孔隙比、矿物组成等复杂条件下的软、硬化转换临界条件。为使上述临界状态线方程预测结果具有普遍意义，式（2.4）可以改写为

$$S_{h}\big|_{\text{critical}} = (a_1 + b_1 \cdot \sigma_3) \times 100\% \qquad (2.5)$$

式中，模型参数 a_1、b_1 可通过相同沉积物不同试验条件下的轴向应变–体积应变数据拟合得到。

（三）破坏机理分析

水合物对沉积物的影响主要体现在其对颗粒的胶结作用和填充作用。随着水合物含量增加，土颗粒间的胶结作用增强，水合物在沉积物中含量达到一定程度后，水合物将与土颗粒骨架一起作为持力体存在，表现出对沉积物孔隙的充填作用。在三轴剪切过程中，会出现水合物的损伤、破碎，以及土颗粒的旋转、滑移，由于沉积物颗粒排列特征、水合物饱和度及有效围压的影响，沉积物会出现局部变紧密与变疏松的情况，承受载荷的能力发生改变，导致水合物沉积物试样出现应变硬化和应变软化两种不同的破坏模式，如图2.11所示。水合物饱和度越高，水合物对土颗粒的胶结作用和对孔隙的填充作用越明显，剪切过程中水合物在一定应力条件下容易出现损伤和破坏，导致沉积物承受载荷能力下降，表现为明显的应变软化现象。因此，水合物饱和度越高，沉积物在剪切过程中应变软化现象越明显。

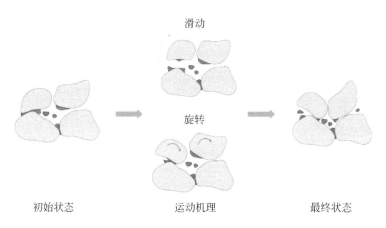

图 2.11　剪切过程中水合物和土颗粒的作用机理

有效围压对水合物沉积物试样的横向变形有限制作用。有效围压较低时，沉积物颗粒以及水合物颗粒之间的结合由于限制减小而更容易发生损伤与破坏，应变软化现象更容易出现。随着有效围压增大，沉积物颗粒间的相对运动需要克服更大的阻力，水合物对沉积物颗粒之间的胶结作用在剪切过程中更难破坏，进而水合物沉积物试样在高围压条件下呈现出更明显的应变硬化现象。此外，沉积物的组成成分、颗粒性质和孔隙特性也会对水合物沉积物的破坏模式造成影响。因此，水合物沉积物三轴剪切过程中出现应变硬化还是应变软化主要是由水合物饱和度和有效围压共同决定的，并受到沉积物特性的影响。

四、强度参数演化特征

（一）抗剪强度

含水合物沉积物的抗剪强度（或破坏强度）是三轴剪切过程中沉积物发生屈服的极限强度。若应力–应变曲线为应变软化型，直接取偏应力峰值作为抗剪强度；若应力–应变曲线为应变硬化型，取轴向应变为15%所对应的偏应力值作为抗剪强度。图2.12为含甲烷水合物沉积抗剪强度与水合物饱和度、有效围压的关系。由图可知，在相同的有效围压条件下，含甲烷水合物沉积物破坏强度随水合物饱和度的增加而增加，且呈近似线性关系。导致上述变化规律的原因是：随着水合物饱和度增加，其对沉积物颗粒的胶结作用增强，当水合物含量达到一定程度后，水合物对颗粒间孔隙起到充填作用，因而破坏强度明显增大。

相同水合物饱和度条件下含甲烷水合物沉积物破坏强度随有效围压的增加而增大。随着有效围压增大，颗粒间的相对滑动、旋转以及翻越相邻颗粒需要克服更大的摩擦阻力，需要消耗更多的能量使试样发生变形破坏，表现为破坏强度增加。

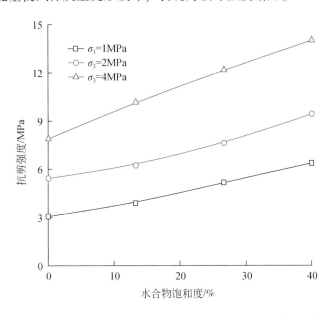

图 2.12　含甲烷水合物沉积物抗剪强度与水合物饱和度、有效围压的变化关系

（二）割线模量 E_{50}

割线模量 E_{50} 定义为50%峰值强度与其对应的轴向应变之比，反映了含水合物沉积物抵抗形变的能力及平均刚度特性。图2.13为不同有效围压条件下含甲烷水合物沉积物的割线模量随水合物饱和度变化曲线。相同有效围压条件下，含水合物沉积物的割线模量随着水合物饱和度的增大而明显增加；在有效围压为1MPa时，水合物饱和度为40%时沉积物的割线模量大约是不含甲烷水合物沉积物（饱和度为0）的17倍。其原因是：随水合

物含量的增加，沉积物颗粒间的胶结作用逐步加强，含水合物沉积物的整体刚度有所增加，表现为割线模量的增大。

相同水合物饱和度条件下，含甲烷水合物沉积物的割线模量随着有效围压的增大而增加；在含甲烷水合物饱和度为40%时，有效围压为4MPa时沉积物的割线模量大约是有效围压为1MPa时的2倍。有效围压能够起到抑制含水合物沉积物在三轴剪切过程中侧向变形的作用，导致割线模量增加。

水合物沉积物试样的割线模量受到沉积物软-硬化机制的影响，并且在应力-应变关系由应变硬化向应变软化转换过程中割线模量会出现大幅跃升。应力-应变关系表现为应变硬化时，割线模量随水合物饱和度的增加呈线性增大，但增大幅度较小；应力-应变关系表现为应变软化时，割线模量随水合物饱和度增加迅速增大。

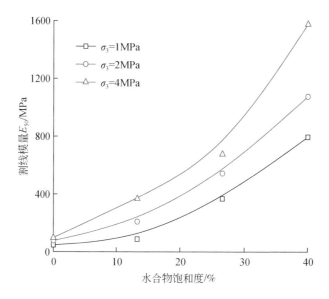

图 2.13 割线模量 E_{50} 与水合物饱和度的关系

（三）内聚力和内摩擦角

不同水合物饱和度条件下含甲烷水合物沉积物的内聚力和内摩擦角分别如图 2.14 和图 2.15 所示。内摩擦角随水合物饱和度增加而增加，由 26.4° 增大至 34.2°，增加量不大，即水合物饱和度增加对含甲烷水合物沉积物的内摩擦角的影响不大。但由图 2.14 可知，含水合物沉积物的内聚力随着水合物饱和度的上升而明显变大。内聚力的变化趋势与水合物沉积物的破坏强度的变化趋势相似，说明水合物饱和度对内聚力和破坏强度的影响机制相似。

根据实验结果，内聚力随水合物饱和度增加呈指数增加，而内摩擦角随水合物饱和度在小范围内线性增加。通过公式拟合可得内聚力与内摩擦角的计算公式：

$$c = 0.4378 \cdot \exp(0.0208 \cdot S_h) \tag{2.6}$$

$$\phi = 0.189 \cdot S_h + 27.075 \tag{2.7}$$

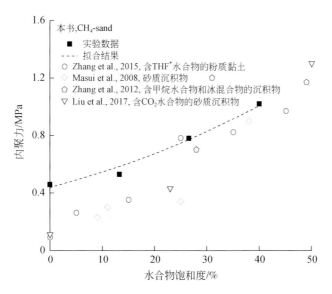

图 2.14　水合物饱和度和内聚力的关系

* THF 为四氢呋喃

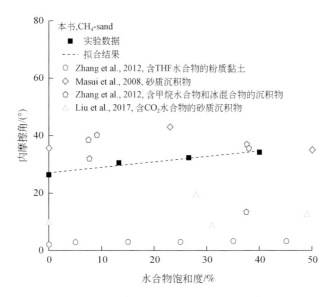

图 2.15　水合物饱和度与内摩擦角的关系

第三节　砂质水合物储层抗剪强度快速评价方法

一、基于莫尔−库仑准则的评价方法

含水合物沉积物的抗剪强度主要受水合物饱和度和有效围压的影响，而沉积物的内聚力和内摩擦角可以视作饱和度的函数。以莫尔–库仑强度准则为基础，考虑水合物饱和度的影响，含水合物沉积物的抗剪强度 $(\sigma_1-\sigma_3)_f$ 可表示为

$$(\sigma_1-\sigma_3)_f=\frac{2\cdot\cos\varphi(S_h)}{1-\sin\varphi(S_h)}\cdot c(S_h)+\frac{2\cdot\sin\varphi(S_h)}{1-\sin\varphi(S_h)}\cdot\sigma_3 \qquad (2.8)$$

图 2.16 为破坏强度实验值与计算值的对比。可以看出，莫尔–库仑准则能够很好地拟合破坏强度随水合物饱和度的变化。预测结果的误差范围为 1.47% ~ 11.91%，平均误差为 3.82%。如果已知沉积物中水合物饱和度和有效围压，根据莫尔–库仑准则可以对水合物沉积物的破坏强度进行计算。图 2.17 为基于莫尔–库仑准则的有效围压和破坏强度预测情况 (Dong et al.，2020)。

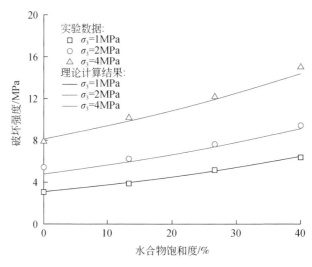

图 2.16　基于莫尔–库仑准则的破坏强度预测值

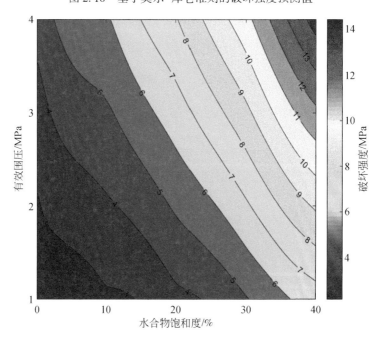

图 2.17　基于莫尔–库仑准则的有效围压和破坏强度预测

二、基于德鲁克–普拉格准则的评价方法

基于德鲁克–普拉格准则，考虑水合物饱和度对破坏强度的影响，含水合物沉积物的抗剪强度可表示为如下关系：

$$\sqrt{J_2} = K_f(S_h) + \beta(S_h) \cdot I_1 \tag{2.9}$$

$$J_2 = \frac{1}{6}\left[(\sigma_1-\sigma_2)^2 + (\sigma_1-\sigma_3)^2 + (\sigma_2-\sigma_3)^2\right] \tag{2.10}$$

$$I_1 = \sigma_1 + \sigma_2 + \sigma_3 \tag{2.11}$$

式中，K_f 和 β 为与水合物饱和度相关的模型参数。

在三轴剪切实验中，$\sigma_2 = \sigma_3$，代入式（2.10）中可得

$$(\sigma_1-\sigma_3)_f = \sqrt{3}K_f(S_h) + \sqrt{3}\beta(S_h) \cdot (\sigma_1+2\sigma_3) \tag{2.12}$$

如前所述，$(\sigma_1-\sigma_3)_f$ 为水合物饱和度和有效围压的函数，式（2.12）可改写为

$$(\sigma_1-\sigma_3)_f = A(S_h) + B(S_h) \cdot \sigma_3 \tag{2.13}$$

基于试验结果，式（2.13）中的参数可以通过数据拟合确定。图 2.18 表示试验结果与预测的破坏强度的对比。预测结果的误差范围为 0.54%~10.31%，平均误差为 2.78%。基于改进德鲁克–普拉格准则，在已知有效围压和水合物饱和度的条件下，可以对水合物储层的破坏强度进行预测，如图 2.19 所示。

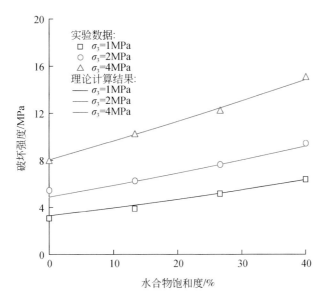

图 2.18 基于德鲁克–普拉格准则的破坏强度预测值与实验值的对比

三、基于拉特–邓肯准则的评价方法

基于拉特–邓肯准则，考虑水合物饱和度及有效围压的影响，K_{LD} 表示如下：

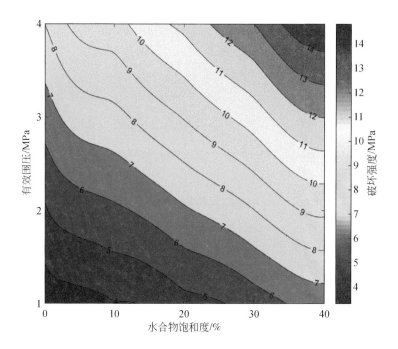

图 2.19　基于德鲁克–普拉格准则的强度预测

$$I_1^3 / I_3 = K_{LD}(S_h, \sigma_3) \qquad (2.14)$$

$$I_1 = \sigma_1 + \sigma_2 + \sigma_3 \qquad (2.15)$$

$$I_3 = \sigma_1 \cdot \sigma_2 \cdot \sigma_3 \qquad (2.16)$$

式中，K_{LD} 为水合物饱和度及与有效围压相关的模型参数。

在三轴剪切实验中，$\sigma_2 = \sigma_3$，代入式（2.14）~式（2.16）可得

$$\frac{(\sigma_1 + 2\sigma_3)^3}{\sigma_1 \cdot \sigma_3^2} = \frac{\left(\dfrac{\sigma_1}{\sigma_3} + 2\right)^3}{\dfrac{\sigma_1}{\sigma_3}} = K_{LD}(S_h, \sigma_3) \qquad (2.17)$$

$$\frac{(\sigma_D + 3\sigma_3)^3}{(\sigma_D + \sigma_3) \cdot \sigma_3^2} = \frac{\left(\dfrac{\sigma_D + \sigma_3}{\sigma_3} + 2\right)^3}{\dfrac{\sigma_D + \sigma_3}{\sigma_3}} = K_{LD}(S_h, \sigma_3) \qquad (2.18)$$

$$3\ln\left(\frac{\sigma_D + 2\sigma_3}{\sigma_3} + 2\right) - \ln\left(\frac{\sigma_D + 2\sigma_3}{\sigma_3}\right) = \ln K_{LD}(S_h, \sigma_3) \qquad (2.19)$$

考虑水合物饱和度和有效围压的影响，可得拉特–邓肯数 K_{LD} 预测模型的表达式：

$$K_{LD} = 54.59 \cdot \exp(0.0171 \cdot S_h) \cdot \sigma_3^{(-0.0051 \cdot S_h - 0.1937)} \qquad (2.20)$$

由图 2.20 可知，拉特–邓肯数 K_{LD} 随着水合物饱和度增加呈指数增加，并随着有效围压增大而增大。基于式（2.20）的计算误差范围为 0.042% ~ 4.88%，平均误差为 2.38%。由此可知，通过拟合得到的经验公式能够高效地计算水合物沉积物的拉特–邓肯数 K_{LD}，且具有较高的准确度。

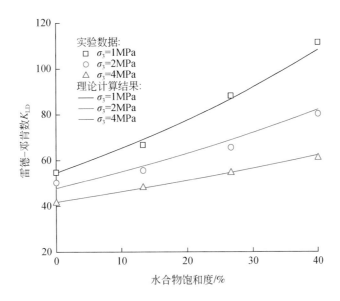

图 2.20 拉特–邓肯数的预测值

由拉特–邓肯数 K_{LD} 和有效围压 σ_3 已知，则式（2.14）变为一元三次方程，可通过求解得到破坏强度。图 2.21 反映了实验值和拉特–邓肯准则计算值的对比结果。计算得到的破坏强度的误差范围为 $1.0\% \sim 6.6\%$ ，平均误差为 2.7% 。由此可知，拉特–邓肯准则能够很好地计算破坏强度。但是，破坏强度的计算步骤比较繁琐，相比莫尔–库仑准则和德鲁克–普拉格准则计算过程更加复杂。

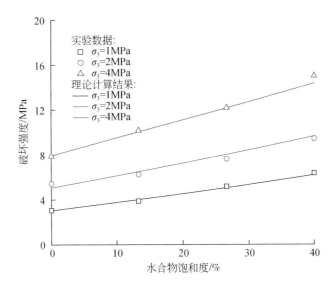

图 2.21 基于拉特–邓肯准则的破坏强度预测值

四、模型预测结果的对比与评价

莫尔–库仑准则、德鲁克–普拉格准则和拉特–邓肯准则提供了与破坏强度、水合物饱和度以及有效围压相关的经验关系。图 2.22 说明了三种破坏准则的误差范围和平均误差对比。由图可知，三种准则的最大误差都小于 15%，平均误差都小于 5%，拟合的精度都比较高。德拉普–克鲁格准则和拉特–邓肯准则的最大误差均小于 10%。但是，拉特–邓肯准则的计算过程相比其他两种准则更加复杂。

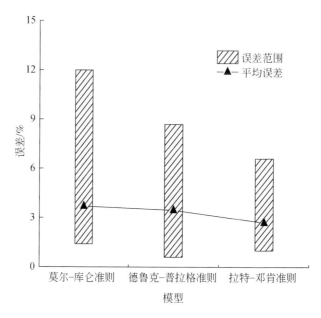

图 2.22　不同破坏准则的误差情况

不同的强度准则对于含水合物沉积物破坏强度的预测结果的精度有差异，其适用范围也不同。与含水合物砂沉积物的强度预测相比，莫尔–库仑准则和德鲁克–普拉格准则可以用于预测含水合物黏土沉积物的破坏强度，但是拉特–邓肯准则不适用。引入水合物饱和度和有效围压，莫尔–库仑破坏准则可以用于预测含水合物丰浦砂、石英砂沉积物的强度，还可以用于高效地预测天然气水合物沉积物的破坏强度随分解时间的变化情况，说明了水合物分解会导致水合物沉积物发生安全和稳定性问题。莫尔–库仑强度理论能够描述不同种类的沉积物及分解条件下的强度，相较于德鲁克–普拉格准则及拉特–邓肯准则，具有更广泛的适用范围。拉特–邓肯准则在预测强度的过程中需要先建立拉特–邓肯数的预测模型，在拉特–邓肯数的基础上预测水合物沉积物的破坏强度，计算过程比较复杂。

第四节 水合物互层状分布条件下的储层破坏机制

一、制样方法

实际天然气水合物储层保压取心结果表明，储层中天然气水合物在纵向上往往呈现出明显的层状非均质特征。由于沉积物颗粒的排列方式和联结特性不同，天然气水合物非均匀分布将显著影响沉积物宏观力学参数和破坏过程。为了研究天然气水合物层状分布条件下沉积物的变形特性，本节将通过一系列三轴剪切试验分析天然气水合物层状分布条件下沉积物的力学特性，将重点分析水合物层状分布条件下沉积物强度参数的变化规律及三轴剪切过程中沉积物的破坏机制，为天然气水合物储层强度参数预测及复杂条件下的水合物储层出砂预测提供理论参考。

水合物饱和度定义为水合物体积与孔隙体积的比值。本试验通过控制初始含液量来控制沉积物中的水合物饱和度。例如，将 4mL SDS 溶液与 96g 砂样充分混合后加入橡胶桶，然后再将 8mL SDS 溶液与 96g 砂样充分混合后加入橡胶桶压实然后合成天然气水合物。在假定孔隙水完全转化为水合物前提下，可认为试样上部饱和度为 13.3%，下部饱和度为 26.6%，此为最简单的水合物层状分布型试样制备方法。本系列试验采用的试样水合物饱和度分布设置如图 2.23 所示（Li et al.，2021）。

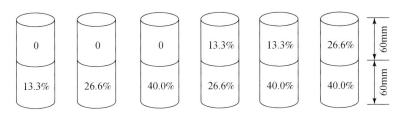

图 2.23 试样中水合物饱和度分布

为了验证制样效果及饱和度的层状分布特征，在进行宏观三轴剪切的同时，制备 Φ10mm×70mm 的层状分布岩样，应用 X-CT 扫描确定天然气水合物的分布情况，典型试样 X-CT 扫描成像结果如图 2.24 所示。

制样完成后，分别设定有效围压为 1MPa、2MPa、4MPa，剪切速率为 0.9mm/min，进行三轴剪切测试，每隔 5s 记录应变、应力数据并在采集界面上实时显示。实验过程中维持系统温度 1℃（±0.2℃），保证剪切过程中天然气水合物不分解。

二、应力–应变曲线

根据水合物均质分布条件下的三轴剪切实验结果（如第三节所述），在高水合物饱和度条件下，沉积物表现为脆性破坏；低饱和度条件下，沉积物的塑性破坏趋势增强；随着水合物饱和度增加，应力–应变关系由应变硬化向应变软化转换。

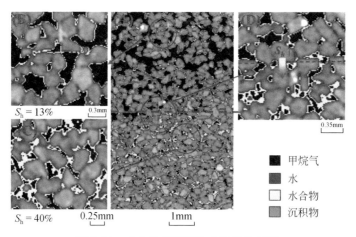

图 2.24　水合物在沉积物中微观分布图

天然气水合物层状分布条件下沉积物的应力-应变关系曲线如图 2.25 所示。在试样尺寸一定（Φ39.1mm×120mm）的条件下，沉积物中天然气水合物的平均饱和度（$\bar{S}_h$）定义为上、下两个子层饱和度的加权平均值。天然气水合物层状分布条件下，沉积物的软化、硬化机制受到水合物分布模式的影响。只有当层状沉积物中上、下两个子层的水合物饱和度都较高时（有效围压为 1MPa 条件下，$S_h \geqslant 26\%$；有效围压为 2MPa 条件下，$S_h \geqslant 40\%$），应力-应变曲线才表现为应变软化；只要有一个子层（上子层或下子层）为低饱和度子层，则整个试样的应力-应变曲线呈现为应变硬化。换言之，应力-应变曲线是呈现硬化还是软化特性，取决于沉积物中饱和度最低的子层，即沉积物中最薄弱的部分的破坏特性决定整个沉积物的应力-应变曲线形态，这与沉积物破坏首先出现在薄弱部分（软弱面或薄弱面）相符合。

总之，图 2.25 给我们的最大启示是：天然气水合物层状分布条件下的应力-应变演化特征完全不同于水合物均质分布状态，高饱和度沉积物子层使得峰值强度增加，低饱和度沉积物子层使得小应变条件下应力上升缓慢。在施工过程中不仅要考虑裂缝、孔隙、溶洞

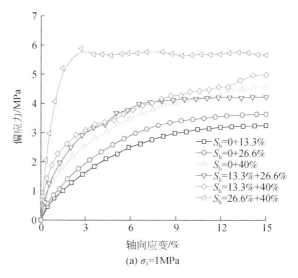

(a) $\sigma_3=1$MPa

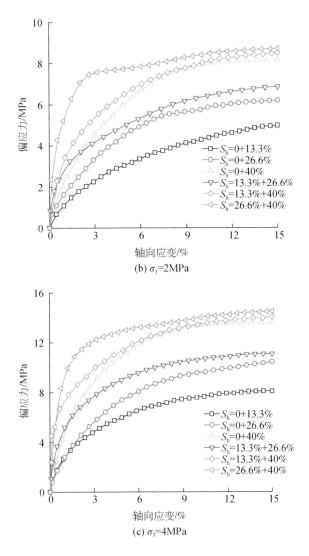

图 2.25　水合物层状分布条件下沉积物的应力-应变关系

及层理面等薄弱面的影响，也要把天然气水合物分布对储层的影响考虑进去（Dong et al.，
2019）。

以沉积物中的天然气水合物总含量为尺度，则层状分布条件下沉积物中的平均水合物
饱和度为各子层饱和度的加权平均值。图 2.26 为平均水合物饱和度相同、分布模式不同
条件下沉积物应力-应变曲线对比。由图可知，两条曲线均存在交点，即应力交点，说明
不同水合物分布状态下的沉积物在不同应变条件下应力的增加模式存在不同。当应变小于
应力交点应变时，沉积物的应力-应变关系主要受到层状沉积物中低水合物饱和度子层的
控制。

由图 2.26（a）、（b）可知，在小应变条件下，相同应变条件下天然气水合物均匀分
布的沉积物的应力上升快，曲线位于天然气水合物层状分布沉积物的应力-应变曲线的上

方；当轴向应变大于应力交点应变时，相同应变条件下天然气水合物层状分布的沉积物应力–应变曲线位于水合物均匀分布沉积物的曲线的上方。

天然气水合物层状分布的条件下，不同水合物饱和度层的沉积物颗粒间胶结强度不同，承受载荷的能力各异。三轴剪切过程中，随着轴向载荷的增大，低水合物饱和度子层承载能力较弱，首先发生变形及压密，承载能力随之增强，直到其承载能力与高饱和度子层的承载能力相同；随着加载继续，沉积物中薄弱部分发生随机压缩和变形，另一个饱和度子层随之变化，两个子层的承载能力再一次达到一致。

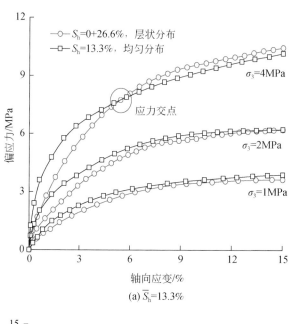

(a) $\overline{S}_h$=13.3%

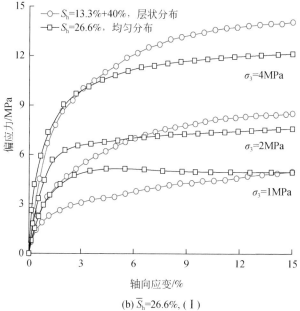

(b) $\overline{S}_h$=26.6%，（Ⅰ）

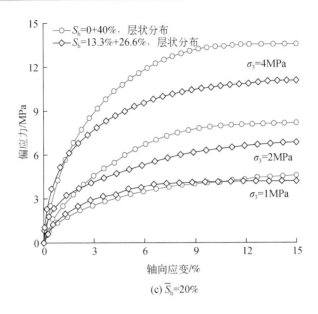

图 2.26 平均水合物饱和度相同、分布模式不同条件下沉积物应力-应变关系

　　上述过程往复循环，直到加载结束，试样内部存在一个压密—平衡—破坏往复，并最终发生破坏（图 2.27）。在该过程中，小变形条件下沉积物的变形主要发生在低饱和度子层，而大变形条件下的变形破坏则可能在高饱和度子层和经过压密的低饱和度子层之间随机发生。因此，破坏过程在应力-应变关系中表现为：在小应变条件下偏应力的大小主要取决于低饱和度子层，而峰值强度则更接近高饱和度子层，而且不同分布模式下的两种应力-应变曲线存在应力交点。

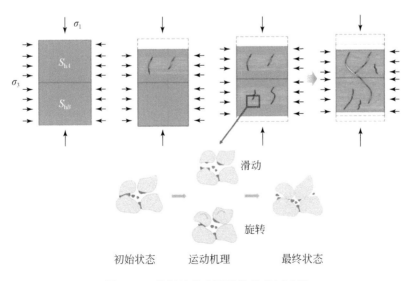

图 2.27 剪切过程中沉积物的破坏过程

三、破坏强度及割线模量

图2.28为天然气水合物不同分布条件下沉积物的破坏强度与平均水合物饱和度的关系。在相同有效围压条件下，沉积物的破坏强度随着水合物饱和度的增大而增加，并受到水合物在沉积物中分布模式的影响。在平均水合物饱和度相同时，水合物层状分布条件下沉积物的破坏强度与水合物均匀分布条件下存在明显差异；相同有效围压条件下，破坏强度与水合物饱和度近似呈线性关系。

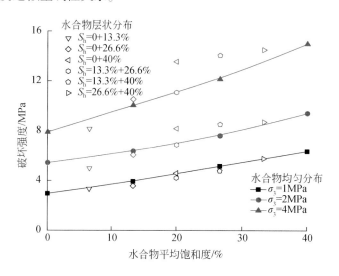

图2.28　水合物不同分布条件下沉积物的破坏强度与平均水合物饱和度的关系

其主要原因是：水合物能够对沉积物颗粒起到胶结作用，因而随着水合物饱和度的增加，胶结作用增强，沉积物的破坏强度增加；在水合物层状分布的条件下，不同水合物饱和度的沉积物层胶结作用不同，其强度各异，由于破坏首先发生在沉积物的薄弱部分，因而沉积物的破坏强度会受到水合物分布模式影响。相同平均水合物饱和度条件下，沉积物的破坏强度随着有效围压的增大而显著增加。随着有效围压增大，颗粒间的相对滑动、旋转以及翻越相邻颗粒需要克服更大的摩擦阻力，需要消耗更多的能量使试样发生变形破坏，表现为破坏强度增加。

图2.29为不同有效围压条件下含水合物沉积物的割线模量 E_{50} 随平均水合物饱和度的变化曲线。相同有效围压条件下，含水合物沉积物的割线模量随着水合物饱和度的增大而明显增加；相同水合物饱和度条件下，水合物沉积物的割线模量随着有效围压的增大而增加。

水合物沉积物试样的割线模量受到沉积物破坏机制和破坏模式的影响。水合物均匀分布条件下，在应力-应变关系由应变硬化向应变软化转换过程中，割线模量会出现大幅跃升，这种跃升表现为割线模量随水合物饱和度的增大呈指数关系增加。水合物层状分布条件下，相同平均水合物饱和度沉积物的割线模量因破坏模式的不同而不同。在图2.29中，水合物饱和度为13.3%、20%及26.6%时，沉积物的割线模量不同。

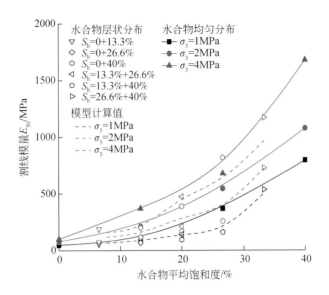

图2.29　不同有效围压条件下含水合物沉积物的割线模量 E_{50} 随水合物平均饱和度的变化曲线

图2.29中虚线所示为基于串联模型的割线模量计算值。由图可知，基于串联模型的割线模量计算值能够在一定程度上反映割线模量随水合物饱和度及有效围压的变化情况。因此，能够基于水合物均匀分布条件下沉积物的割线模量大致预测层状水合物沉积物的割线模量。

假设水合物饱和度层状分布的沉积物体系为一复合材料，由两种理想材料串联在一起，并且各沉积物子层为各向同性材料。Reuss 应力串联模型认为：应力的影响是具有同等性的，假设沉积物不同层承受的应力相同，而各层产生的应变不同，如图2.30所示。该串联模型适用于水合物层状分布条件下沉积物的割线模量的计算，如式（2.21）所示。

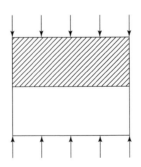

图2.30　Reuss 应力串联模型示意图

$$\overline{E} = \left(\frac{n_A}{E_A} + \frac{n_B}{E_B} \right)^{-1} \tag{2.21}$$

式中，n_A、n_B 分别为 A、B 部分的体积分数；E_A、E_B 分别为 A、B 部分的割线模量。

四、内聚力及内摩擦角

不同平均水合物饱和度条件下沉积物的内聚力和内摩擦角如图 2.31 所示。平均水合物饱和度相同时，水合物层状分布条件下沉积物的内摩擦角要高于水合物均匀分布条件下沉积物的内摩擦角，并且随着平均饱和度的增大差值增加。水合物层状分布条件下沉积物的内聚力要低于水合物均匀分布条件下沉积物的内聚力。水合物层状分布条件下由于破坏

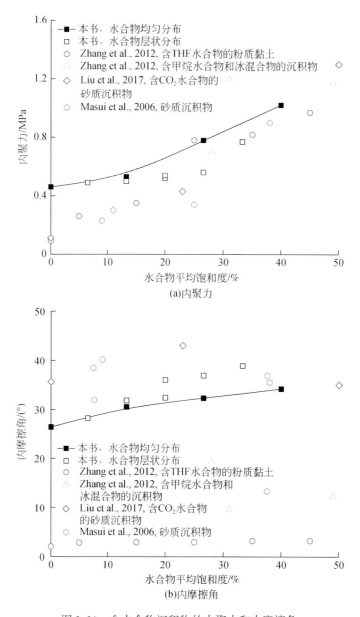

图 2.31　含水合物沉积物的内聚力和内摩擦角

过程首先发生在薄弱面（点），而低饱和度子层中水合物的胶结作用相对较弱，沉积物内聚力受到低饱和度子层的影响较大，导致水合物层状分布条件下沉积物内聚力低于相同平均饱和度下沉积物的内聚力。

第五节　泥质粉砂水合物储层的力学性质

一、实验材料及实验方法

含天然气水合物泥质粉砂储层基础物性研究面临的最大制约因素是人工样品的制样效率。在含水合物泥质粉砂沉积物试样制备过程中选用水溶性更好的液体［如四氢呋喃（THF）、环戊烷等］分子代替气体形成水合物，是提高含水合物泥质粉砂沉积物制样效率的可选途径。部分学者采用四氢呋喃代替甲烷形成水合物验证泥质粉土中水合物的生长及分布规律，证明 THF 水合物在泥质粉砂中的生长规律也类似于颗粒排挤替代，THF 水合物–沉积物接触面形态与气体水合物–沉积物接触面形态类似。因此，采用 THF 代替甲烷从定性角度评价含水合物泥质粉砂储层的力学性质具有可行性。本节将采用 THF 水合物完成实验，实验所用的 THF 由国药集团化学试剂有限公司生产，纯度 99.9%，水分 0.002%，密度为 $0.889g/cm^3$；使用的去离子水为一次过滤水。

所用沉积物样品为南海神狐海域 W18/19 矿体静力触探孔站位非保压取心样。取心站位水深约 1272m，主体天然气水合物藏埋深为 $133\sim162m$，水合物饱和度可达 64%。本次实验所用沉积物取样深度为天然气 128mbsf（mbsf 为海底以下深度），取样过程中观察到该沉积物从岩心桶内取出后存在天然气水合物分解产生的裂隙，处于天然气水合物层顶边界，现场测试沉积物干密度为 $1.68\sim1.70g/cm^3$，相对密度为 2.71，原位静力触探测试孔隙水压力为 $3.30\sim3.35MPa$，锥尖阻力 $3.65\sim3.91MPa$，侧摩阻力 $43.8\sim56.2kPa$（胡高伟等，2017），沉积物水平渗透系数为 $(0.96\sim3.70)\times10^{-9}m/s$，沉积物原始含水率为 $50.0\%\sim52.4\%$（李彦龙等，2019）。

图 2.32 所示为沉积物的粒度分布曲线及其在光学显微镜下的沉积物表面结构特征。沉积物粒度中值为 $7.57\mu m$，其中泥质组分约占 36.0%，粉砂组分含量约为 63.0%，砂质组分含量小于 1.0%，沉积物分选系数为 2.24，均匀系数 7.86，属于分选性极差的不均匀沉积物；沉积物液限值为 $62.5\%\sim66.5\%$，塑限值为 $26.7\%\sim29.2\%$，塑性指数为 $36.3\%\sim38.4\%$，表现出明显的亲水性黏土特征。在光学显微镜下呈深灰色，沉积物中未见明显的有孔虫壳体显示，在高倍物镜下可观察到明显的石英颗粒，推断粉砂的主要成分为石英。

泥质粉砂沉积物中水合物合成将会排挤置换原有沉积物颗粒，形成脉状、透镜体状等非连续、非均质体系，原有沉积物孔隙结构完全被破坏，在泥质粉砂微孔中没有明显的水合物显示。因此，本书采用平均质量丰度（R_{mh}）来指示泥质粉砂沉积物中的水合物含量，其定义为：单位质量的沉积物–水合物混合体系中，水合物所占的质量百分比（李彦龙等，2020）：

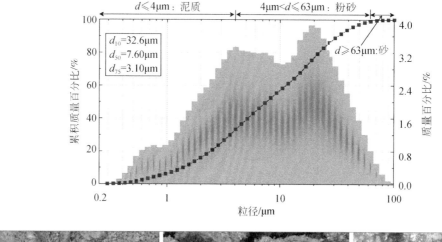

图 2.32　实验用沉积物样品粒度分布曲线及显微扫描结果

$$R_{mh} = \frac{m_h}{m_h + m_s + m_{wf}} \times 100\% = \frac{M_h \cdot m_{THF}/M_{THF}}{M_h \cdot m_{THF}/M_{THF} + m_s + m_{wf}} \times 100\%$$

$$m_{wf} = m_w - \frac{17 M_{H_2O} \cdot m_{THF}}{M_{THF}}$$

$$R_{mw} = 1 - R_{mh} - R_{ms} = \frac{m_{wf}}{m_h + m_s + m_{wf}} \times 100\% \tag{2.22}$$

式中，m_s、m_{wf}、m_h 分别为沉积物-水合物混合体系中沉积物、残余孔隙水、水合物的质量，g；M_{THF}、M_h、M_{H_2O} 分别为四氢呋喃、THF 水合物和水的摩尔质量，g/mol；m_w 为起始状态下加入沉积物中的蒸馏水质量，g；m_{THF} 为水合物反应所需的 THF 质量，g；R_{mh} 为沉积物-水合物混合体系中水合物的质量百分比，%；R_{mw} 为残余含水率，即当 THF 完全反应后，剩余的水含量占水合物沉积物体系总质量的百分比，%。

在砂质沉积物中，描述含水合物沉积物体系力学参数变化规律时往往采用饱和度概念，为了在低质量丰度条件下将本实验的结果与文献结果直接作对比，我们假定水合物生成过程不破坏原始沉积物孔隙体积，则质量丰度与饱和度之间的转化关系可表示如下：

$$S_h = \frac{V_h}{V_{prime}} \times 100\% = \frac{m_h}{\rho_h V_{prime}} \times 100\% = \frac{m_{total}}{\rho_h V_{prime}} R_{mh} \times 100\% \tag{2.23}$$

式中，S_h 为水合物饱和度，%；V_h 为孔隙中的水合物所占的体积，mL；V_{prime} 为水合物合成之前根据沉积物相对密度、干密度、试样体积计算的沉积物内部孔隙总体积，本书中 $V_{prime} = 54mL$；ρ_h 为纯 THF 水合物的密度，$896.57kg/m^3$；$m_{total} = m_h + m_s + m_{wf}$。

THF 水合物在常压下的相平衡温度为 4.4℃，THF 水合物的水合指数为 17，理想状态下促使去离子水和 THF 完全反应生成水合物所需的 THF 质量浓度为 19%。为保证 THF 完全反应生成水合物，本实验在配置 THF 溶液时水过量（浓度小于 19%）。本书实验控制的水合物质量丰度及实验条件如表 2.2 所示。表 2.2 中去离子水与 THF 总体积均大于 54mL，保证在装样条件下沉积物处于完全饱和的状态，孔隙中不存在残余空气。

表 2.2　THF 水合物泥质粉砂沉积物力学测试实验规划表

编号	THF 质量 m_{THF}/g	去离子水质量 m_w/g	THF 质量浓度/%	水合物质量 m_h/g	水合物质量丰度 $R_{mh}/\%$	残余含水率 $R_{wr}/\%$	有效围压 /MPa
S1-1							1
S1-2	2.04	51.7	3.80	10.71	4.1	16.3	2
S1-3							4
S2-1							1
S2-2	4.09	49.4	7.65	21.47	8.2	12.2	2
S2-3							4
S3-1							1
S3-2	6.20	47.0	11.65	32.60	12.4	7.8	2
S3-3							4
S4-1							1
S4-2	8.27	44.7	15.60	43.42	16.7	3.7	2
S4-3							4

首先按照表 2.2 所述的平均水合物质量丰度，将经过打散烘干的 210g 沉积物试样与特定质量的 THF 溶液混合均匀，密闭静置；分 4 次将混合均匀的沉积物样品加入反应釜内部胶桶，分层压实。试样安装过程通过胶桶外包卡箍抱紧胶桶，保证沉积物试样为标准的 Φ39.1mm 圆柱形。将反应釜连接好外部管路后置入步进式恒温箱，快速降温至 0.5℃，并保持 24h，使沉积物内部的 THF 与水反应生成水合物。表 2.2 中水合物平均质量丰度 R_{mh} 与平均残余含水率 R_{wr} 之和约为 20.4%。

制样结束后，打开孔压进气管路和围压进水管路，向围压腔注入蒸馏水，向沉积物内部注入氮气，使孔压和围压均匀升高，此过程中始终保证围压略大于孔压。当孔隙压力达到 4.5MPa 后，停止孔压加载，继续注入围压液，使围压值分别达到 5.5MPa、6.5MPa 和 8.5MPa（有效围压为 1MPa、2MPa、4MPa）。然后断开孔压供气管路，启动三轴加载仪，设置剪切速率为 0.9mm/min 开始剪切，剪切过程中利用围压跟踪系统实时调整围压值，保证沉积物所受的有效围压值始终恒定，记录轴向载荷、轴向应变数据。

本实验控制沉积物中水合物完全合成后沉积物中的残余含水率为 3.7% ~ 20.4%，小于沉积物本身的塑限值（26.7% ~ 29.2%）。为了与前人利用饱和度概念测得的部分沉积物应力-应变特征做横向对比，我们假定水合物在沉积物孔隙中生成且不发生沉积物颗粒替代，此时水合物平均质量丰度可根据式（2.23）转化为"饱和度"，表2.2中S1~S4对应的水合物饱和度值分别为15%、30%、45%、60%。

二、应力-应变曲线及破坏机制

对于砂质沉积物而言，随着水合物饱和度的增加，水合物在孔隙中的赋存形态从孔隙充填型、骨架支撑型向颗粒胶结型过渡，胶结型含水合物沉积物通常呈现应变软化特征。根据实验有效围压、沉积物类型的不同，目前砂质水合物沉积物发生应变硬化、应变软化转化临界饱和度值通常为20%~40%，且应变硬化条件下沉积物应力-应变曲线呈平滑双曲线型过渡。

然而，含THF水合物沉积物的应力-应变曲线均表现为应变硬化特征，无明显的峰值点（图2.33），表现出类似于低水合物饱和度砂质沉积物的延性破坏特征。在相同的应变条件下，随着水合物平均质量丰度的增加，水合物-沉积物体系的偏应力增大。在小应变范围内（<1%），水合物-沉积物体系的偏应力迅速增大；随着应变的持续增加，偏应力增长趋势放缓；水合物-沉积物体系应力-应变曲线表现为明显的应力快速上升及应变强化两个阶段，存在明显的拐点。

上述应力-应变曲线特征与Yun等（2007）基于含THF水合物高岭土获得的应力-应变关系变形规律类似［图2.33（a）中的圆形散点］。为便于描述，我们将这种存在明显拐点的应力-应变曲线称为双线性变形，其中第一线性段对应的轴向变形约为1%，第二线性段轴向变形为1.5%~15%，轴向变形1%~1.5%为两个线性段的过渡期。双线性应力-应变曲线特征可能反映了沉积物内部双重介质特征，以水合物在沉积物中呈透镜体状分布条件下的可能变形破坏特征为例（图2.34）：图2.34（a）为实际泥质粉砂沉积物中四氢呋喃水合物脉状赋存状态的X-CT扫描结果（Liu et al.，2019），图2.34（b）为无轴向加载条件下泥质粉砂沉积物中水合物透镜体伸展状态。在三轴加载作用下，沿竖向定向排布的水合物透镜体会向最小主应力方向翻转，水合物透镜体发生方位重整，翻转嵌入

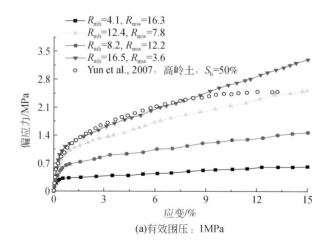

(a)有效围压：1MPa

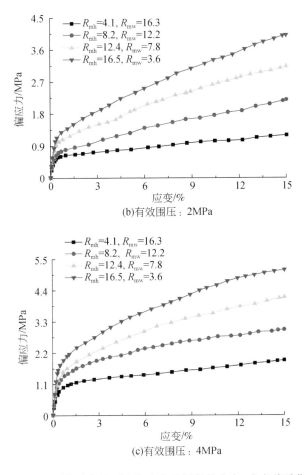

图2.33 不同实验条件下南海水合物沉积物应力–应变关系曲线

沉积物中，同时沉积物被压密［图2.34（c）］，因此沉积物整体呈现出应变硬化特征。然而，受当前剪切轴向应变极限通用做法的制约，在应变硬化条件下目前通常认为轴向应变达到15%以后不再继续观察后续变化特征，因此15%的应变量可能不足以排除进一步压缩状态下水合物透镜体及沉积物内部可能的变形行为［图2.34（d）］（在本节第四部分中作进一步讨论）。

三、强度参数的演化特征

（一）抗剪强度与切线模量

如前所述，本实验中全部应力–应变曲线呈应变硬化破坏模式，可取轴向应变为15%所对应的偏应力值作为抗剪强度。图2.35（a）为含THF水合物泥质粉砂沉积物抗剪强度的变化情况。由图可知，相同水合物丰度条件下，其峰值强度随有效围压的增加而增大；相同有效围压下沉积物抗剪强度随水合物丰度的增加而线性增大，这与应变硬化状态下砂

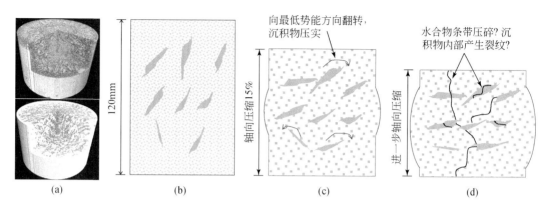

图 2.34　含 THF 水合物泥质粉砂沉积变形破坏过程原理示意图

图（a）中 CT 扫描图像来自 Liu et al.，2019

质水合物沉积物抗剪强度变化规律类似。其中，有效围压对抗剪强度的影响可理解为：随着有效围压增大，水合物透镜体相对于沉积物发生滑动、旋转要克服更大的摩擦阻力，需要消耗更多的能量使试样发生变形破坏，表现为抗剪强度增加。而水合物丰度则与沉积物中的透镜体数量、透镜体尺寸正相关，因此随着丰度的增大，抗剪强度线性增大。

切线模量是应力–应变曲线上各点的斜率。泥质粉砂沉积物–水合物混合体系的应力–应变曲线（图 2.35）存在明显的拐点。当轴向应变小于 1% 时，沉积物体系的偏应力基本呈线性增大；当轴向应变大于 1.5% 时，应力–应变曲线斜率近似恒定。因此，我们以轴向应变为 1% 时的切线模量作为含水合物沉积物的起始模量，用起始模量作为第一线性段的刚度性能指标［图 2.35（b）］，以轴向应变为 1.5% ～15% 范围内的平均切线模量作为衡量沉积物体系第二线性段刚度性能的评价指标（图 2.36）。

由图 2.35（b）和图 2.36 可知，含 THF 水合物泥质粉砂沉积物在第一、第二线性段的切线模量均随水合物丰度、有效围压的增大而升高。第一线性段的切线模量为 130 ～ 670MPa，而第二线性段的平均切线模量则仅为 2.0 ～21MPa。这表明，对于泥质粉砂水合物储层而言，虽然发生储层失稳破坏后没有完全失去承载能力，但其刚度折损率已高达

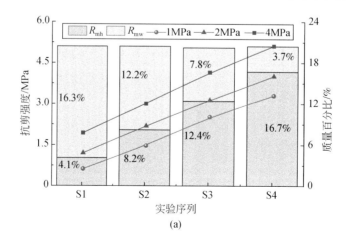

(a)

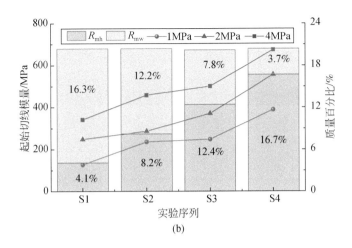

图 2.35　含 THF 水合物泥质粉砂沉积物抗剪强度（a）与起始切线模量（b）

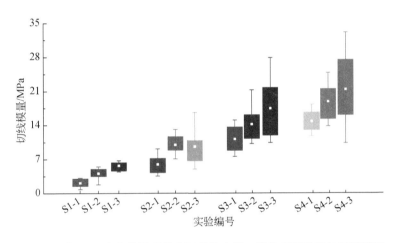

图 2.36　含 THF 水合物泥质粉砂沉积物在第二线性变形阶段的切线模量

97%，储层发生破坏后基本上呈塑性流动状态。另外，由图 2.36 可知，当水合物-沉积物体系中水合物丰度与残余含水率之和相等时，水合物丰度越大，第二阶段平均切线模量的离散性越强，从侧面反映出水合物在沉积物中的分布具有非均质性，非均质性越强，一定丰度条件下的切线模量离散性越强。

（二）内聚力与内摩擦角

图 2.37 为含泥质粉砂沉积物-水合物混合体系的内聚力及内摩擦角的变化情况。沉积物的内聚力随着水合物丰度的增大而增加，与人工复配黏土、泥质粉土、砂质沉积物的内聚力变化趋势和量级一致。这说明裂隙分散型水合物沉积物与孔隙充填型水合物在低丰度条件下的内聚力特征有一定的相似性。然而，含 THF 水合物泥质粉砂沉积物的内摩擦角为 $8.4° \sim 12.4°$，平均值为 $10.4°$，与砂质沉积物（$\approx 30°$）（李彦龙等，2017a）和复配粉质黏土（$\approx 3°$）（Zhang et al.，2012）存在较大差异。当沉积物内部水合物质量丰度达到

16.7% 时，内摩擦角变化趋势发生反转。Ghiassian 和 Grozic 等（2013）在砂质沉积物中当水合物饱和度从 50% 上升到 60% 及以上时也观察到了类似的内摩擦角变化趋势反转现象。这一方面表明，当水合物含量超过一定值后砂质沉积物和泥质沉积物的破坏模式具有一定的相似性；另一方面可能表明，当水合物含量超过特定值后，水合物本身对沉积物体系的破坏过程控制作用明显增强。

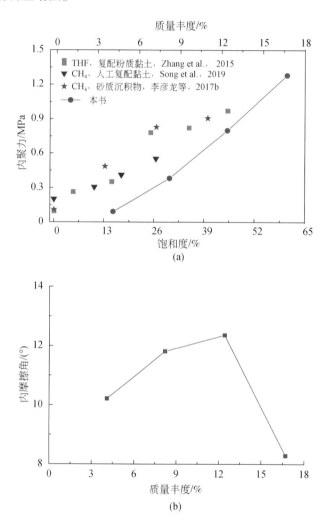

图 2.37　含 THF 水合物泥质粉砂沉积物内聚力与内摩擦角变化情况

四、泥质粉砂型水合物储层力学性质评价框架

从以上对低丰度条件（≤16.7%）下泥质粉砂沉积物–水合物混合体系应力–应变曲线、抗剪强度、起始模量、内聚力与内摩擦角的分析来看，泥质粉砂沉积物除了没有表现出应变软化破坏模式，其力学参数与砂质储层变化趋势基本一致。丰度越高，水合物合成

过程中对泥质粉砂沉积物颗粒的挤压替代作用越明显。如果按照水合物饱和度概念评估沉积物中的水合物含量，则当本实验中泥质粉砂沉积物孔隙水合物饱和度达到 100% 时，对应的质量丰度仅为 27.8%，显然不足以描述泥质粉砂型地层中常见的块状、结核状、脉状、透镜体状或裂隙型水合物类型，从而导致室内评价的泥质粉砂型水合物储层力学性质与现场实际脱节。

为了验证极端情况下水合物储层的力学性质，我们假设水合物储层由纯水合物构成（不含沉积物），用质量浓度为 19% 的 THF 溶液在 0.5℃ 条件下制备纯 THF 水合物柱状样，在相同加载条件下进行剪切实验，有效围压 1MPa 条件下的纯水合物应力-应变曲线如图 2.38 所示。纯水合物样品加载前呈规则柱状，内含明显的沿特定方向延伸的原生裂纹（图 2.38 中红色虚线标注），加载轴向应变达到 25% 后将试样取出，观察到试样完全被压碎。纯水合物表现出明显的脆性破坏特征，峰值强度为 1.62MPa，峰值模量为 58MPa。试样在轴向应变 2% 存在明显拐点，可能是受原生裂纹的影响所致。

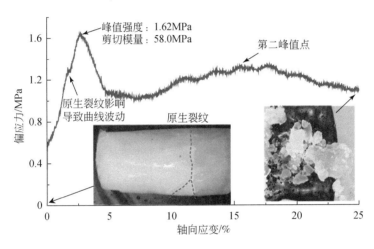

图 2.38　有效围压 1MPa 条件下纯 THF 水合物应力-应变曲线

常规含水合物砂质沉积物三轴力学剪切实验通常遵循如下原则：若剪切过程中试样呈应变硬化，则当试样轴向应变为 15% 时停止剪切；若试样剪切过程中出现应变软化，则当试样应力趋于稳定时停止剪切。图 2.38 所示的应变软化破坏曲线在轴向应变 8% 左右达到稳定。为了进一步验证大变形条件下沉积物的变形特征，本书持续加载轴向应变至 25%，在轴向应变 15% 附近观察到应力-应变曲线的第二峰值。这说明 THF 水合物被剪切破坏后可能发生了二次压实作用。然而，在目前常规实验条件下，应变硬化类曲线加载至轴向应变 15% 已停止加载，但随着进一步的加载，当沉积物内部水合物透镜体走向完全平行于最小主应力方向后将进一步压缩，不排除可能出现水合物本身被压裂产生裂纹或沉积物整体被压裂的可能性［图 2.34（d）］。

因此，用水合物饱和度概念和轴向应变 15% 为标准开展泥质粉砂型水合物储层力学性质评价不足以涵盖全部泥质粉砂型天然气水合物储层类型，也可能无法反映多类型天然气水合物储层的完整破坏变形过程。由此，我们提出图 2.39 所示的泥质粉砂型水合物储层力学参数评价理论框架，采用丰度（质量丰度或体积丰度）参数将全部泥质粉砂型水合物储层囊括进来。在图 2.39 中，含水合物沉积物以沉积物为连续相，水合物以不同的形态穿刺沉积物；而含沉积物水合物则以水合物为连续相，泥质成分分散于水合物中，两者在小应变状态下的应力-应变主控因素存在差异。特别是对含水合物沉积物体系而言，可认为沉积物-水合物混合体系中的水合物相不存在液态水，水相仅存在于沉积物相中，在泥质粉砂型水合物储层力学参数评价过程中考虑沉积物相中的含水率，应特别注重液限、塑限值对泥质粉砂沉积物流动变形过程的影响。

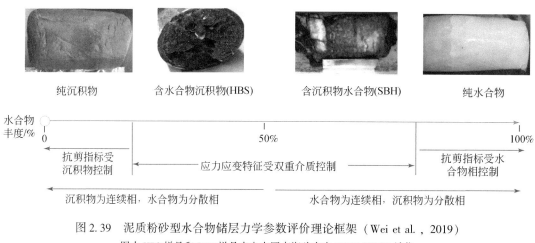

图 2.39　泥质粉砂型水合物储层力学参数评价理论框架（Wei et al.，2019）

图中 HBS 样品和 SBH 样品来自中国南海琼东南 W07B/W08B 站位

　　总之，泥质粉砂沉积物中水合物呈现出块状、脉状、结核状、裂隙状等基本赋存形态，与砂质沉积物中的孔隙充填模式存在根本差异。因此，在开展泥质粉砂储层中水合物力学参数时，对常规砂质储层中采用饱和度定义来表征水合物含量的做法提出了挑战；含水合物泥质粉砂沉积物在低丰度条件下发生双线性变形特征的原因可能是水合物相本身在 15% 应变范围内没有发生破坏，而是朝最小主应力方向发生翻转，嵌入沉积物内部。15% 应变范围不足以反映进一步应变条件下水合物本身可能发生破碎或变形。因此，泥质粉砂天然气水合物储层破坏特征评价对常规岩土行业测试标准提出了挑战。饱和度概念和常规岩土行业标准的双重挑战促使我们重新思考天然气水合物储层力学参数评价方法体系的建立。

参 考 文 献

胡高伟，李彦龙，吴能友，等 . 2017. 神狐海域 W18/19 站位天然气水合物上覆层不排水抗剪强度预测 . 海洋地质与第四纪地质，37：151-158.

李彦龙，刘昌岭，刘乐乐，等 . 2016. 水合物沉积物三轴试验存在的关键问题分析 . 新能源进展，4：279-285.

李彦龙，刘昌岭，刘乐乐，等 . 2017a. 含甲烷水合物松散沉积物的力学特性 . 中国石油大学学报（自然科学版），41：105-113.

李彦龙，刘昌岭，刘乐乐，等 . 2017b. 含水合物松散沉积物三轴试验及应变关系模型 . 天然气地球科学，28：383-390.

李彦龙，陈强，胡高伟，等 . 2019. 神狐海域 W18/19 区块水合物上覆层水平渗透系数分布 . 海洋地质与第四纪地质，39：157-163.

李彦龙，刘昌岭，廖华林，等. 2020. 泥质粉砂沉积物-天然气水合物混合体系的力学特性. 天然气工业，
40：159-168.

Dong L, Li Y, Liu C, et al. 2019. Mechanical properties of methane hydrate-bearing interlayered sediments.
Journal of Ocean University of China, 18：1344-1350.

Dong L, Li Y, Liao H, et al. 2020. Strength estimation for hydrate-bearing sediments based on triaxial shearing
tests. Journal of Petroleum Science and Engineering, 184：106-478.

Ghiassian H, Grozic J L H. 2013. Strength behavior of methane hydrate bearing sand in undrained triaxial
testing. Marine and Petroleum Geology, 43：310-319.

Li Y, Liu C, Liu L, et al. 2018. Experimental study on evolution behaviors of triaxial-shearing parameters for
hydrate-bearing intermediate fine sediment. Advances in Geo-Energy Research, 2：43-52.

Li Y, Dong L, Wu N, et al. 2021. Influences of hydrate layered distribution patterns on triaxial shearing
characteristics of hydrate-bearing sediments. Engineering Geology, 294：106375.

Lijith K P, Malagar B R C, Singh D N. 2019. A comprehensive review on the geomechanical properties of gas
hydrate bearing sediments. Marine and Petroleum Geology, 104：270-285.

Liu Z, Wei H, Li P, et al. 2017. An easy and efficient way to evaluate mechanical properties of gas hydrate-
bearing sediments：The direct shear test. Journal of Petroleum Science and Engineering, 149：56-64.

Liu Z, Kim J, Lei L, et al. 2019. Tetrahydrofuran hydrate in clayey sediments—Laboratory formation,
morphology, and wave characterization. JGR-Solid Earth, 124：3307-3319.

Masui A, Miyazaki K, Haneda H, et al. 2008. Mechanical characteristics of natural and artificial gas hydrate
bearing sediments//Proceedings of the 6th International Conference on Gas Hydrates (ICGH 2008).
Vancouver, British Columbia, Canada.

Song Y, Luo T, Madhusudhan B N, et al. 2019. Strength behaviors of CH_4 hydrate-bearing silty sediments during
thermal decomposition. Journal of Natural Gas Science and Engineering, 72：103031.

Wei J, Liang J, Lu J, et al. 2019. Characteristics and dynamics of gas hydrate systems in the northwestern South
China Sea-Results of the fifth gas hydrate drilling expedition. Marine and Petroleum Geology, 110：287-298.

Yamamoto K, Terao Y, Fujii T. 2014. Operational overview of the first offshore production test of methane hydrates
in the Eastern Nankai Trough//2014 Offshore Technology Conference. Houston, Texas, USA, 2014-5-8.

Yun T S, Santamarina J C, Ruppel C. 2007. Mechanical properties of sand, silt, and clay containing
tetrahydrofuran hydrate. Journal of Geophysical Research, 112：B04106.

Zhang X H, Lu X B, Shi Y H, et al. 2015. Study on the mechanical properties of hydrate-bearing silty
clay. Marine and Petroleum Geology, 67：72-80.

Zhang X, Lu X, Zhang L, et al. 2012. Experimental study on mechanical properties of methane-hydrate-bearing
sediments. Acta Mechanica Sinica, 28 (5)：1356-1366.

第三章　水合物储层泥砂运移产出特征实验模拟

天然气水合物开采过程中，根据地层中天然气水合物是否发生分解相变，可将整个地层依次划分为水合物已分解区、水合物分解过渡带（正在分解区）和水合物未分解区。本章将以实验模拟为主要研究手段，分别采用砂质沉积物和泥质粉砂沉积物，模拟水合物已分解区、分解过渡带的泥砂迁移规律，分析地层泥砂启动运移产出的基本特征，为天然气水合物储层出砂模型的建立提供依据。

第一节　砂质储层水合物已分解区内的泥砂颗粒迁移特征

与常规油气储层出砂问题相比，天然气水合物储层通常埋藏浅，属于极弱固结或非固结储层，随着天然气水合物的分解产出，储层胶结强度进一步降低，当天然气水合物完全分解后，储层砂粒处于松散堆积状态。由于井筒周围水合物已分解区距井筒最近，因而地层渗流速率最大，流体对泥砂颗粒的拖曳力最强，地层出砂风险最大（Lu et al.，2019；李彦龙等，2016）。假设天然气水合物分解后储层内聚力为零，其特性类似于堆积散砂，则可不考虑储层应力、强度参数对砂粒产出过程的影响。本节主要探讨稳定渗流条件下，砂粒的启动运移和沉降过程与流体流速的关系。

一、实验设备、实验原理及实验材料

（一）实验装置

实验采用青岛海洋地质研究所天然气水合物开采模拟及过程监测系统完成，装置示意图如图3.1所示。主要由三部分组成：水气控制模块、主体填砂管模型以及数据分析采集系统。水气控制模块主要包括恒流泵和气液混合装置，实验装置主体主要包括特制填砂管及相关管线，数据分析采集系统主要由对系统压力等参数的采集模块和产出物的收集分析部件组成，其中产出物收集分析模块主要包括恒温烘箱、激光粒度仪、秒表和天平等。实验装置能够模拟单相流、气液两相渗流条件下的泥砂启动运移产出规律。本节仅简要介绍单一水相渗流条件下的实验方法及实验结果。

该实验装置为单向流（一维）模拟装置，其主要参数如下：

（1）该一维装置使用的金属管直径3cm，长度80cm。启动装置可以控制泵的流量，在出口端可以监测出砂量、出砂速率和出砂粒径等参数。

（2）可以插入探头9个（入口端、出口端以及中间布置的7个插口，压力传感器最大量程10MPa），精度为0.01MPa。

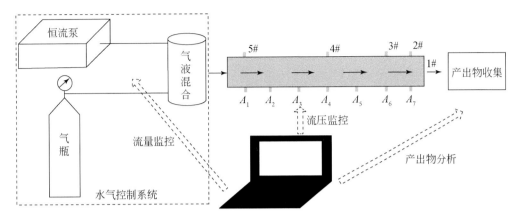

图 3.1　实验装置示意图

（3）恒流泵最大流量 300mL/min，精度为 0.1mL/min。

（4）天平最大量程 5100g，精度 0.1g。

（5）填砂管共有 5 个取样口，从流体入流端到出口端依次逆序命名为 5#—1#。

（二）实验方法

实验主要的方法/步骤如下：

（1）称取一定质量的石英砂，记录此时石英砂质量为 m_1，同时准备好生料带、烧结板、多孔网板、筛网等必需材料。

（2）将填砂管的取样口、测压口的堵头拧紧，避免填砂和驱替过程中水、气、砂泄漏。在拧紧堵头之前，用水流或者空压机气流将螺纹中的砂吹净，避免在拆装堵头时螺纹中的砂粒使螺纹发生变形、影响密封效果。

（3）将生料带绑在烧结板边缘，一边绑一边收紧避免生料带未压紧影响后续操作。绑上生料带后的烧结板外缘直径略大于填砂管内径，然后将烧结板封堵上填砂管入水口（这一操作的主要目的是：生料带具有一定的弹性，压入填砂管入水口后能够防止在填砂过程中砂粒从烧结板和填砂管的空隙间漏出）。

（4）将入水口朝下放置。需要注意的是：如果填砂管发生倾斜，填砂管入口端的公头容易受到冲击力而发生变形，烧结板也容易压碎。

（5）在出口端（朝上）安装漏斗，将之前称量的石英砂缓慢加入。石英砂的加入分为 4 次，前 3 次尽量保持加入称量石英砂总量的 1/4。加入一次石英砂之后，提起漏斗，向填砂管中加入足量的水使已经加入的砂充分润湿。待加入的水渗透之后放入金属棒，填砂用金属棒是由多节短金属棒组合而成，略比填砂管内径细。放入金属棒之后，将金属棒提起一定距离然后自由下落，利用金属棒自身重力将润湿的石英砂进行压实，必要情况下需要多次加水和压实。

（6）加砂结束后，将剩余的砂进行称重，记录下此时石英砂的质量 m_2，则充填入填砂管的质量为 $m = m_1 - m_2$。实验过程中需要尽量保持每组实验充填入填砂管的石英砂质量大致相同，并且每次填砂都需要经过相似的填砂模式以减少充填砂压实程度和润湿程度不同对实验结果造成的影响。

（7）在填砂管母头（即出口端），根据实验需求安装烧结板或筛网或多孔网板。在使用单层筛网条件下，为防止筛网变形失效，需在筛网下游加装加强筋。安装完成后，将填砂管母头端面以及公头上的微小的砂粒用网状布轻轻擦去，避免对密封的橡胶垫造成损坏。

（8）将填砂管接入管线，并用抱箍压紧密封。打开测压孔的堵头，安装压力传感器，并连接数据采集模块，将产出口接入产出物收集模块。

（9）打开装置开关和阀门，通过控制端控制恒流泵的注入参数，并收集相应的数据和分析产出物。实验过程中，需要避免恒流泵的水源干涸，如果吸入空气则会影响泵的工作效率与实验结果。

（10）实验结束后，通过控制端关闭恒流泵和数据采集系统，拆除取样口堵头，使用注射器等对填砂管中的充填砂进行取样，并将样品编号保存。样品采集完成后，将装置拆卸，并将填砂管冲洗干净。

（三）实验材料

实验模拟砂质水合物储层沉积物粒度分布特征，由标准石英砂根据质量比复配得到石英砂粒径分布曲线，如图3.2所示，其粒度中值为120μm，均匀系数和分选系数分别为1.59和0.60，属于均匀砂。

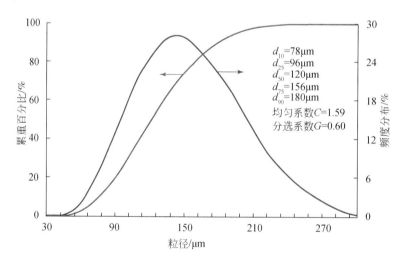

图3.2　实验复配石英砂粒径分布曲线

二、出砂量演化特征

以下实验均在仪器出口未安装任何控砂介质条件下展开。实验过程中定期在仪器出口收集产出的水砂混合流体，静止沉淀12小时后用注射器抽出上部清水，剩余水砂混合物在烘干机中烘干，并称量实际的泥砂质量。不同流量条件下泥砂产出量随时间的变化曲线如图 3.3 所示。

　　由图 3.3 可知，驱替过程中产出砂质量变化基本可以划分为 3 个阶段：第一个阶段出砂量快速增加，该阶段持续时间较短；第二阶段产出砂质量随时间线性增大，出砂速率基本恒定；第三阶段出砂速率逐渐下降，当出砂达到一定程度后均不再发生出砂，产出物为澄清无砂粒的清水，填砂管中的充填砂结构趋于稳定。出现上述规律的主要原因是：随着出砂过程的持续，填砂管中孔隙度逐渐增大，一定流量条件下沉积物中的有效渗流流速降低，对砂粒的拖曳携带作用逐渐减弱，当表观流速降低到出砂临界流速以下时，出砂停止。

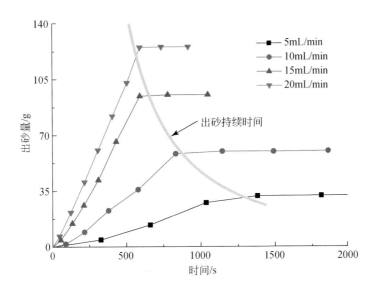

图 3.3　不同流量条件下出砂量随时间的演化规律

　　通过横向比对可知，随着驱替流量的增加累积出砂量大幅度增加。在出砂速率增加的第一阶段，驱替流量越大，出砂速率增加的速度越快。在稳定出砂阶段（第二阶段）驱替流量越大出砂速率越快。

　　将出砂量持续增大结束时刻对应的时间（即图 3.3 中的倾斜段与水平段的交点横坐标）为出砂持续时间，出砂持续时间对应的出砂量为当前流量条件下的最大出砂量（图 3.4）。由图可知，随着流量的增大，出砂持续时间呈指数式下降，而最大出砂量则随着流量的增大而线性增大。可以预判：在当前基础上持续增大流量，出砂持续时间降低幅度不大，但是总累积出砂量会持续上升。这说明当流量增大到一定程度时，累积出砂量主要取决于短期内的出砂速度，而出砂持续时间的延长对出砂量的影响不大。

　　在图 3.3 中，出砂持续时间内出砂量随时间的变化率即为出砂速度，相邻两次取样点之间的曲线斜率为取样区间的平均出砂速度。不同表观流量条件下出砂速度随时间的演化规律如图 3.5 所示。由图 3.5 可知，出砂一旦开始，出砂速度将迅速增大并维持较高水平，直到出砂持续时间后期，出砂速度又迅速降低，维持一段时间后不再出砂。这表明：当表观流速大于沉积物出砂临界流速时，沉积物内部孔隙结构的变化对出砂速度的影响较小；当出砂量的增大导致孔隙结构增大到某一特定的临界条件时，出砂速度迅

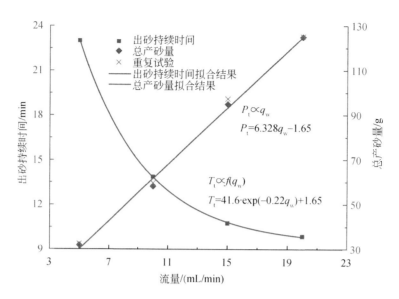

图 3.4　液流流量对填砂模型总产砂量及产砂周期的影响

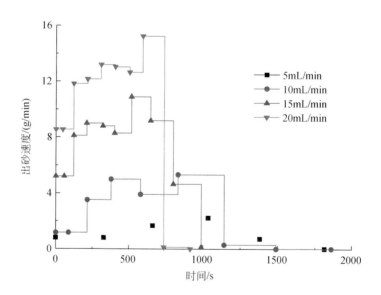

图 3.5　不同液流流量下出砂速率随时间的演化规律

速下降。

　　由图 3.3 中倾斜段的平均出砂速度可得到平均出砂速度随表观流量的演化规律，如图 3.6 所示。由图 3.6 可知，平均出砂速度随着流量的减小而线性减小，平均出砂速度线的延长线与横坐标的交点，即为当前沉积物的临界出砂表观流量。根据当前孔隙度计算沉积物截面的真实流通面积，可以得到当前沉积物的真实临界流速。

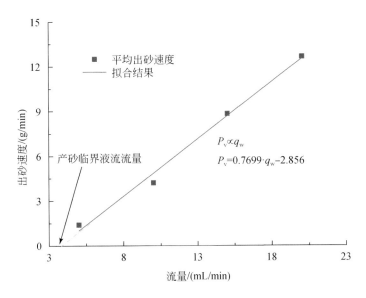

图 3.6　平均出砂速度随表观流量的演化规律

三、出砂粒径演化特征

为进一步分析松散沉积物在稳定液流驱动作用下的产出特征，利用激光粒度仪监测每一组产出砂的粒度分布特征，并将各个特征粒度值（d_{10}、d_{40}、d_{50}、d_{90}）随时间的演化特征绘制在图 3.7 中。由图可知，在一维水相稳定流动条件下，产出泥砂的粒度随时间的持续而不断减小，其主要原因是：在起始阶段，填砂管中的模拟地层砂处于压实状态紧密充填在填砂管内部，有效孔隙度较小，一定注入流量条件下孔隙内部有效渗流流速较大，流体对砂颗粒的拖曳能力强，因此产出砂粒径较大；随着出砂量的增大，填砂管内部沉积物有效孔隙增大，维持原注入流量条件下孔隙内部的有效渗流流速减小，因此对砂颗粒的拖曳能力显著降低，产出砂粒径减小。

与此同时，为进一步分析产出砂颗粒中不同粒径的颗粒组分相对含量，根据地层砂的粒径值将地层砂分为中–粗组分（$d \geqslant 182\mu m$，简称"粗组分"）、细组分（$182\mu m > d \geqslant 143\mu m$，简称"中间组分"）、特细–粉砂组分（$d < 143\mu m$，简称"细组分"），采用三元图分析各组分随时间的演化特征，如图 3.8 所示。在三元图中，不同流量条件下产出砂粒径组分分布随时间的演化基本平行于细组分坐标，产出砂粗组分的相对含量逐渐降低，而细组分的占比逐渐增加，中间组分的相对含量则相对固定。在原始地层砂一定条件下，可以通过产出砂判断地层"剩余砂"的基本情况，图 3.8 说明出砂过程对地层本身具有一定的筛析作用，随着出砂过程的持续，地层中的"剩余砂"粒径越趋于向中间组分方向发展。

进一步统计产出砂均匀系数、分选系数随时间的演化特征，如图 3.9 所示。由图 3.9 可知，在整个出砂过程中地层产出砂均匀系数和分选系数均小于原始地层砂，再次说明出

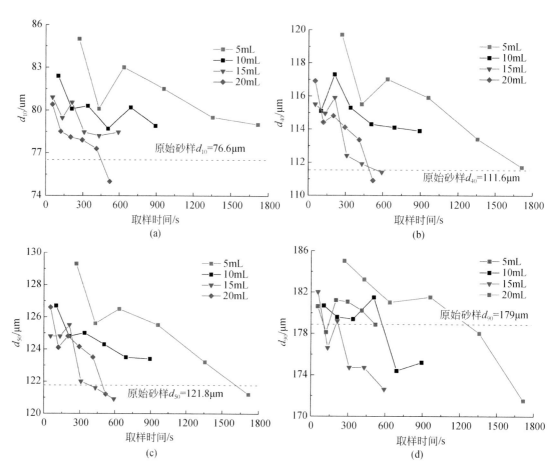

图 3.7　产出砂粒径随时间的变化规律

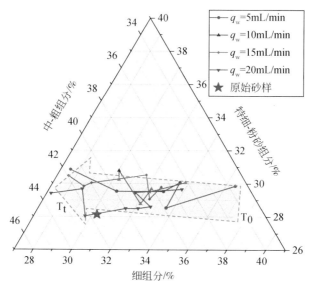

图 3.8　产出砂组分三元图

砂过程本身对地层也具有一定的筛析作用，地层砂均匀系数、分选系数也必然小于原始地层砂，从而更加有利于后期控砂成功。但与此同时，均匀系数、分选系数本身与出砂时间并无直接的关联，具有一定的随机性。

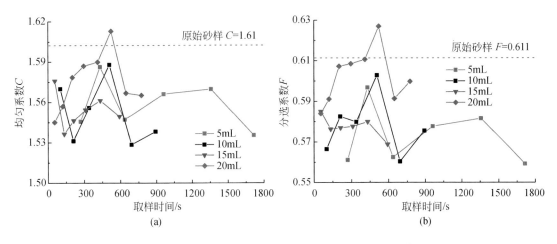

图 3.9 产出砂均匀系数和分选系数随时间变化规律

第二节 砂质储层水合物分解过程中的泥砂迁移特征

一、实验设备和实验原理

自主设计的水合物储层微观出砂行为可视化实验装置如图 3.10 所示（专利号：ZL201910564840.3、ZL 201910564823.X），包括供气供液模块、径向填砂高压反应釜、超景深光学显微镜、压力控制系统、气液分离系统和数据采集系统等。供气供液模块通过管线与搅拌容器连接，平流泵注入量程 0 ~ 20.0mL/min。径向流高压反应釜直径为 13.0cm，充填高度为 1.0cm，充填容积为 132.7mL，径向分布 6 个注入口。可视窗直径为 7.0cm，耐压 15.00MPa。出口端位于模型底部，井径为 1.0cm，井底铺有防砂网，网格大小为 250μm。微观可视化通过超景深光学显微镜实现，最大放大倍数为 2230，可进行三维测量。压力控制模块包括回压控制和环压控制，压力控制和测量精度为 0.01MPa。实验使用 SHIMADZU SALD - 2300 激光粒度仪对产出砂进行粒度分析，粒径测量范围为 17nm 至 2500μm。

本实验以气体过量、水完全反应生成天然气水合物为基本假设制备模拟含天然气水合物储层。按照生成 1.0 体积天然气水合物需要水的体积为 0.87 体积为换算比例，使水与已知孔隙度的地层砂样品充分混合，装入反应釜内，通入甲烷气体使孔隙压力达到 6.55MPa。然后，使用制冷设备对整个装置降温至 4.5℃，在此低温高压条件下合成天然气水合物。生成结束后，设定恒速泵排量不大于 0.5mL/min，向模拟储层中均匀注入经过预制冷的蒸馏水，将地层内的游离气驱走，水饱和地层以达到模拟海底天然气水合物储层

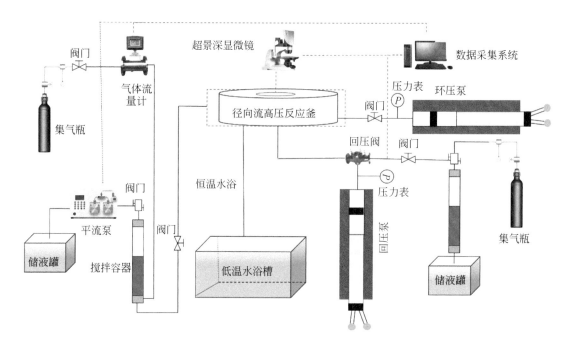

图 3.10　天然气水合物储层微观出砂行为可视化实验装置示意图（Jin et al., 2021）

只有水和天然气水合物两相的目的。

　　需特别指出的是，在制备高含天然气水合物饱和度模拟地层时，一次注入的甲烷气体可能难以将地层内的水完全反应，达不到设计的饱和度。因此在进行饱和度分别为 45% 和 60% 的实验时，进行了二次注气，即第一次注气后随着天然气水合物的形成，当反应釜内压力稳定后，再次注入甲烷使反应釜内部压力达到 6.55MPa 后等待天然气水合物继续生成。

　　制样结束后，控制背压泵退液速率使背压压力以恒定速率降低，从而达到模拟特定的降压梯度（速率）进行降压开采的目的。降压过程中，显微镜在反应釜的可视化窗口观察地层中的砂颗粒运移特征；通过储砂罐收集降压过程中产出的所有砂颗粒，采用激光粒度仪测试产出砂的粒径，采用电子秤称量产出砂的质量；联合应用数据采集系统获得的储层温度压力数据与显微镜获得的砂颗粒运移图像，综合分析天然气水合物分解过程中不同阶段的出砂行为。

二、实验材料和实验方案

　　选用不同粒径的天然石英砂按照一定的级配配制模拟储层沉积物，其级配曲线如图 3.11 所示，其中 $d_{10}=5.5\mu m$、$d_{50}=49.4\mu m$、$d_{90}=123.6\mu m$，孔隙度约 30%。为模拟实际天然气水合物生产井工况，采用粒径大于 1500μm 的白色石英砂安装在模拟储层沉积物中央，形成模拟井筒。砾石充填层下部铺设均匀分布 1.5mm 小孔的塑料板用于支撑砾石充填层，防止砾石颗粒进入产出管路。使用的气体是纯度为 99.99% 的甲烷气体。

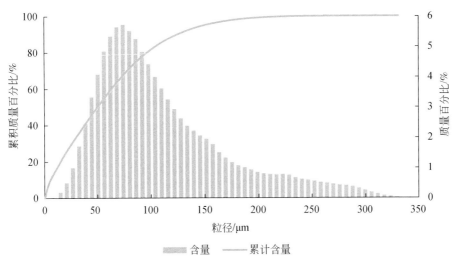

图 3.11 地层样品级配曲线

研究过程中以天然气水合物饱和度、降压梯度为主要考虑因素，分别探究了固定降压速率（0.2MPa/min）、不同天然气水合物饱和度（0、7.5%、15%、30%、45%、60%）工况和固定天然气水合物饱和度（30%）、不同降压速率（0.2MPa/min、0.4MPa/min、0.6MPa/min、0.8MPa/min、1MPa/min）工况下，天然气水合物分解过程中出砂形态演化和产出砂特征，共计进行了 30 组实验，详细的天然气水合物生成、分解条件及出砂量、出砂粒径等数据（出砂量、出砂粒径将在第二节第五部分中展开讨论）见表 3.1 和表 3.2。

表 3.1 不同饱和度天然气水合物生成、分解数据

实验编号	饱和度/%	生成过程		分解过程				备注
		初始压力/MPa	最终压力/MPa	初始压力/MPa	最终压力/MPa	温度变化 $\triangle T$/℃	时间/min	
1	0	5.01	5.01	5.61	1.48	0.3	25	
2	0	5	5	5.63	1.5	0.3	31	
3	0	5	5	5.61	1.51	0.2	26	
4	7.5	6.56	5.42	5.6	1.47	−0.9	31	
5	7.5	6.56	5.75	5.59	1.45	−0.5	30	
6	7.5	6.58	5.68	5.62	1.49	−0.7	31	
7	15	6.55	5.29	5.66	1.55	−0.8	41	
8	15	6.49	5.34	5.57	1.54	−0.7	39	
9	15	6.56	5.36	5.58	1.54	−0.8	31	
10	30	6.56	4.43	5.63	1.48	−1	33	
11	30	6.55	4.55	5.61	1.48	−0.7	41	

实验编号	饱和度/%	生成过程		分解过程				备注
		初始压力/MPa	最终压力/MPa	初始压力/MPa	最终压力/MPa	温度变化 $\triangle T/℃$	时间/min	
12	30	6.55	4.57	5.61	1.47	−1.2	41	
13	45	6.57	3.78	5.6	1.5	−0.7	47	
14	45	6.53	3.74	5.57	1.58	−0.6	30	
15	45	6.55	4.87	5.59	1.5	−0.8	46	二次注气
16	60	6.47	4.91	5.62	1.49	−1	47	二次注气
17	60	6.48	4.9	5.62	1.48	−1	53	二次注气
18	60	6.59	4.52	5.6	1.49	−1	56	二次注气

表3.2　不同降压梯度条件下的天然气水合物生成、分解数据

实验编号	降压梯度/(MPa/min)	生成过程		分解过程			
		初始压力/MPa	最终压力/MPa	初始压力/MPa	最终压力/MPa	温度变化 $\triangle T/℃$	时间/min
10	0.2	6.56	4.43	5.63	1.48	−1	33
11	0.2	6.55	4.55	5.61	1.48	−0.7	41
12	0.2	6.55	4.57	5.61	1.47	−1.2	41
19	0.4	6.49	4.72	5.57	1.43	−0.8	26
20	0.4	6.57	4.39	5.62	1.44	−0.7	22
21	0.4	6.58	4.61	5.58	1.44	−0.7	24
22	0.6	6.55	4.32	5.67	1.43	−0.7	19
23	0.6	6.57	4.32	5.62	1.46	−0.6	21
24	0.6	6.57	4.48	5.63	1.44	−0.8	18
25	0.8	6.57	4.75	5.62	1.46	−1	19
26	0.8	6.57	4.43	5.63	1.49	−0.8	21
27	0.8	6.59	4.58	5.65	1.5	−0.7	17
28	1.0	6.56	4.3	5.59	1.45	−0.7	18
29	1.0	6.59	4.84	5.61	1.46	−0.8	20
30	1.0	6.58	4.41	5.62	1.47	−0.7	19

三、微观出砂形态的基本类型

（一）制样与分解过程描述

以预设天然气水合物饱和度30%为例展开叙述。

　　模拟天然气水合物储层制样、降压分解过程中的温度、压力演化曲线/控制曲线如图 3.12 所示。填装含沉积物和预设充填井筒后，增压降温生成天然气水合物。从降温温度曲线上能够明显观测到由于天然气水合物快速形成导致的温度振荡，对应的釜内压力同步快速降低［图 3.12（a）］。天然气水合物生成稳定 8 小时后，以 0.5mL/min 的流量向地层中注入经过预冷却的蒸馏水，驱替地层中未完全反应的游离气，以模拟海底实际地层中只有天然气水合物和水两相的原始状态［即图 3.12（b）中的驱替阶段］。

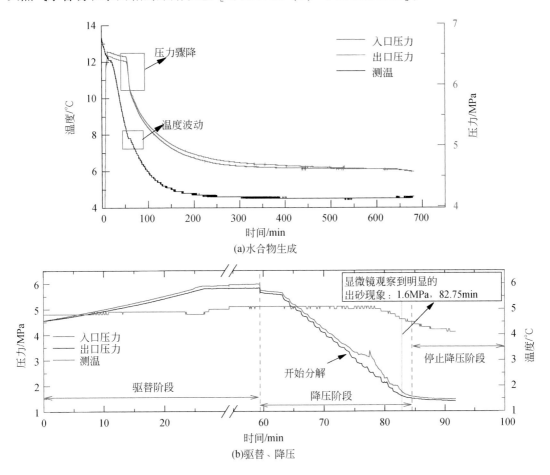

图 3.12　天然气水合物饱和度 30% 条件下制样、降压分解过程中的温度、压力演化曲线

　　采用上述 0.5mL/min 的流量进行饱和过程驱替的主要依据是：前期已经通过大量实验表明，当水合物饱和度为 0 时，0.5mL/min 的注入排量不足以引起地层砂颗粒的迁移。图 3.13 所示为制样结束后注水驱气前、中、后的显微照片。天然气水合物完全生成后模拟储层基本处于"干燥"状态，显微照片偏白，注水过程中模拟储层逐渐湿润，最终饱和，显微照片颜色加深。由图也可以看出，注水过程中地层周围泥砂颗粒基本没有迁移，即注水饱和过程未破坏地层原始构架，认为其对后续降压分解天然气水合物过程中泥砂颗粒的剥落和迁移过程影响甚微。

　　饱和后，利用回压泵控制出口压力匀速降低，此过程相当于抽取地层流体使地层孔隙

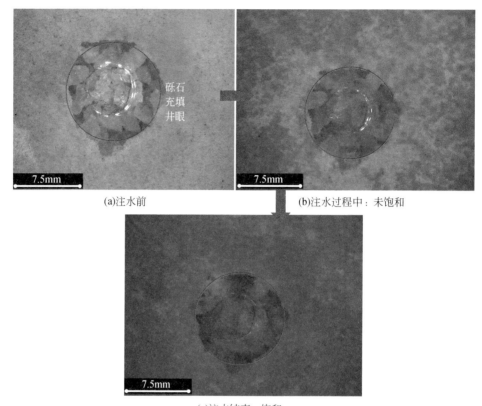

图 3.13　水合物饱和度 30% 条件下注水饱和阶段沉积物内部状态

压力降压，如图 3.12（b）所示，实时观察出砂形态。在出口压力降低到 3.2MPa 之前，未观察到地层泥砂颗粒迁移，也未观察到水合物分解（图 3.14）。当出口压力降低至约3.2MPa 时，地层中天然气水合物开始发生分解，其分解吸热导致反应釜内温度降低。图3.12（b）中温度下降相较于出口压力波动具有滞后性的原因是：本装置温度传感器在模拟储层外缘（相当于实际储层的深部），而出口附近（相当于井筒周围）的水合物则优先发生分解，并逐渐向反应釜外缘（相当于实际储层深部）推进。

（二）典型出砂形态演化特征

在上述实验基础上继续降压，实验发现，降压开采过程中的泥砂颗粒在沉积物内部的迁移一共有 4 种基本形态，分别是：垮塌型、蚯蚓洞型、集体蠕动型、孔隙液化型。但实际降压过程中出砂形态并不会以某一种方式固定存在，而会随着水合物分解进程的差异从一种形态动态迁移到另一种形态，且不同形态之间的转换速率随着降压速率的加快而明显变快。以下仍然以天然气水合物饱和度 30% 工况为例展开叙述。

天然气水合物分解起始阶段，实验观察到明显的由于气体快速释放导致的脉冲排水现象，即天然气水合物快速分解阶段，气体迅速膨胀，推动孔隙中已饱和的孔隙水向四周扩散，或以脉冲形式流入井筒。脉冲排水的直接证据是：天然气水合物开始分解后井眼附近地层显微照片颜色由深变浅，并且由深变浅区域从井眼附近向地层深部逐渐延伸。不同实验条件的横向对比结果表明，地层水合物饱和度越高，气体脉冲膨胀排水效果越明显。但是，该阶段并未观察到沉积物内部有明显的泥砂颗粒迁移或地层骨架结构被破坏的现象。

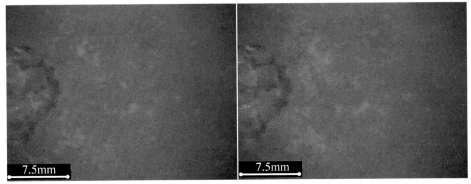

　　　　(a)出口压力：3.2MPa　　　　　　　　　　　(b)出口压力：3.0MPa

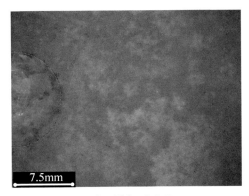

(c)出口压力：2.8MPa

图3.14　水合物分解过程中的气体脉冲排水现象

　　此后，以持续稳定速率进行降压直至1.6MPa，气体脉冲排水现象逐渐消失，观察到气、水两相连续向井眼方向流动，但该过程中同样并未观察到沉积物内部有明显的泥砂颗粒迁移或地层骨架结构被破坏的现象。当出口压力降低至1.6MPa时，气液流体向井眼中的迁移明显减缓，且观察到明显的地层骨架结构变形，故将出口压力1.6MPa作为出砂临界线［见图3.12（b）绿色竖线标注］。

　　然而，当出口压力降低至1.6MPa时，天然气水合物分解已接近尾声，此时发生突变性较大规模泥砂颗粒侵入井眼，其可能的原因是：井周天然气水合物一直处于分解动态过程中，压力降低至1.6MPa时井周天然气水合物分解殆尽，泥砂颗粒完全失去天然气水合物的胶结作用，发生出砂。泥砂颗粒侵入井眼瞬间前后显微照片对比如图3.15所示。

　　此后，维持出口压力恒定（1.5MPa），观察天然气水合物分解过程中泥砂颗粒的剥落和迁移规律，直至模拟储层中的天然气水合物完全发生分解产出。此过程中泥砂迁移规律呈如下特点：

　　（1）对于起始天然气水合物饱和度较高（≥30%）的地层，在稳压初期，地层水流

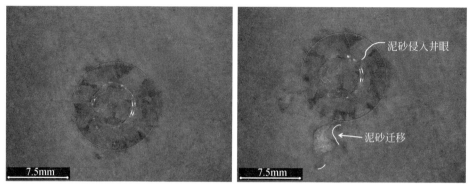

(a)出砂前，出口压力1.6MPa　　　　　　(b)开始出砂，出口压力1.6MPa

图 3.15　泥砂颗粒侵入井眼瞬间前后显微照片对比图

拖曳作用明显，井周局部地层发生明显垮塌，垮塌区域泥砂颗粒向井筒运移。不连续垮塌区域会随时间推移而发生合并，垮塌范围随时间推移逐渐增大［图 3.16（a）、（b）］。但随着垮塌区域的增大，垮塌区域的泥砂颗粒并不能及时向井筒迁移和侵入井筒。当垮塌区域增大到一定面积时，能够观察到已垮塌区域向井筒方向的整体迁移和蠕动，出现垮塌与蠕动并存的现象，集体蠕动区域和已垮塌区域之间出现明显的张裂隙［界限，图 3.16

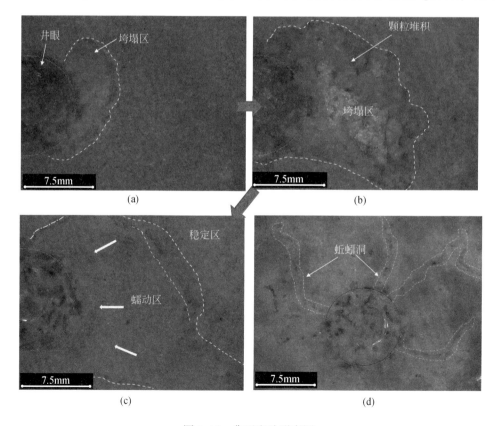

图 3.16　典型出砂形态图

（c）]。随着集体蠕动区域向井筒方向运移堆积量的增大，蠕动速度逐渐减缓，外围坍塌区域地层继续向井筒方向蠕动，集体蠕动区域和已垮塌区域之间的张裂隙逐渐消失，集体蠕动区域和已垮塌区域融为一体。

（2）对于起始天然气水合物饱和度低于15%的地层，稳压生产初期井周出现非均质向地层深部延伸的蚯蚓洞形状，部分蚯蚓洞在延伸前缘相互交织、串通，多条蚯蚓洞包围区域的地层发生明显的集体蠕动。随后，在集体蠕动区域可能再次形成蚯蚓洞，且二次形成的蚯蚓洞中能够观察到明显的离散砂颗粒随水气同步迁移。随着开采过程的持续，地层内部流体迁移量减小，蚯蚓洞最终稳定存在［图3.16（d）]。

当天然气水合物分解过程完全终止，地层中气水流动完全停止后，我们观察到未垮塌/蠕动区域地层出现很多裂隙或气孔状构造［图3.17（c）]，根据裂隙与径向流流线方向的差异，将裂隙分为张裂隙［图3.17（a）]和剪裂隙［图3.17（b）]两种。但由于气孔状构造和裂隙的形成过程中并未观察到泥砂颗粒的迁移，我们不将该现象定义为微观出砂形态的一种，而定义为一种特殊的储层破坏形式。

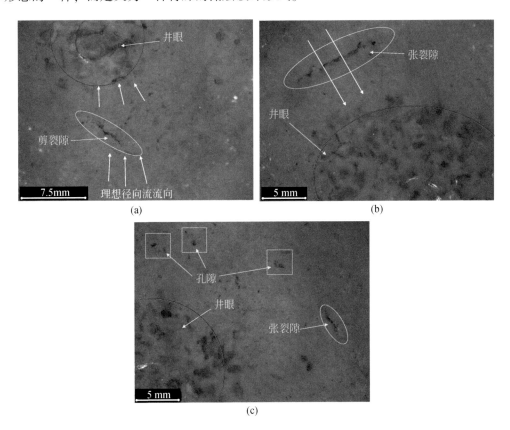

图3.17　典型地层破坏结构

天然气水合物分解结束后，以模拟井眼为对称中心，沿径向流方向取样并进行粒度分析（图3.18）。特别注意的是，图3.18（a）中取样位置延伸方向是"随机的"，既没有专门避开蚯蚓洞、连续坍塌和集体蠕动区域延伸区域，也没有刻意取上述地层出砂形态演化区域进行取样。目的是探讨泥砂颗粒迁移的普适性规律。不同天然气水合物饱和度条件下，实验结束后储层中不同位置处的地层砂粒度中值分布范围如图 3.18（b）所示。由图可知，从近井端到远井端，地层砂的中值粒径总体趋势是变大的，且都大于原始地层的中值粒径。这充分说明两点：①无论地层出砂形态如何，都会发生远井端细颗粒优先向井筒迁移，导致远井端地层砂中的细颗粒组分减小，粒度中值上升；②即使用显微镜没有观察到明显的蚯蚓洞、连续坍塌或集体蠕动的区域，同样存在细颗粒的迁移，我们将这种泥砂细颗粒的迁移定义为孔隙液化，即地层细颗粒被孔隙渗流流体悬浮并在孔隙中向井眼方向流动。

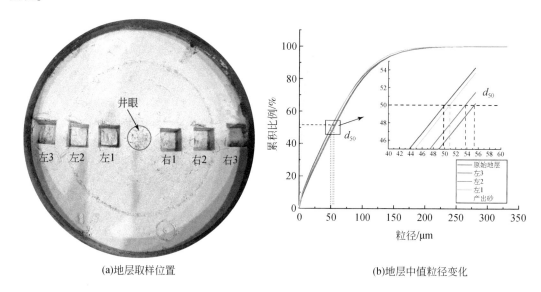

(a)地层取样位置　　　　　　　　(b)地层中值粒径变化

图 3.18　出砂导致的地层泥砂粒径迁移特征

综上所述，天然气水合物分解过程中储层泥砂的微观迁移形态主要有蚯蚓洞、连续坍塌、集体蠕动和孔隙液化等四类。其中蚯蚓洞、连续坍塌和集体蠕动能够用显微镜直观观察到，通过将这三类基本出砂形态发生、发展的时机与图 3.12（b）所示的降压规程对照，我们发现地层泥砂颗粒迁移主要发生在天然气水合物分解中后期。但必须指出的是，由于孔隙液化泥砂颗粒迁移形态难以用目前的显微镜技术直接观测得到，因此孔隙液化迁移时机目前仍难以判断。

四、微观出砂形态的演化模式

（一）连续垮塌型

天然气水合物开采过程中，垮塌型出砂模式总是始于井周，呈非均质特征在井眼周围局部位置发生［图 3.19（a）］；然后向远井端发展，发展过程中局部坍塌逐渐连片［图 3.19（b）］，形成较大范围的连续坍塌；随后成片的连续坍塌区域以接近于与井筒同心圆的模式向外拓展延伸，并最终稳定在一定范围内［图 3.19（c）］。因此，垮塌型微观出砂模式的基本演化特征可以归纳为：局部垮塌→垮塌连片→环形外扩三个典型阶段，该出砂形态演化模式可用图 3.19（d）~（f）所示的概念模式图表示。

发生上述演化模式的原因是：砾石充填工况下井筒内壁受砾石充填层的支撑作用较弱，天然气水合物分解过程中井周水合物优先发生分解，导致该区域地层泥砂颗粒之间的胶结作用弱化。随着较远地层中天然气水合物分解气水流体的产出，拖曳力导致井周发生不均匀坍塌［图 3.19（d）］。坍塌位置沿井周的不均匀分布反映了砾石层与地层接触面的不均一性。随着天然气水合物的进一步分解，井眼周围的水合物完全分解，而该区域是整个地层中流体流速最高、压降梯度最大的区域，因而局部不均匀垮塌逐步扩大并相互连通，形成围绕井筒的连续垮塌区域［图 3.19（e）］；垮塌区域的泥砂部分迁移进入砾石充填层并产出，垮塌区域出现局部亏空，亏空外缘沉积物失去支撑，垮塌区域进一步扩大。然而，远离井眼的深部地层流速和压降梯度相对均较小，再加上开采后期水合物分解变缓，因此垮塌区域向外围扩展的速率逐渐减缓，并最终稳定在距离井筒一定的范围内［图 3.19（f）］，在垮塌区域内可能演化出下文所述的蚯蚓洞或集体蠕动区域。

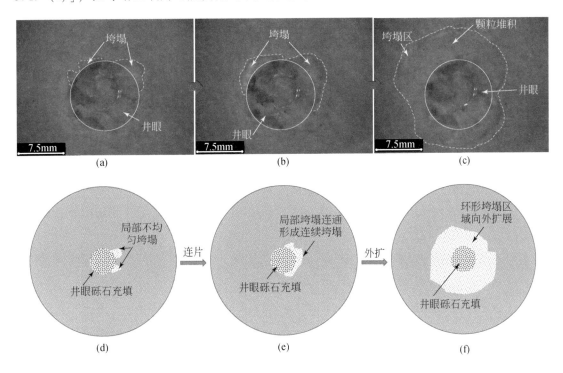

图 3.19　连续垮塌型微观出砂形态演化模式

需要指出的是，上述"局部垮塌→垮塌连片→环形外扩"垮塌出砂模式往往出现在起始天然气水合物饱和度较高（$S_h \geqslant 30\%$）的地层。对于起始天然气水合物饱和度较低的地层，则倾向于局部垮塌向蚯蚓洞的转换，将在下文中涉及。

（二）蚯蚓洞型

所谓蚯蚓洞是指一种其形态类似于蚯蚓在泥土中爬行形成的弯曲、宽度较小、形态不断变化的沟壑。实验结果表明，在一定的降压速率条件下，随着地层中起始天然气水合物饱和度的不同，蚯蚓洞的形成机理和演化模式均存在差异。

对于天然气水合物饱和度较低（$S_h \leqslant 15\%$）的地层，蚯蚓洞源于局部垮塌区域前缘：在天然气水合物降压开采过程中，随着井周天然气水合物的分解，首先在井壁位置形成不均一的局部垮塌；随着开采过程的持续，局部垮塌部位前缘持续向地层深部延伸，在储层中形成不均匀分布的、弯曲延伸的沟壑，即蚯蚓洞［图 3.20（b）］。上述蚯蚓洞演化模式可以划分为局部垮塌→蚯蚓洞延伸两个阶段，其概念模式可用图 3.20（c）、（d）表示。

与连续垮塌出砂模式不同，低水合物饱和度地层在局部垮塌后不会经历垮塌连片和环形外扩两个阶段，其根本原因是：在低水合物饱和度地层中，由于水合物的含量少，一定降压速率条件下水合物分解产生的气水量较少，气水流速较小，局部垮塌［图 3.20（c）］后较小的气水流速不足以促使更大范围的垮塌形成。局部垮塌前缘曲率较大，此部位的泥砂颗粒承受的局部压降梯度较大，因此局部垮塌前缘的砂颗粒不断脱落，蚯蚓洞向地层深部延伸［图 3.20（d）］，而其他未扰动部位的地层骨架则维持相对稳定。

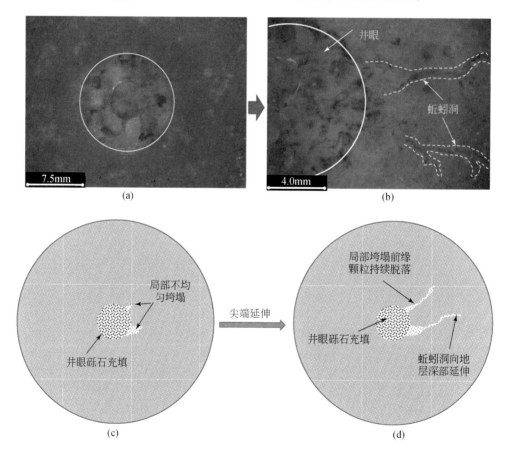

图 3.20　低水合物饱和度地层的蚯蚓洞型泥砂颗粒迁移模式

需要特别指出的是：实验观察到向地层深部延伸的蚯蚓洞随着开采过程的持续会发生周期性的填埋和再形成。这是由于蚯蚓洞本身宽度较窄、横截面较小，天然气水合物分解过程不稳定导致地层局部压力波动，蚯蚓洞外围泥砂颗粒受扰动发生脉冲式脱落，填充蚯蚓洞；而后，深部地层水流沿蚯蚓洞继续向井筒方向流动，带动蚯蚓洞中的充填物迁移，蚯蚓洞再次疏通。

对于起始含天然气水合物饱和度较高（≥30%）的地层，局部垮塌连片并以环状向外围扩展后，在连续垮塌区域形成集体蠕动，当集体蠕动稳定后，观察到蠕动区内局部形成蚯蚓洞形态 ［图3.21（b）］。该状态下的蚯蚓洞形成机制完全不同于低起始天然气水合物饱和度地层。

开采后期，连续垮塌区域内天然气水合物已经完全分解，外围天然气水合物持续分解，在生产压差作用下外围分解产生的气水向井筒流动。但集体蠕动区与阻挡了气水流体的快速流动通道，导致流体流速变缓，在集体蠕动区外围局部形成高压，当局部高压达到一定值后，突破集体蠕动区的薄弱区域，快速向井筒方向迁移，由此形成蚯蚓洞。该类蚯蚓洞的形成演化模式可以用图3.21（c）～（e）表示。

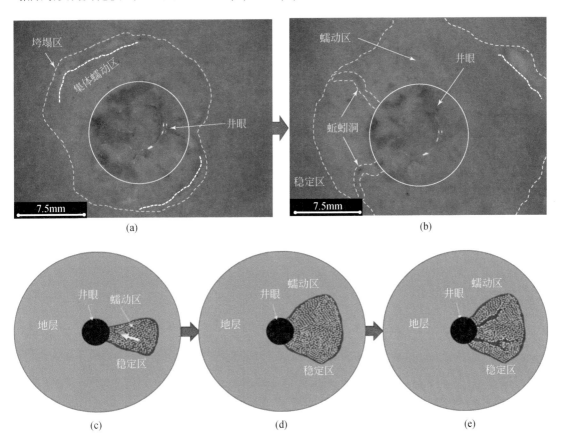

图 3.21　高水合物饱和度地层的蚯蚓洞型泥砂颗粒迁移模式

（三）集体蠕动型

集体蠕动指的是在地层失去胶结性后，大规模的砂颗粒缓慢蠕动的现象，类似于实际海底地层发生的"慢滑移"现象。集体蠕动现象在高、低起始水合物饱和度地层均会出现，但是演化过程不同。

在起始水合物饱和度较低的地层，集体蠕动源于蚯蚓洞的相互连通，即从局部垮塌发展而来的蚯蚓洞，在地层深部由于天然气水合物分解引起的水气流速波动等因素而发生交错、连接，从井筒到两条相互交织的蚯蚓洞之间的储层整体与原始地层分离，在流体作用下发生集体蠕动，蠕动方向基本与流线方向一致。其形态和演化模式如图 3.22 所示。

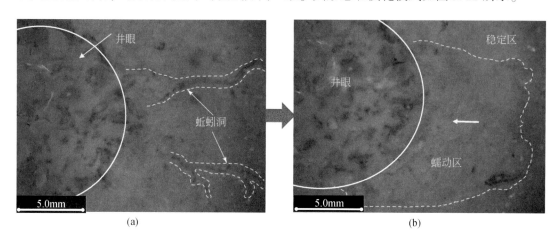

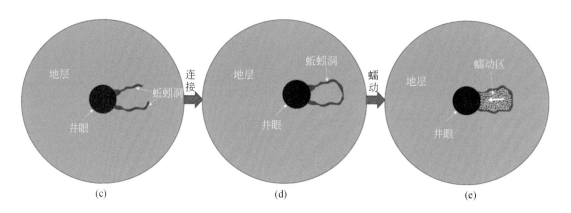

图 3.22　低饱和度地层集体蠕动形态及演化模式

而对于起始水合物饱和度较高的地层，集体蠕动则来源于连续垮塌：随着连续垮塌区域的向外扩展，已垮塌区域部分地层朝井周方向整体蠕动，集体蠕动外缘与连续垮塌区域中间歇性出现明显的裂纹边界，该边界并非稳定存在，而是随着连续垮塌区域和集体蠕动区域的向外扩展而时隐时现，导致垮塌区和集体蠕动区的演化相互依存。高起始水合物饱和度条件下地层的集体蠕动出砂模式动态演化模式如图 3.23 所示。

尽管高天然气水合物饱和度和低天然气水合物饱和度条件下集体蠕动区域的形成机理迥异，但集体蠕动区向井筒方向集体迁移过程中，都会在距井筒一定范围内形成明显的粗砂颗粒堆积区，且在一定条件下该堆积区内可能再次形成蚯蚓洞（如前所述）。

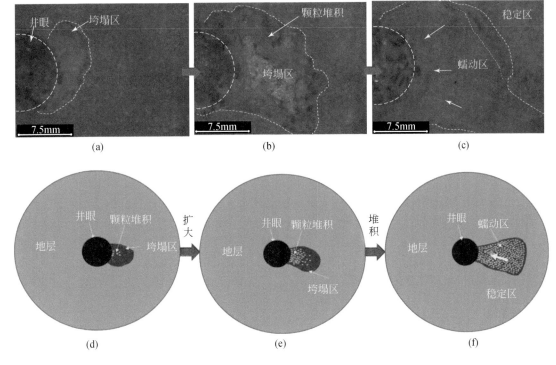

图 3.23　高饱和度地层集体蠕动出砂模式动态及演化模式

(四) 孔隙液化型

如前所述,孔隙液化过程发生在孔隙尺度难以用显微镜手段直接观察到的情况,实验结束后通过距离井周不同位置处的取样,粒度分析结果是天然气水合物分解过程中发生孔隙液化的直接证据。孔隙液化的形成机制为:水合物地层泥砂颗粒粗细不一,在其他条件完全相同的情况下,大的颗粒之间会相互摩擦、镶嵌,具有一定的阻碍砂颗粒移动的抗力,而细小的颗粒分布于大颗粒形成的孔隙之间,且其重量更小,受到的摩擦力更小,更容易被流体携带向井眼运移,即在地层内部,细小颗粒会优先脱离原来的位置,相对于附近位置的大颗粒优先移动,孔隙液化形成的基本原理如图 3.24 所示。

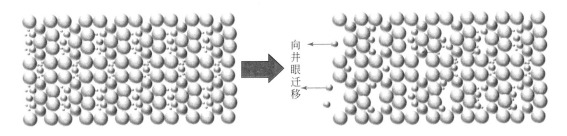

图 3.24　孔隙液化形成的基本原理图

总之，对于起始含天然气水合物饱和度较低（≤15%）的地层，微观出砂形态的基本演化模式是：局部垮塌→蚯蚓洞延伸→集体蠕动→二次蚯蚓洞形成并稳定（简称模式一）；而当起始含水合物饱和度较高（≥30%）时，微观出砂形态的基本演化模式是：局部垮塌→连续垮塌→垮塌外扩→集体蠕动→蚯蚓洞形成并稳定流动（简称模式二）。孔隙液化出砂模式则伴随模式一和模式二的始终。

五、地层泥砂颗粒迁移特征

（一）水合物饱和度的影响

如前所述，实验结束后以井眼为对称轴在井眼外围均匀设置三个取样点，测量取样点的沉积物粒度分布特征，分析天然气水合物降压开采条件下储层泥砂动态迁移特征。其中，起始水合物饱和度为0、7.5%、15%、30%、45%、60%条件下降压开采结束后地层粒度中值分布特征如图3.25所示。

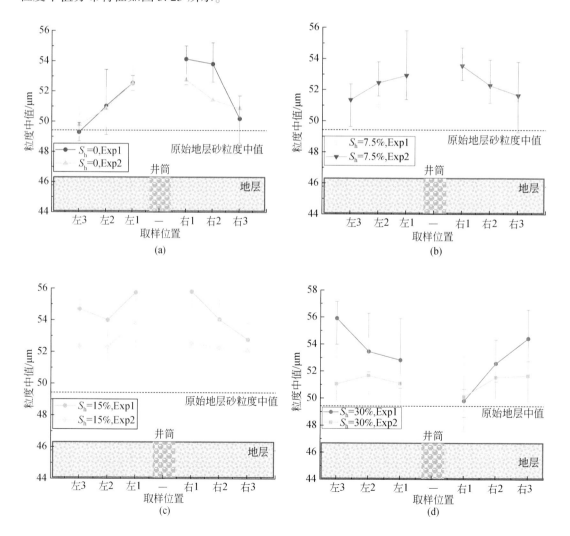

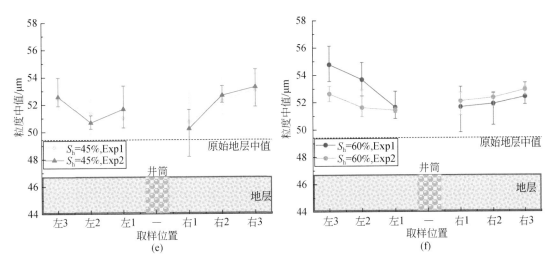

图 3.25 水合物分解结束后地层不同位置粒径

由图 3.25 可知，降压开采过程导致地层泥砂颗粒非均质迁移，对地层泥砂颗粒起到一定的"筛分"作用，使地层细颗粒随流体产出，导致地层剩余泥砂颗粒的中值粒径均大于原始地层砂中值粒径。但当降压速率一定时，高起始天然气水合物饱和度地层和低起始天然气水合物饱和度地层的粒度随距井眼距离的变化而呈现出完全不同的变化趋势：对于起始天然气含水合物饱和度较低（≤15%）的地层，降压开采结束后，地层样品的中值粒径从远井端到井眼逐渐增大；但当起始含天然气水合物饱和度较高（≥30%）时，降压开采结束后，地层样品的中值粒径从远井端到井眼逐渐减小。

在原始地层泥砂颗粒均匀分布条件下，细粒泥砂颗粒越多，地层砂的粒度中值越小；粒度中值越接近原始地层砂，表明取样点发生迁移的泥砂越少。由此，我们初步判断：对于起始水合物饱和度较低（≤15%）的地层，水合物降压分解过程中细颗粒的剥落和迁移主要发生在近井地层，随着距井筒半径的增大，细颗粒运移量逐渐减小；但必须指出的是，高起始水合物饱和度（≥30%）地层的粒度中值变化趋势相反并不意味着该类地层细颗粒运移仅发生在远井地层，而是水合物降压分解过程中细粒泥砂迁移的范围远大于低起始饱和度地层（实验条件下整个地层细颗粒发生迁移），部分细颗粒在到达近井地层后没有及时排入井眼，导致近井地层细颗粒的相对含量大于远井地层，因而近井地层的粒度中值小于远井地层。

（二） 降压速率的影响

采用固定天然气水合物饱和度（30%）、不同降压速率（0.2MPa/min、0.4MPa/min、0.6MPa/min、0.8MPa/min、1MPa/min）工况对天然气水合物分解过程中出砂形态演化和产出砂的影响进行分析。其中降压速率为 0.2MPa/min 条件下地层砂粒度中值随距井眼半径的变化规律如图 3.25（d）所示，降压速率为 0.4MPa/min、0.6MPa/min、0.8MPa/min、1MPa/min 条件下地层砂粒度中值随距井眼半径的变化规律如图 3.26（a）~（d）所示，每个实验条件下开展两组重复实验以验证结果的可靠性。主要结论如下：

（1）降压速率的改变对天然气水合物分解过程中微观出砂形态演化模式无明显的改变，即当起始水合物饱和度为30%时，所有实验观察到的微观出砂形态演化模式均为：局部垮塌→连续垮塌→垮塌外扩→集体蠕动→蚯蚓洞形成并稳定流动。但随着降压速率的提升，由局部垮塌向连续垮塌转变的速率以及连续垮塌区域向外围扩展的速率明显加快。在集体蠕动区内形成的蚯蚓洞的开启—闭合转换周期也更快。这是由于随着降压速率的提升，天然气水合物分解加快，分解气体释放导致的储层压力波动更加显著。

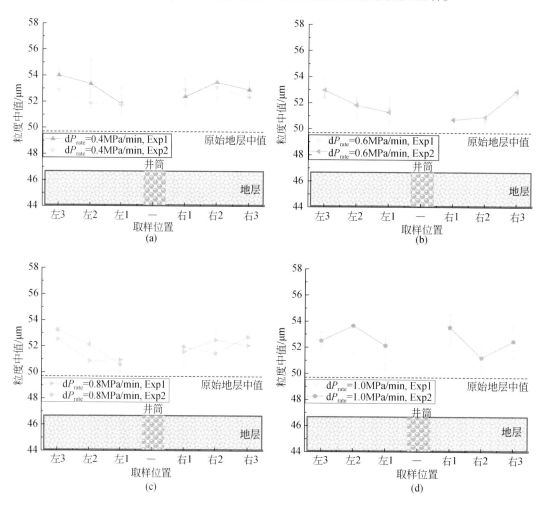

图 3.26　起始水合物饱和度为30%条件下地层沉积物粒度中值分布规律

（2）降压速率的改变不会改变降压开采结束后地层砂粒度中值的分布特征，即所有降压速率条件下，当降压开采模拟结束后，不同取样点的沉积物粒度中值均随距井眼距离的增大而增大。这再次说明地层泥砂迁移规律取决于微观出砂形态的演化模式。与此同时，部分实验观察到沉积物粒度中值均随距井眼距离的增大而出现小幅波动，这可能是由于二次天然气水合物生成所致。当降压速率过快时，地层中流体流速加快，短期内天然气水合物快速分解吸热，焦耳-汤姆孙效应和水合物分解吸热效应联合导致局部温度快速下降，水合物在井眼周围地层二次生成（这一现象将在后面章节详细叙述），局部位置胶结强度高、渗透率低、传质慢，降低了砂颗粒的内部迁移，引起地层砂粒度的波动。

六、井筒出砂量与出砂砂粒度分布特征

（一）水合物饱和度的影响

恒定降压速率条件下，起始含天然气水合物饱和度对井眼产出泥砂质量及粒度中值的影响规律分别如图 3.27（a）、（b）所示。由图可知，①含天然气水合物地层泥砂产出量和产出砂粒径均远小于不含天然气水合物地层（即 $S_h = 0$）；②对于含天然气水合物地层，天然气水合物降压分解过程中的累积出砂量和出砂粒径均随着天然气水合物饱和度的升高而降低。上述现象一方面反映了天然气水合物存在与否与地层泥砂迁移产出的驱动力存在根本差异，另一方面则表明天然气水合物含量对泥砂颗粒的迁移产出有一定的调控作用。

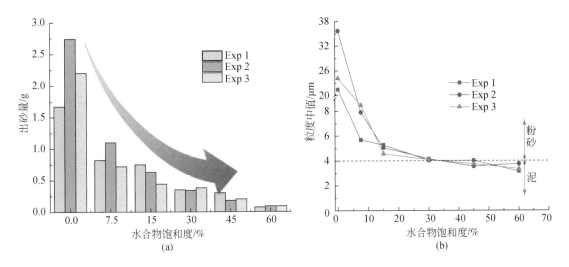

图 3.27　降压速率 0.2MPa/min 条件下出砂量、出砂粒度中值随天然气水合物饱和度的变化

上述实验过程中，我们通过可视窗可明显观察到如下现象：①起始含天然气水合物饱和度越高，天然气水合物分解产生的气相膨胀效应越明显，孔隙水被气化或裹挟进入气泡运移的概率越高，因此高饱和度条件下地层孔隙气水两相流动更倾向于类段塞流；而低饱和度条件下地层孔隙气水流动则更倾向于分层流，能够形成连续的水相流道（图 3.28）；②天然气水合物分解过程中气体释放对地层孔隙水的脉冲式冲击，导致局部水相流速、流向波动。

上述气、水两相流型是导致图 3.27 中出砂规律变化的根本原因：①已有研究结果表明，天然气水合物分解过程产生的水流对泥砂的拖曳携带能力远大于气相对泥砂的拖曳携带作用，因而细颗粒泥砂更倾向于与水相混合流动。天然气水合物饱和度越高，水合物分解过程释放的气体量就越大，因此孔隙中发生段塞流的概率就越高，泥砂颗粒难以形成持续稳定的拖曳携带作用，因此能够被流体携带产出的泥砂量就越小，被携带产出的泥砂颗

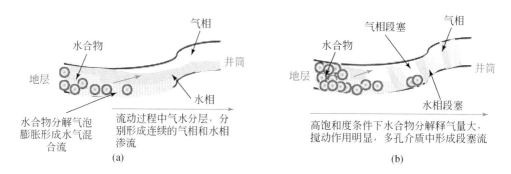

图 3.28　低饱和度（a）和高饱和度（b）条件下水合物地层可能的流动模式示意图

粒粒径也就越小（Ding et al.，2019；Fang et al.，2021；卢静生等，2019）。②天然气水合物分解的瞬态脉冲波动，导致局部气体无序膨胀，尽管这种膨胀效应能够局部加速水流流速，但由于局部气体快速膨胀无明显的方向性，导致原本稳定流动的水流方向（稳定流动条件下水流向井筒方向流动）被改变，原本被水流携带的细颗粒流动方向也发生改变，如此往复，细颗粒难以以稳定的流动路径进入井筒（图 3.29）。

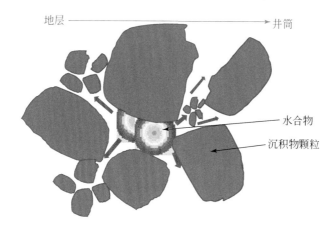

图 3.29　天然气水合物分解过程中气体无序释放导致的泥砂颗粒迁移方向不确定性

　　总之，地层中形成连续稳定的水流是携带出砂的根本动力来源，天然气水合物开采过程中地层气水两相流流型和天然气水合物分解释放气体的瞬间膨胀效应，共同导致出砂量、出砂粒径随着水合物饱和度的上升而降低。

　　为了验证上述结论，我们开展了如下对比试验：按照前文所述的实验步骤合成天然气水合物饱和度为30%的模拟水合物储层，待水合物合成稳定后，不进行注水饱和操作，而是直接采用相同的降压速率进行降压开采。结果表明：降压过程中地层既没有出现前文所述的明显的蚯蚓洞、连续垮塌、集体蠕动等稳定出砂形态，实验结束后也不见井筒有砂颗粒产出。这再次表明连续、稳定水相渗流是地层泥砂颗粒产出的必要条件。

(二) 降压速率的影响

以起始天然气水合物饱和度为30%为例开展一系列降压速率敏感性分析实验。从显微镜捕捉结果来看，降压速率不会改变微观出砂形态的基本演化模式。当地层起始饱和度为30%时，不同降压速率条件下微观出砂形态的基本演化模式均为：局部垮塌→连续垮塌→垮塌外扩→集体蠕动→蚯蚓洞形成并稳定流动 (简称模式二)。但降压速率的增大明显加快了从局部垮塌到连续垮塌的转变时机，连续垮塌区域向外围扩展速率也同步加快。该条件下出砂量、出砂粒度中值随降压速率的变化规律如图3.30所示。

由图3.30可知，降压速率对出砂量和出砂粒径的影响甚微。这表明，在起始地层含天然气水合物饱和度一定条件下，实际地层出砂量和出砂粒径受出砂模式的控制。这一实验结论从表面看与常规认识相悖，因为常规认为：随着降压速率的升高，地层破坏趋势加剧，地层流体流速增大，出砂速率增大，一定开采条件下的累计出砂量增大、出砂粒径也随之增大。发生上述与常规认识不一致的出砂规律的主要原因可能是天然气水合物的二次生成。

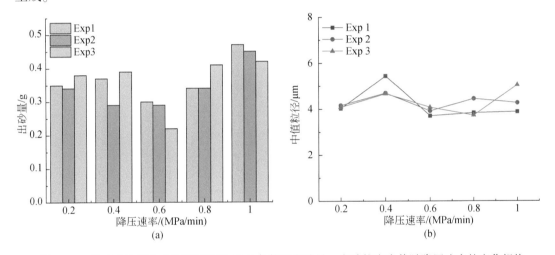

图3.30　起始天然气水合物饱和度为30%条件下出砂量、出砂粒度中值随降压速率的变化规律

实验结果显示，在一定饱和度条件下，由于天然气水合物的自保护效应，导致降压过程中存在局部天然气水合物不分解的情况，如图3.31所示，在饱和度60%降压梯度为0.2MPa/min降压过程中，出现了明显的天然气水合物二次生成 [图3.31 (a)、(b)] 和由于天然气水合物自保护效应，大面积地层区域天然气水合物不发生分解的现象。同时在30%饱和度降压梯度为0.8MPa/min [图3.31 (d)] 和1.0MPa/min [图3.31 (e)、(f)]降压过程中也出现了上述现象。且从图片看来，高饱和度储层开采过程中发生天然气水合物二次生成和自保护效应的情况要比低饱和度、高降压梯度过程中的效果更明显，危害更大，这对现场开采过程中，根据实际储层条件调整开采方案具有重要启示意义。焦耳-汤姆孙效应是产生天然气水合物二次生成和自保护效应的根本原因，在高饱和度天然气水合物储层或快速降压条件下，短时间内大量天然气水合物的分解，吸收地层内的热量，分解产生的气体和液体快速向井眼中移动带走储层中的热量，这两点都会使储层温度快速降

低，短时间内不能从远处得到补充。在储层内由于温度低于天然气水合物平衡相，天然气水合物便不再发生分解形成自保护效应，在井眼处，由于没有颗粒介质，快速运移的气液混合物在低于天然气水合物相平衡条件下沿井壁重新生成了水合物，是为天然气水合物二次生成。在实际开采活动中，生产层段使用金属防砂筛管，由于筛管具有孔隙构造，天然气水合物会更容易生成，从而造成冰堵，阻碍生产。

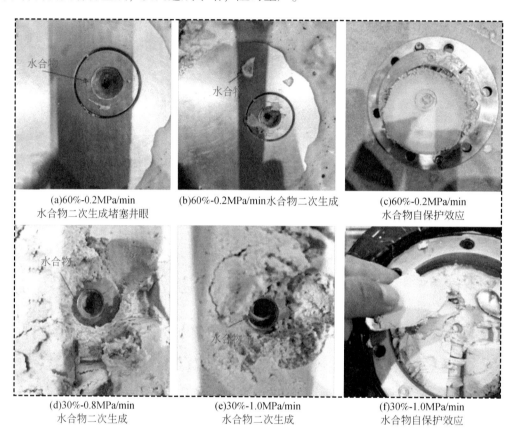

(a)60%-0.2MPa/min
水合物二次生成堵塞井眼

(b)60%-0.2MPa/min水合物二次生成

(c)60%-0.2MPa/min
水合物自保护效应

(d)30%-0.8MPa/min
水合物二次生成

(e)30%-1.0MPa/min
水合物二次生成

(f)30%-1.0MPa/min
水合物自保护效应

图 3.31　降压过程中的水合物二次生成、自保护效应现象

第三节　泥质粉砂地层水合物已分解区泥砂运移产出特征

一、实验材料

本实验所用泥质粉砂沉积物取自南海神狐海域，以粉砂质黏土为主，粒度分布如图 3.32 所示，粒度中值为 5.9μm，含砂量小于 1.0%，粉砂含量约为 63.0%，黏土含量约为 36.0%。泥质粉砂样品中有孔虫丰度较高，粗粒（>150μm）居多。图 3.33 为有孔虫在高倍显微镜下在泥质粉砂中的赋存状态，可以看出，泥质粉砂沉积物有孔虫附近固结程度较低。基质中有孔虫分布密度及有孔虫大小不均匀［图 3.32（b）］。实验砾石准备了两种不

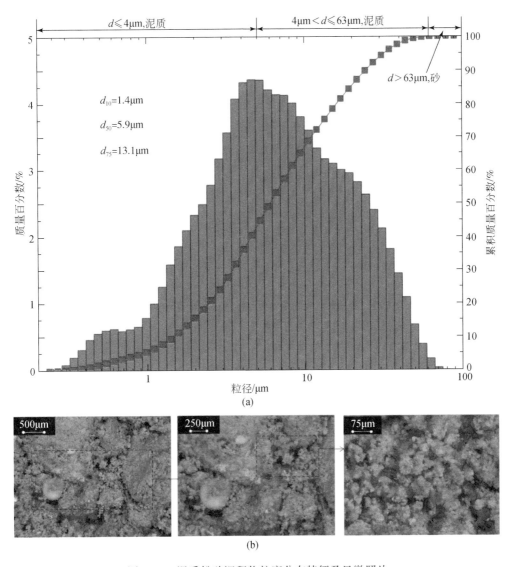

(a)

(b)

图 3.32 泥质粉砂沉积物粒度分布特征及显微照片

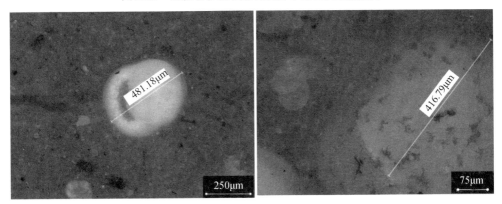

图 3.33 南海天然气水合物储层中有孔虫壳体的显微结构

同粒径的染色石英砂，分别为 $180 \sim 250 \mu m$（$60 \sim 80$ 目）和 $270 \sim 550 \mu m$（$30 \sim 50$ 目）（图 3.34）。实验用水为自制蒸馏水。

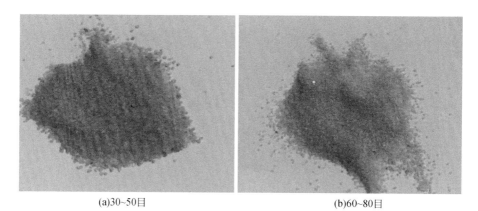

(a)30~50目　　　　　　　　　　　　　　(b)60~80目

图 3.34　实验用染色石英砂

二、实验原理和实验条件

泥质粉砂样品称重完成后（同一砾石充填半径下，确保每次样品质量相差在 5% 以内），在径向驱替反应釜外圈完成充填与夯实，内圈填入染色石英砂，压实后进行单口注入，出口端设为大气压，驱替过程中记录入口端压力，实时观察拍摄泥质粉砂颗粒的剥落、运移和入侵。

按照储层厚度为 100m，产水速率为 100m³/d，根据流速等效原则折算为实验条件下的注入流量为 7mL/min。根据上述实验方法进行了 14 组泥质粉砂地层径向流条件下的出砂实验设计，涉及 5 个注入流量（3mL/min、6mL/min、9mL/min、12mL/min、15mL/min），3 个砾石充填半径（1.40cm、2.65cm、3.25cm）及两种不同砾石粒径（30 ~ 50 目、60 ~ 80 目）（表 3.3）。

表 3.3　实验参数设置及测量结果

实验编号	注入速度 /(mL/min)	折算实际开采流速 /(m³/d)	砾石充填半径 /cm
1	0.5	7.2	2.8
2	3	43.2	2.8
3	3*	43.2	2.8
4	3*	43.2	2.8
5	6	86.4	2.8
6	9	129.6	2.8
7	3	43.2	5.3
8	3	43.2	6.5

续表

实验编号	注入速度 /(mL/min)	折算实际开采流速 /(m³/d)	砾石充填半径 /cm
9	3	43.2	2.8
10	3	43.2	2.8
11	3	43.2	2.8
12	3→9→15	43.2→129.6→216	5.3
13	12→9→6→3	172.8→129.6→86.4→43.2	2.8
14	3	43.2	13.0

＊表示重复实验，目的是验证实验结果的可重复性。

三、泥质粉砂储层中的出砂形态

以实验 2 作为分析案例，地层出砂形态及入口压力随时间变化如图 3.35 所示。由图可知，恒定注入流速条件下模型入口压力呈锯齿状波动，先后出现了大裂缝、蚯蚓洞以及液化通道（或称为高速渗流通道）。

上述三种微观结构变化与压力锯齿状波动具有良好的对应关系，其可能的原因是：泥质粉砂沉积物地层渗透率较低，在恒定泵速向沉积物内部注入蒸馏水过程中，随着累积注入流量的增加，地层外围压力显著升高，使得地层剪切破坏产生大的裂缝，地层压力得到暂时的释放，随后流体延大裂缝前进，地层压力回升，大裂缝逐步向中心区域（井筒）方向延伸，压力呈现锯齿状，并且波动幅度逐渐降低。压力的锯齿状波动同时表明，径向流条件下地层裂缝脉冲式向前发育，压力变化梯度较大 [图 3.35 (a)]。

随后，裂缝延伸至近砾石层地带，平均渗透率增大，大量流体涌入砾石填充层，高速流体冲刷形成蚯蚓洞，泥砂被携带侵入砾石层，此阶段压力梯度波动幅度较裂缝产生阶段低一些 [图 3.35 (b)]。另外，实验中观察到不止一个泥砂入侵突破口，流体从泥质粉砂外圈延着弱胶结区域迂回进入充填层，冲出高速渗流通道进入染色石英填充层 [图 3.35 (c)]。侵入砾石层的泥砂包括地层剪切破坏及高流速流体拉伸破坏携带的泥砂。当优势通道形成后，流速稳定，体系压力稳定，无明显泥砂侵入。需要指出的是，液化通道的主要成因是高速液流冲刷，因此本小节乃至本章涉及的液化通道和高速渗流通道为同一种微观出砂形态。

反应釜全部充填染色石英砂进行空白实验（实验 14），测量得到体系生产压差为 0MPa，故认为砾石层边界压力与井底压力相等，即实验过程中可以忽略井筒内砾石充填层的存在引起的附加压降。根据平面径向达西渗流式（3.1），得到稳定渗流时，实验 2 中地层拟渗透率为 4.21mD。实验室测量估算南海神狐水域天然气水合物地层绝对渗透率仅为 0.027mD（Kuang et al.，2019），而根据该区块水平渗透率系数 [（0.96~3.70）×10⁻⁹ m/s] 换算得到的绝对渗透率为 0.096~0.37mD（李彦龙等，2019）。由此推断，地层裂缝发育和蚯蚓洞大大提高了地层渗透率。所以，与常规成岩油气储层不同，南海泥质粉砂储层降压开采过程中，出砂引起的地层裂缝、蚯蚓洞和高速渗流通道会成为气水渗流的主要通道, 在一定程度上起到了增渗作用。

$$k = \frac{q\mu\left[\ln\left(R_{\mathrm{e}}/R_{\mathrm{w}}\right)\right]}{2\pi h\left(P_{\mathrm{e}}-P_{\mathrm{w}}\right)} \tag{3.1}$$

式中, q 为达到稳定渗流时出口流速, cm^3/s; μ 为黏度, $mPa \cdot s$; R_{e} 为泥质充填半径, cm; R_{w} 为砾石充填半径, cm; h 为充填高, cm; P_{e} 为入口压力, $10^{-1} MPa$; P_{w} 为出口压力, $10^{-1} MPa$。

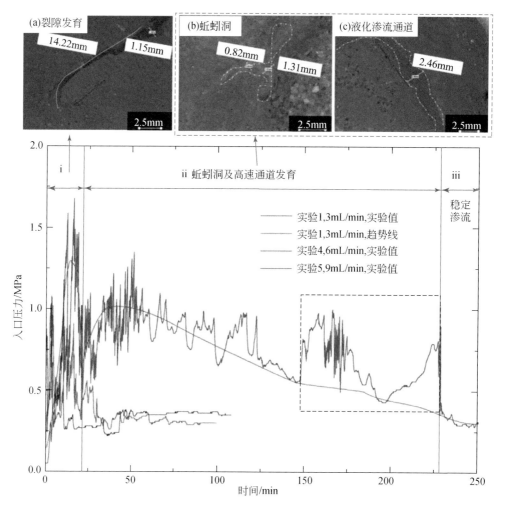

图 3.35　地层出砂形态及入口压力随时间变化

四、孔虫壳体对出砂的影响

泥质粉砂在地层中为弱胶结, 而有孔虫壳体在地层中呈现非连续分布, 流体波及区有孔虫壳体可能发生剥离而被携带走。地层裂缝发育阶段, 破裂带中大部分的有孔虫壳体沿着裂缝进入近砾石层附近, 小部分可能会滞留在裂缝末端 [图 3.36 (a)]。而高速通道中压力梯度及流体流速较裂缝中小，故有孔虫壳体周围孔隙液化，弱胶结的泥质粉砂会被流体携带走，形成一些小洞，如图 3.36（b）所示，而有孔虫壳体滞留原地。裂缝中大流量流体携带有孔虫沿着裂缝进入砾石层附近，由于有孔虫壳体较大的体积及外围砾石层的阻

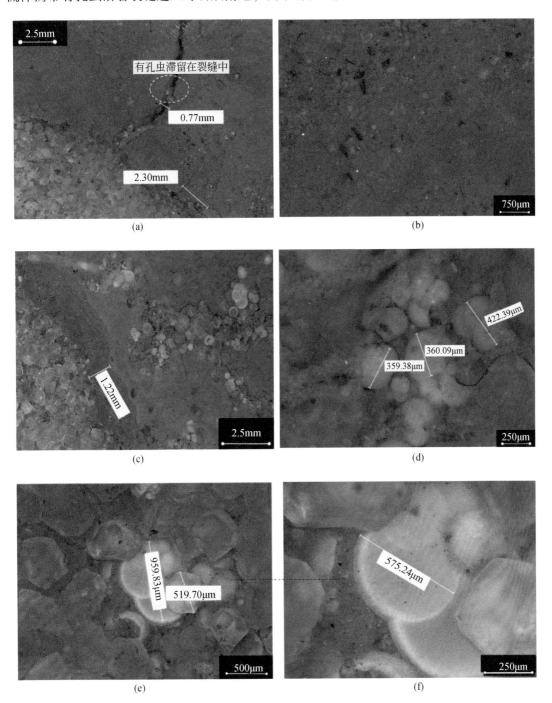

图 3.36　泥质粉砂侵入过程中有孔虫的动态特征

挡，大部分有孔虫壳体被挡在外围，形成有孔虫壳体"浅滩"［图 3.36（c）、（d）］，只有很少部分有孔虫侵入砾石层［图 3.36（e）、（f）］。外围有孔虫壳体充当砾石作用捕获和拦截泥质粉砂，起到了挡砂作用。

五、泥质粉砂侵入砾石层的动态特征

通过显微镜观察，将泥质粉砂入侵砾石层形态归结为如下两种形式。

（一）连续侵入

外围泥质受到剪切破坏产生裂缝，泥砂剥落随着高速流体流向中心砾石充填区域。在泥质粉砂和砾石充填层交界处，裂缝末端形成高速入侵流体，高速流体可能直接冲破砾石层，出现指进现象，或者高速流体冲出蚯蚓洞携泥砂侵入砾石层（图 3.37）。当入侵流体速度较低时，入侵前缘连续推进，入侵形态为连续的泥质分布，能够看到明显的入侵前缘，这种形态我们称之为连续侵入。大部分泥质粉砂被挡在了砾石层外围，部分泥砂受到砾石层颗粒的剪切，破裂为非连续的泥片形式继续向中心渗流。

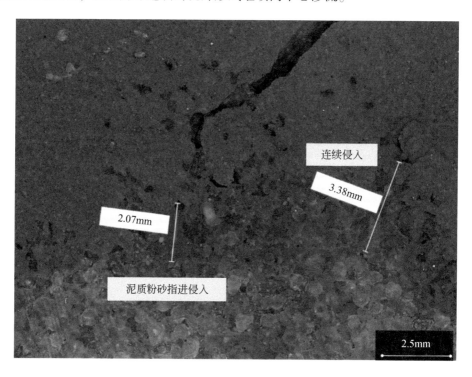

图 3.37　泥质粉砂连续侵入砾石填充层形态

（二）断裂侵入

如图 3.38（a）所示，地层裂缝发育甚至坍塌阶段，泥质粉砂集中侵入，此时出砂量较高。在微观视角下［图 3.38（b）］，被砾石层剪切破裂的泥片沿着砾石孔喉运移，一部分吸附于砾石表面，一部分经过砾石颗粒接触面时被捕获，还有一部分沿着大孔道渗流进入井底。运移过程中，部分泥片沉降互相吸附形成絮状泥片存在于孔喉中，进而絮凝长大。粉砂相较于泥片表面积小，阻力较小，一部分随着流体产出，另一部分被絮状泥片拦截。

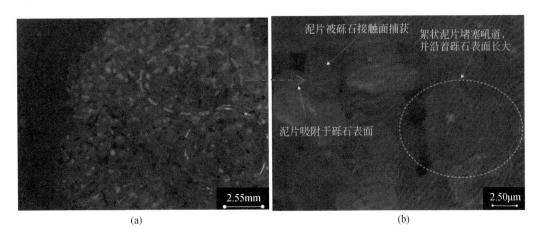

图 3.38　泥质粉砂断裂侵入砾石填充层形态

六、探讨：泥质粉砂储层出砂机理

从地层骨架结构破坏的角度，可以将泥质粉砂沉积层出砂的原因归结为剪切破坏和拉伸破坏。其中，近井地带地层应力不均导致地层剪切破坏出现裂缝甚至垮塌；流体渗流对泥质粉砂拉伸造成泥质粉砂剥落，参与流体渗流，形成蚯蚓洞或者高速渗流通道（Jin et al.，2021）。结合实验现象对上述出砂形态做进一步说明和梳理。

（一）裂缝发育或垮塌式出砂

实验中保持一个注入口注入流体，流体径向渗流，由于泥质粉砂沉积物渗透率极低，地层径向压差逐渐增大［图 3.39（a）］，当应力–应变达到一定条件时，地层将产生剪切破坏，裂缝与应力产生一定的夹角（裂缝夹角 10.07°~59.28°，裂缝宽度 470~4260μm）。裂缝开裂过程中，裂缝走向不断发生变化，造成局部坍塌，泥砂剥离，同时流体大量流入造成的冲击力进一步使泥砂剥落，随着裂缝延伸至砾石层，泥砂混合液沿裂缝侵入砾石层。

（二）蚯蚓洞和高速渗流通道出砂

在砾石层与泥质粉砂胶结面位置，渗透率突变。当裂隙前缘到达砾石层与泥质粉砂胶结面时，渗流阻力减小，界面处泥质粉砂被携带进入砾石层，形成局部掏空。随着时间推移，掏空位置的黏土吸水膨胀，胶结程度进一步降低，掏空区域胶结程度低的部位，泥砂被流体拉伸剥离，蚯蚓洞逐渐发育，呈现不规则形态（图 3.40）。

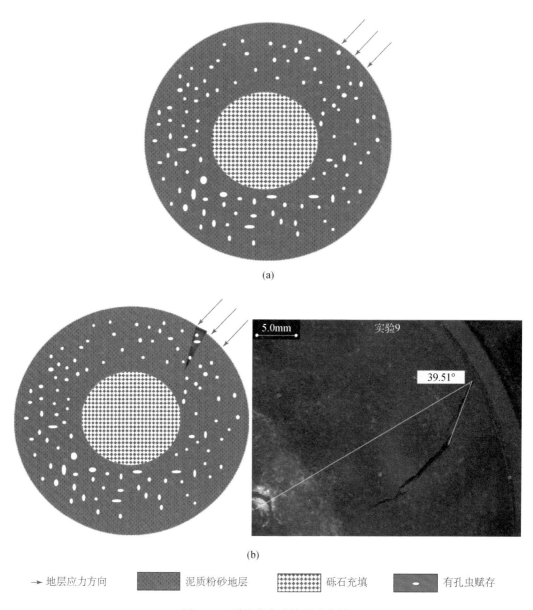

图 3.39　裂缝发育或垮塌式出砂

流体径向渗流过程中，随着径向截面积的减小，砾石层附近泥质压实程度增大，流体渗流阻力增大，此时流体沿着弱胶结区域迂回前进，渗流路径增长，流速减缓，拉伸破坏减弱，呈现"S"形渗流通道，与蚯蚓洞相比较，高速渗流通道较宽，深度较浅，如图3.41所示。

(三) 有孔虫壳体运移出砂

裂缝发育完成后，裂缝中的有孔虫壳体被携带进入近井地层的蚯蚓洞中，泥质粉砂经过有孔虫筛滤进入地层，部分被有孔虫捕获。随着出砂量增多，渗流阻力增大，后续有孔

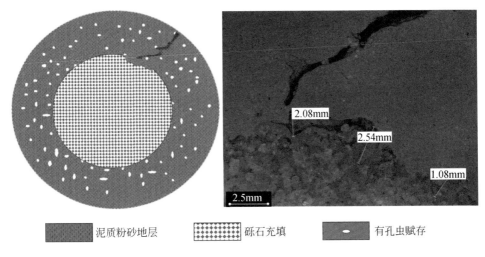

图 3.40 裂缝末端局部掏空诱发蚯蚓洞的形成

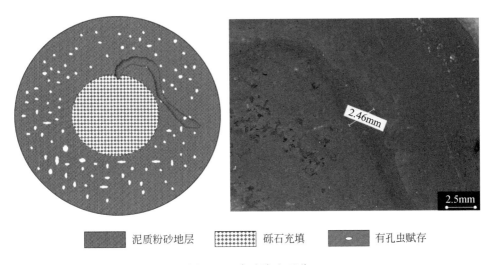

图 3.41 高速渗流通道

虫壳体不断向近井部位迁移，有孔虫壳体被流体携带迁移过程中对蚯蚓洞壁面剐蹭，造成进一步出砂，蚯蚓洞扩展延伸，如图 3.42 所示。

利用超景深显微镜测量得到上述三种产砂通道的几何形态，裂缝、蚯蚓洞和高速渗流通道的深度分别为 1.26mm、0.66mm、0.23mm（图 3.43）。可以看出受剪切应力形成的裂缝对地层的破坏程度较高，其次为受拉伸应力形成的蚯蚓洞和高速渗流通道。

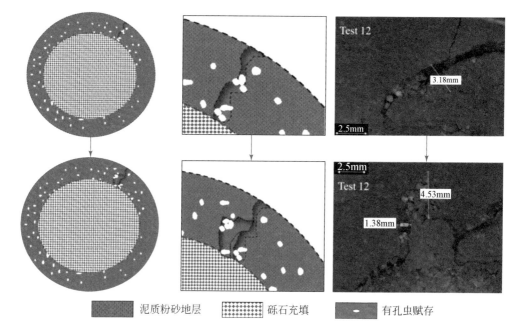

泥质粉砂地层　　　砾石充填　　　有孔虫赋存

图 3.42　有孔虫壳体对蚯蚓洞的运移

━━━ 测量位置　　━━▶ 渗流方向

图 3.43　裂缝、蚯蚓洞、高速渗流通道深度

第四节 水力割缝工况下泥质粉砂地层的出砂特征

一、实验方法

本实验采用的实验设备、材料同第三节。具体的实验步骤为：

（1）称取一定质量的沉积物试样，确保每次样品质量相等（质量误差控制在5%以内），在径向驱替反应釜外圈完成泥质粉砂试样的充填与夯实。

（2）手动造缝，造缝结束后利用显微镜测量缝长缝宽，随后裂缝内填入染色石英砂充当支撑剂。

（3）反应釜内圈填入染色石英砂作为砾石层，充填直径为2.30cm，模拟井眼出口底部铺有防砂网，网孔大小为250μm。

（4）安装上覆法兰盖，充填物压实后，打开注入口，出口端设为大气压；按照储层厚度为100m，产水速率为50～150m^3/d，根据流速等效原则折算为实验条件下的注入流量为3.5～10.5mL/min，本实验中注入流速设计为3.0mL/min。驱替过程中记录入口端压力，实时观察拍摄泥质粉砂的剥落、运移和入侵。

共设计进行了15组泥质粉砂地层径向流条件下的出砂实验，包括无预置缝，不同缝长、缝角，无支撑剂充填等多种工况的对比实验。为了便于将实验结果拓展到实际天然气水合物藏尺寸，将裂缝长度及宽度无因次化。无因次化裂缝长度定义为裂缝长度与砾石充填半径的比值；无因次化裂缝宽度定义为裂缝宽度与砾石充填半径比值。本节涉及的实验条件设置及对应的部分实验结果汇总如表3.4所示。实验结果将在下文中做详细讨论。

表 3.4 实验参数设计及对应的实验结果

实验编号	裂缝/角度	裂缝长/mm	裂缝宽度/mm	无因次化缝长	无因次化缝宽	出砂量/mL	突破压力/MPa	出砂形态
1	无缝	—	—	—	—	1.4	6.14	蚯蚓洞
2	单缝	10.65	2.41	0.93	0.21	0.5	8.46	蚯蚓洞
3	单缝	12.90	2.88	1.12	0.25	0.9	5.40	蚯蚓洞
4	单缝	14.65	2.29	1.27	0.20	0.7	4.02	蚯蚓洞+孔隙液化
5	单缝	17.15	1.61	1.49	0.14	0.8	0.58	蚯蚓洞
6	单缝	19.83	1.91	1.72	0.17	0.5	0.32	蚯蚓洞
7	单缝	21.13	2.72	1.84	0.24	0.1	0.16	蚯蚓洞
8	单缝	24.54	2.30	2.13	0.20	0.2	0.04	蚯蚓洞
9	无支撑剂	10.70	1.93	0.93	0.17	0.2	16.34	孔隙液化
10	双缝84°	8.74 9.54	2.73 3.03	0.76 0.83	0.24 0.26	1.6	4.85	蚯蚓洞+孔隙液化

续表

实验编号	裂缝/角度	裂缝长/mm	裂缝宽度/mm	无因次化缝长	无因次化缝宽	出砂量/mL	突破压力/MPa	出砂形态
11*	双缝88°	9.74 9.20	2.21 2.06	0.85 0.80	0.19 0.18	0.8	5.97	蚯蚓洞+孔隙液化
12	双缝126°	9.84 9.25	2.64 2.24	0.86 0.80	0.23 0.19	3.2	7.19	蚯蚓洞
13*	双缝125°	8.83 9.31	2.95 2.82	0.77 0.81	0.26 0.25	1.2	9.46	蚯蚓洞+孔隙液化
14	双缝171°	10.75 11.50	2.71 3.64	0.93 1.00	0.24 0.32	0.1	1.92	裂缝
15*	双缝175°	10.94 10.49	2.11 1.79	0.95 0.91	0.18 0.16	0.9	0.64	裂缝

﹡代表至少开展了两轮重复实验，表中的统计结果为重复实验的平均值。

二、无预置缝工况下出砂形态

无预置缝工况下（实验1），流体注入过程中沉积物内外侧压差随时间变化如图3.44

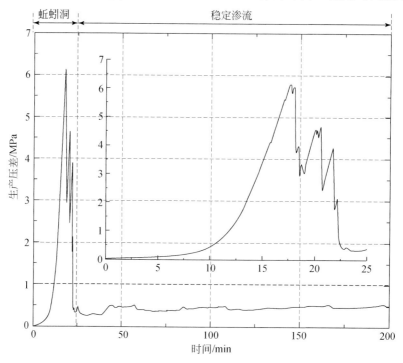

图3.44 无预置缝工况下（实验1）生产压差随时间变化图

所示，实验过程中试样上部没有观察到地层裂缝破坏出砂，实验结束时试样底部观察到明显的蚯蚓洞，如图 3.45 所示。恒定注入流速条件下模型入口压力大幅升高，达到最大压力 6.14MPa，随后呈锯齿状波动，波动幅度逐渐降低，23min 时压力降低到 0.40MPa，随后进入稳定渗流阶段。

流体经注入口通过分流工具达到泥质粉砂试样与分流工具接触面，随着注入量增大，由于泥质粉砂试样渗透率极低，注入水不能被及时驱替至井底，试样边界与环形分流工具分离，流体在分流工具外侧聚集形成高压水环，围压升高，内部泥样不断被高压水环挤压形成致密泥饼，渗透率进一步降低，生产压差急剧增大。当生产压差达到峰值时，泥饼边界弱胶结区被高压水突破，形成蚯蚓洞。根据锯齿形压力变化以及试验结束时拍摄到的 S 形蚯蚓洞，我们推测，流体径向渗流过程中，随着径向截面积的减小，近井附近泥质压实程度增强，流体渗流阻力增大，此时流体沿着弱胶结区域迂回前进，渗流路径增长，流速减缓，呈现 S 形蚯蚓洞发育。蚯蚓洞起始段宽度为 5.77mm，末端宽度为 1.39mm，呈现前宽后窄的几何形态，超景深显微镜测量得到的平均深度为 0.48mm，如图 3.45 所示。

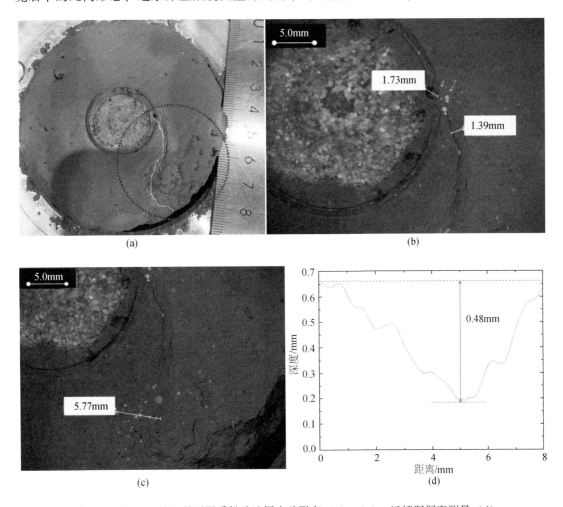

图 3.45 无预置缝工况下泥质粉砂地层出砂形态（a）～（c）；蚯蚓洞深度测量（d）

　　值得注意的是，近砾石层附近有孔虫富集，如图 3.45（b）所示，分析是因为蚯蚓洞发育完成后，地层渗透率增大，流体大幅突破，有孔虫周围泥质粉砂液化进入砾石层，留下有孔虫；同时蚯蚓洞外缘可以观察到明显的有孔虫富集，如图 3.45（c）所示，归结于外缘流体径向迂回渗流过程中，压力降幅大，流体流速高，流体携砂能力增强，小粒径泥质和粉砂被携带走，而大粒径的有孔虫滞留在原地。

三、造缝无支撑剂充填工况下出砂形态

　　人工造缝后不填充染色石英砂（实验 9），进行无支撑剂充填工况下的出砂实验，结果如图 3.46 所示，造缝长度为 10.70mm。注入过程中，生产压差变化依次经历：①压力急剧升高阶段，此阶段试样外围高压水环形成，泥质粉砂地层不断被压实；②注水 3 分钟后预置缝闭合；③23 分钟时压差突降，新的产砂通道形成，地层大幅出砂；④稳定渗流阶段，此时生产压差较大，比第三节实验 2 的稳定渗流压差高出 6.71MPa。

　　实验结束后，填砂模型中试样基本结构如图 3.46（d）~（f）所示。由图可知，有孔虫壳体周围泥质粉砂液化，基质孔隙作为主要渗流通道，部分泥质粉砂被挤入砾石充填层，如图 3.46（e）所示。结合实际天然气水合物开采，由于泥质粉砂压缩性较高，水力压裂后需注入支撑剂来防止裂缝闭合，否则水力缝的增产效果将在短时间内快速衰退。

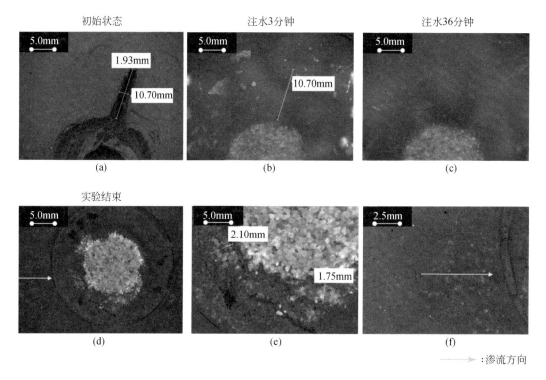

图 3.46　无支撑剂充填工况下出砂形态

四、单缝几何参数对出砂形态的影响

共进行了 7 个不同缝长、缝宽配置下的径向渗流实验（实验 2 ~ 8），实验参数如表 3.4 所示，实验过程中生产压差变化规律如图 3.47（a）所示。由图可知，7 组实验生产压差变化趋势相似：压力逐步上升、随后急剧下降、最终达到稳定渗流。与无预置缝工况一致，生产压差上升阶段为高压水环形成，泥质粉砂试样压实，生产压差不断增大直至沿着弱胶结区块突破，实验中观察到预置缝附近地层中形成蚯蚓洞，随后泥砂沿着预置缝流入井筒。

统计地层突破压力和稳定渗流阶段的地层平均渗透率，如图 3.47（b）所示。由图可知，随着无因次化预置缝长度的增大，突破压力与稳定渗流压力均降低，这是因为无因次化预置缝长度增大，地层径向有效渗流阻力减小。当无因次化缝长增大到 1.5 时，突破压力递减速度变缓。另外，预置缝大大提高了近井地带地层渗透率，以实验室测量估算为基准（0.096 ~ 0.37mD）衡量，增大了 50 ~ 4000 倍。因此，南海泥质粉砂储层降压开采过程中，水力割缝是一种非常有效的储层改造措施，大大降低井底附近压降梯度，提高井壁稳定性。

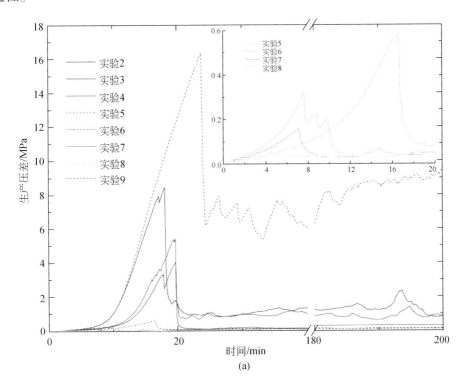

(a)

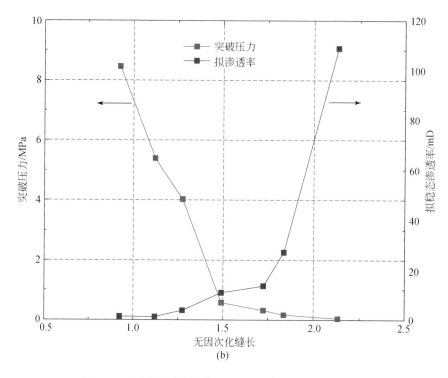

图 3.47　不同预置缝长度下（a）生产压差随时间变化；
（b）突破压力和拟稳态渗透率与无因次化缝长的关系曲线

　　图 3.48 为不同预置缝长度下地层出砂形态。随着径向注入速率增大，突破前的生产压差增大，蚯蚓洞沿着径向渗流阻力较低的方向（即预置缝）发育，泥质粉砂沿着预置缝产出，开采过程中无其他优势产砂通道形成。与常规砂岩油气藏不同，泥质粉砂地层可压缩性强，随着预置缝长度变短，渗流阻力增大，地层外围高压水环变宽，生产压差增大，地层压实程度增强。

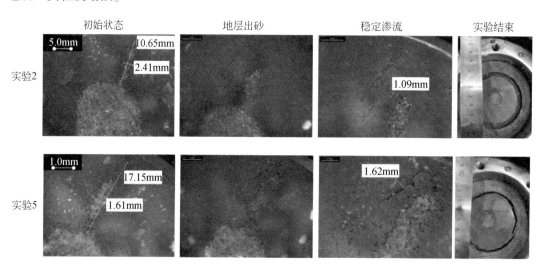

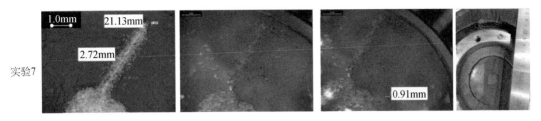

图 3.48　不同预置缝长度下地层出砂形态

五、双缝相位角对出砂形态的影响

实际天然气水合物开采过程中，不同的层位之间割缝方位不同，形成不同的预置缝角度，而这些预置缝周围的渗流场会叠加影响井筒附近的压力分布。针对上述问题，进行了3 个预置缝角度下的出砂模拟重复实验，实验参数设计如表 3.4 所示。突破压力及出砂形态如图 3.49 所示，预置缝角度为 84°～88°时，蚯蚓洞发育与预置缝贯通；预置缝角度为 125°～126°时，蚯蚓洞贯穿储层，与两条预置缝呈 120°左右的夹角，突破压力最高；预置缝角度为 171°～175°时，产生裂缝，地层开采效果最好，突破压力最低，出砂量小。针对上述不同出砂形态，有必要针对不同预置缝角度，进行储层应力分析，判断裂缝及蚯蚓洞发育走向，这一部分将在后续研究中涉及。

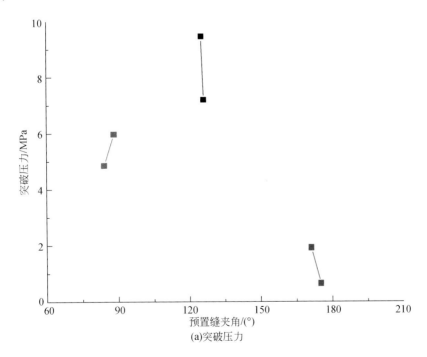

(a)突破压力

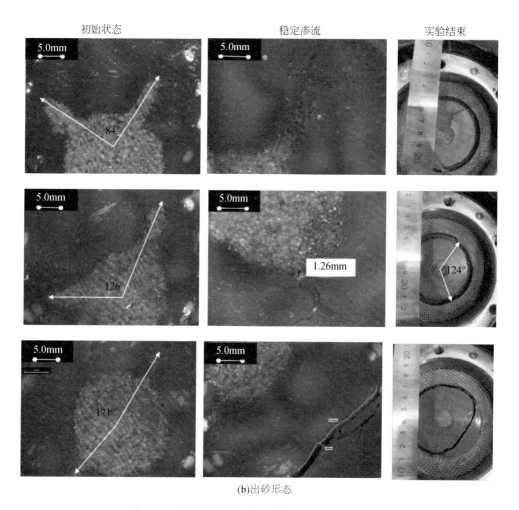

(b)出砂形态

图 3.49　不同预置缝角度下的突破压力和出砂形态

参 考 文 献

李彦龙, 刘乐乐, 刘昌岭, 等. 2016. 天然气水合物开采过程中的出砂与防砂问题. 海洋地质前沿, 32:
　　36-43.

李彦龙, 陈强, 胡高伟, 等. 2019. 神狐海域 W18/19 区块水合物上覆层水平渗透系数分布. 海洋地质与
　　第四纪地质, 39: 157-163.

卢静生, 熊友明, 李栋梁, 等. 2019. 非成岩水合物储层降压开采过程中出砂和沉降实验研究. 海洋地质
　　与第四纪地质, 39: 183-195.

Ding J, Cheng Y, Yan C, et al. 2019. Experimental study of sand control in a natural gas hydrate reservoir in the
　　South China sea. International Journal of Hydrogen Energy, 44: 23639-23648.

Fang X, Ning F, Wang L, et al. 2021. Dynamic coupling responses and sand production behavior of gas hydrate-
　　bearing sediments during depressurization: An experimental study. Journal of Petroleum Science and
　　Engineering, 201: 108506.

Jin Y, Li Y L, Wu N, et al. 2021. Characterization of sand production for clayey-silt sediments conditioned to openhole gravel-packing: Experimental observations. SPE Journal SPE-206708-PA.

Kuang Y, Yang L, Li Q, et al. 2019. Physical characteristic analysis of unconsolidated sediments containing gas hydrate recovered from the Shenhu Area of the South China sea. Journal of Petroleum Science and Engineering, 181: 106173.

Lu J, Xiong Y, Li D, et al. 2019. Experimental study on sand production and seabottom subsidence of non-diagenetic hydrate reservoirs in depressurization production. Marine Geology & Quaternary Geology, 39: 183-195.

第四章　水合物储层出砂预测模型与数值分析方法

海域水合物开采诱发的储层出砂现象归根结底是水合物–热–流–固多场耦合作用的结果。本章将在第三章实验模拟结果基础上，基于水合物泥砂颗粒剥落、产出基本过程，尝试建立水合物颗粒剥落运移的临界流速理论模型，重点介绍两种水合物开采出砂数值模拟建模方法：连续–离散介质耦合出砂数值模拟方法和跨尺度出砂数值模拟方法。

第一节　水合物储层出砂预测的理论基础与基本假设

以井口平台产出物中见到固相泥砂颗粒作为地层出砂的主要标志，可将天然气水合物降压法开采过程中地层出砂过程分解为以下基本单元：

（1）泥砂在地质和生产条件共同作用下从骨架剥离形成游离泥砂。

（2）处于游离状态的泥砂从静止状态启动开始运移。

（3）启动后的泥砂在气液拖曳和有效应力等因素作用下流向井底控砂介质外围。

（4）部分泥砂穿透控砂介质进入井筒内部。

（5）泥砂在气液固混合流动过程中被举升到地面井口或发生井筒沉降（Li et al.，2019）。

可见，泥砂从基质或骨架的剥落是水合物开采储层发生出砂的总源头。

一、降压开采过程中储层泥砂剥落机制

导致水合物降压开采储层泥砂剥落的机理主要可划分为以下 4 个方面。

（1）剪切破坏出砂机理：与常规油气储层类似，水合物储层上覆地层压力由孔隙压力与骨架应力共同承担。水合物降压开采过程中，随着井底压力的降低，水合物地层压力也会随之降低。由于上覆地层压力维持不变，因此地层压力的降低意味着骨架所承受的应力增大。当骨架所承受的应力超过地层抗剪强度时，发生剪切破坏［图 4.1（a）］。对于我国南海北部浅层水合物储层而言，水合物完全分解后，原有的储层"泥质+水合物"双重胶结作用逐步转化为单一的泥质胶结，导致沉积物承受上覆地层应力的能力降低，因此很容易诱发水合物分解区的地层泥砂被整体"挤入"井筒。尽管此时沉积物的受力情况与固结储层的受力方向一致，但仍然被认为是剪切破坏出砂的一种表现形式。

因此，对泥质粉砂型水合物降压开采储层而言，挤压剪切破坏是出砂的主要机制之一。而水合物完全分解后的地层剪切破坏趋势的增强是必然的，为减缓剪切作用导致的大规模出砂，应尽量避免水合物未分解区域内的储层整体发生剪切破坏，即通过控制压降速率和压降幅度，保证理论剪切破坏半径向地层的延伸速率小于水合物分解前缘向地层的延

伸速率，始终保持天然气水合物未分解区的储层不发生剪切破坏。这一点对于天然气水合物开采过程中压降控制至关重要，也是我国南海首次海域天然气水合物试采中采用"小步慢跑"压降控制的根本原因之一（Li et al.，2021a），即通过小幅降压保证起始阶段储层不发生整体剪切破坏出砂，通过逐步提高生产压差的方式保证短期内水合物储层理论剪切破坏半径始终小于水合物分解前缘。

（2）拉伸破坏出砂机理：在水合物降压开采过程中，降低井底压力能够提高天然气水合物分解速率，从一定程度上增加产能。但井底压力的降低，势必导致流体（气相、液相）渗流速度增大，砂粒所承受的拉伸拖曳力增大。尤其是对于泥质粉砂型水合物储层而言，其孔喉尺寸较小、渗透率低，气液两相渗流的毛管效应严重，液相对砂粒的拖曳力成倍增加，当砂粒所承受的拉应力超过储层抗拉强度时，会造成储层的局部性拉伸破坏出砂，如图4.1（b）所示。由于我国南海北部神狐海域试采区水合物储层埋深浅（首次试采站位水合物储层埋深范围203～277mbsf）（Li et al.，2018）、胶结弱、储层本身抗拉强度非常小，因此流体渗流速度的增大很容易导致储层拉伸破坏出砂。

（3）细质运移出砂机理：南海北部神狐海域水合物储层泥质等细组分含量高，细组分的存在对储层骨架有一定的支撑、胶结作用，因此细组分的存在有助于缓解储层的剪切破坏出砂和拉伸破坏出砂。但从另一方面考虑，水合物分解将导致孔隙中含水饱和度的增大，部分泥质（如蒙脱石）吸水膨胀，改变原有孔隙结构，使储层发生应力敏感与速度敏感的叠加效应，这种情况下细组分运移不仅会降低骨架胶结程度，而且会使流体流动的渗透压增大，增加了流体拖曳力，进一步加剧颗粒的剥落趋势，最终加剧了出砂，如图4.1（c）所示。

（4）水合物分解出砂机理：水合物在储层中主要有接触胶结、颗粒包裹、骨架颗粒支撑、孔隙填充、掺杂和结核/裂隙充填等6种微观分布模式，根据水合物微观分布模式的不同，降压开采水合物分解中储层出砂的影响机理可以分为以下两个方面：①当储层中的水合物以接触胶结、颗粒包裹、骨架颗粒支撑、掺杂和结核/裂隙充填形式存在时，水合物分解会导致砂粒失去支撑与联结。对于泥质粉砂储层而言，随着分解气体运移排出，还会出现"气穴或空穴"现象，导致泥砂运移，因此水合物分解将同时加剧储层的拉伸破坏和剪切破坏，加剧储层出砂。②当储层中的水合物以孔隙填充形式存在时，水合物分解会增加孔隙含水量，导致储层黏聚力、强度降低，同样也会加剧储层的拉伸破坏和剪切破坏，同时黏土矿物可能吸水膨胀，堵塞喉道造成速敏效应，进而加剧储层出砂，如图4.1（d）所示。

南海北部神狐海域主要以孔隙分散型天然气水合物为主，储层埋深浅、胶结疏松、渗透率低、泥质含量极高，属于典型的泥质粉砂型水合物储层，在水合物降压开采过程中，水合物分解以及气水产出导致泥质粉砂骨架所承受的上覆压力增大，水合物分解产生的水进一步促进骨架胶结的软化和减少，胶结物由原有的"泥质+水合物"双重胶结变成了泥质单一胶结，增大了剪切破坏出砂风险和拉伸破坏出砂风险。因此，从泥砂剥落机理角度分析，上述4种泥砂剥落机制协同作用，共同控制地层的出砂趋势。

综上所述，对海域泥质粉砂型水合物储层而言，在水合物降压开采过程中储层出砂具有其必然性。水合物降压开采过程中的4种出砂机理相互协同、耦合，对储层出砂结果的

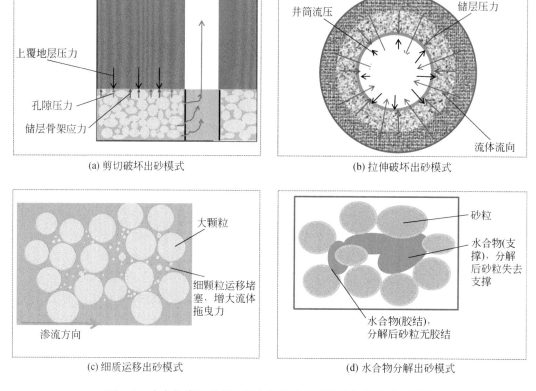

(a) 剪切破坏出砂模式　　　　　　　　(b) 拉伸破坏出砂模式

(c) 细质运移出砂模式　　　　　　　　(d) 水合物分解出砂模式

图4.1　水合物降压开采过程中泥质粉砂型储层出砂机理示意图

最终影响取决于上述基本出砂模式所占的主导地位，其影响机理与常规油气成岩储层相比更为复杂。不能依赖传统意义上的"防砂"解决水合物开采过程中的出砂问题。而更应该强调对出砂过程的精细控制与管理，防止地层发生大面积的拉伸破坏和剪切破坏，保证地层的拉伸破坏半径或剪切破坏半径向地层深部的延伸速度始终小于水合物分解前缘向地层深部的延伸速度，使地层泥质、细颗粒砂质在可控条件下逐步排出，而解决这一问题的关键就是合理的降压工作制度及出砂管理措施。

二、降压开采过程中储层泥砂产出的必要条件

泥砂从原有沉积物骨架上脱落后，储层气液两相渗流作用会导致泥砂胶结状态、排列结构的变化，最终会导致储层泥砂随气液渗流及上部荷载压实作用而发生流动，即导致储层出砂。该阶段泥砂的运移机制和规律将直接导致后续控砂方案的选择和井筒流动保障方案的设计，因此需要深入分析泥质粉砂型水合物储层中泥砂运移的机理与控制因素。总体而言，水合物开采过程中泥砂在储层中的运移过程主要受地质因素、完井因素、开采因素等3个关键因素的控制。从微观角度分析，储层泥砂运移产出通常需满足如下基本条件（Li et al.，2019）：

（1）砂粒在产出通道中必须达到被流体携带的条件。这是天然气水合物储层出砂的瓶

颈条件之一。由于水对泥砂的拖曳作用远大于气体对泥砂的拖曳作用，因此水合物开采过程中泥砂产出的主要动力源是水相的渗流拖曳作用，满足该条件首先必须保证地层有充足的水源补给。神狐海域泥质粉砂型水合物储层中富含大量的蒙脱石等黏土矿物，水合物的分解过程可以被认为是黏土矿物与水合物本身对水的"争夺"过程，水合物分解产生的水被黏土矿物吸收，这种吸水过程对储层出砂是一把"双刃剑"：一方面，黏土矿物水化导致黏土矿物对沉积物骨架的胶结程度降低，使储层泥砂更容易从骨架剥落，倾向于促进出砂；另一方面，黏土矿物（尤其是蒙脱石）的强吸水性能吸收水合物分解产生的水，使分解区储层中流动的气水比急剧增大，液相相对流动能力急剧下降，由于气体对固相颗粒的拖曳作用远小于液体对固相颗粒的拖曳作用，因此黏土矿物的存在可能会减弱储层的出砂趋势。更重要的是，黏土矿物吸水膨胀导致原有的流通通道堵塞，液相的流动阻力增大，或者在上覆载荷作用下孔隙结构发生变化，使原有的流通通道成为死孔隙，水合物分解的水转化为束缚水存于地层中。在极高的黏土矿物条件下（≥35%），黏土矿物的膨胀导致上述流固耦合效应加剧，地层排水能力急剧降低，对泥砂颗粒的拖曳携带作用降低。黏土矿物行为在水合物开采过程中与泥砂产出过程中的耦合作用是下一步亟需突破的关键难题。

（2）砂粒从储层运移到井壁处，必须具有比自身尺寸大的产出物理通道。从孔隙尺度分析（详见第三章的叙述），储层泥砂的运移过程主要有孔隙液化、类蚯蚓洞和连续垮塌等三种基本形态，如图4.2所示。孔隙液化主要是指粉砂沉积物孔隙空间中的填隙物（如细组分）在液体的拖曳作用下像液体一样流动起来，相当于一部分胶结较弱的微细颗粒变成流砂产出，储层孔隙基质部分"液化"。填隙物液化的直观表现是储层孔隙尺度和分形维数的改变。随着井底生产压差的增加、地层渗流作用的增强以及水合物分解导致的孔隙空间增大，沉积物中形成某些高渗透通道，即类蚯蚓洞。在地应力、水合物分解和流体冲刷的共同作用下，类蚯蚓洞逐渐扩展，发生连续垮塌，最终导致储层的破坏性大量出砂。实际上，上述三种泥砂运移形态之间并无完全固定的界限，而是随着储层地质条件和生产条件变化而逐步变化和过渡，分析各运移形态的主控因素及其演化规律是揭开泥砂运移规律的基础。有效的天然气水合物降压控制方案必须保证水合物储层不会发生连续垮塌破坏出砂。

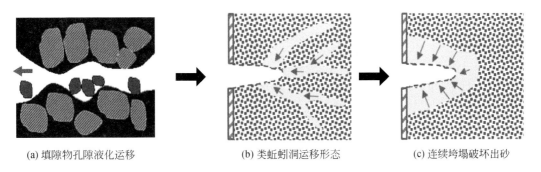

(a) 填隙物孔隙液化运移　　　　　　(b) 类蚯蚓洞运移形态　　　　　　(c) 连续垮塌破坏出砂

图4.2　储层泥砂运移的基本形态示意图

三、天然气水合物储层出砂主控因素分析

1. 储层胶结状态和强度

图 4.3 为储层沉积物砂粒及孔喉结构示意图。根据储层出砂的必要条件分析，储层沉积物的胶结状态和强度主要影响砂粒从骨架上的剥落条件和过程，与沉积物胶结物种类、数量和胶结方式有着密切的关系。对于我国南海北部天然气水合物储层，在水合物降压开采过程中，水合物分解意味着部分胶结物减少或消失，储层沉积物颗粒的剥落变得更容易。

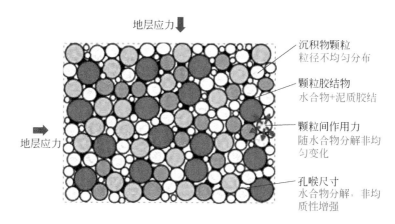

图 4.3　储层沉积物砂粒及孔喉结构示意图（Li et al. , 2019）

2. 砂粒尺寸及形状

砂粒的尺寸及其形状也会影响砂粒剥落和被携带产出的过程。首先，砂粒尺寸越大，越难以被流体携带通过产出通道，砂粒的形状对其被携带和产出过程也有影响；其次，对于非流砂地层，砂粒的尺寸和形状也控制颗粒间的摩擦阻力，影响其从骨架上剥落的条件和过程。

3. 流体物性

储层流体是影响储层出砂的主要因素之一，也是储层出砂的核心条件。没有流体的流动，砂粒的剥落和运移将会变得缓慢。流体的密度越大、黏度越高，其对储层砂粒的冲刷力、拖拽力和携带力越大，越有利于储层砂的产出。另外，沉积物的固结力还包括储层流体与砂粒之间的毛细管作用力，水合物分解产生的气水两相渗流过程中的毛管力对泥砂颗粒的迁移也有重要影响。

4. 流体流速

砂粒的剥落和运移，除了与流体的密度和黏度有关外，还与流体的流速有关。对于给定的气井产量，由于近井地带渗流面积的差异以及微观孔喉结构的变化，孔隙中存在非均匀的流速场。具体到水合物分解产出过程，各处的流体流速不同，会影响砂粒的剥落和运

移过程，进而对出砂产生影响。

5. 地应力

如图 4.3 所示，对于胶结沉积物砂粒，砂粒的剥落除了受砂粒固有尺寸和胶结强度及流体影响外，还与所处的应力状态有关。根据地应力分布规律，近井地带每个位置的主应力均有差异，具体到胶结砂粒本身，由于砂粒性质和孔喉结构差异和水合物的非均质分解特征，导致不同颗粒间的应力差异扩大，即存在非均匀的微应力场。微应力场会影响砂粒的剥落过程，进而成为影响出砂的重要因素。

6. 储层孔喉结构及其变化

储层孔喉结构空间为砂粒的产出提供了产出通道，其孔喉尺寸、形状直接影响储层砂粒的携带流动或堵塞。另外，在出砂过程中，孔隙骨架液化会使孔喉尺寸变化，进一步影响储层砂粒的产出过程。

7. 储层非均质性

储层的非均质性是造成储层出砂机理和过程复杂的主要因素之一。储层非均质性体现在沉积物颗粒尺寸的非均匀性、砂粒间胶结强度的非均质性、地应力（微应力场）的非均匀分布以及孔喉结构的非均质性等几个方面。由于储层的上述非均质性的存在，以及储层出砂（砂粒的剥落运移）扩展总是沿着出砂最容易的弱胶结面延展，造成储层微观出砂形态、出砂方向和出砂程度的无规则扩展，也为准确预测出砂规律带来极大的困难和不确定性。

上述因素属于从微观角度分析影响出砂过程和规律的直接因素，这些因素体现在具体的气井上，则反映在储层类型、地质条件、地应力、产量、生产压差、流体物性、完井方式、措施作业等多个方面（李彦龙等，2016）。

第二节　砂质沉积物中砂粒启动运移临界流速模型

一、模型基本假设

实际上，天然气水合物储层的沉积物砂粒粒径小，分选性和均匀性均较差，在全尺寸粒度分布范围内建立水合物分解区砂粒启动运移模型难度较大。为了便于模型求解，可以将整个储层的固相颗粒视为等直径球形微粒堆积，如图 4.4 所示（刘浩伽等，2017）。天然气水合物在储层中的赋存形态大致可以分为三类，充填于孔隙中（孔隙填充型），作为沉积物的胶结物（颗粒胶结型）和作为沉积物骨架起支撑作用（骨架支撑型）。本章模型针对的是作为孔隙填充型水合物的情况。

图 4.4（a）中蓝色微粒表示天然气水合物，水合物分解之前作为固相颗粒的一部分存在，黑色微粒表示沉积物骨架，红色微粒表示水合物分解后可能造成的游离砂粒或胶结相对较弱的砂粒。当沉积物中的天然气水合物发生分解产出后，水合物所占据的空间将被"腾出"，在沉积物中形成空隙，潜在启动运移的砂粒在沉积物中有三种基本存在形式，分

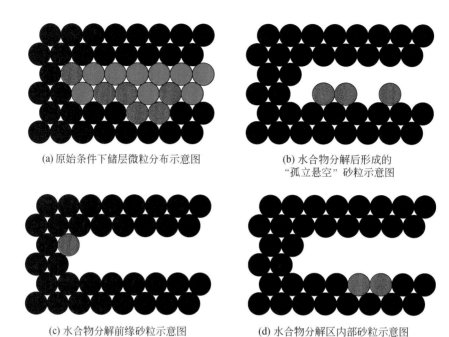

(a) 原始条件下储层微粒分布示意图　　(b) 水合物分解后形成的"孤立悬空"砂粒示意图

(c) 水合物分解前缘砂粒示意图　　(d) 水合物分解区内部砂粒示意图

图 4.4　天然气水合物储层中微粒示意图

别如图 4.4（b）~（d）所示。

其中，图 4.4（b）中所示为水合物分解后形成的"孤立悬空"砂粒，它与沉积物骨架微粒间没有相互的挤压，很容易随着水合物分解产生的液流启动运移离开壁面，但是在实际地层应力条件下这种情况几乎是不可能存在的，因此不作为水合物分解区砂粒启动运移临界流速模型的重点进行讨论。

图 4.4（c）中的胶结较弱砂粒处于水合物分解区与未分解区的交界处（分解区前缘），流体流经此交界处时会对处于该位置的砂粒产生渗透压，当渗透压超过砂粒受到的内聚力以及微粒间相互挤压产生的静摩擦力时，砂粒就会在液流的"推动"作用下启动运移。图 4.4（d）中，水合物分解区的微粒之间发生相互挤压，使砂粒嵌入松散沉积物中，是常见的松散沉积物堆积类型。图 4.4（c）、（d）中红色微粒分别代表水合物分解区前缘和水合物分解区内部的典型潜在启动运移砂粒，是本模型的重点考虑对象。

基于上述基本物理模型，为了简化计算，做如下基本假设：

（1）水合物分解区的沉积物为粒径相同的松散砂粒堆积而成，堆积砂粒受到地层应力的作用，以角度 θ 堆积。

（2）由于气体的黏度较小，对砂粒的拖曳作用较小，因此假设砂粒主要受单相水流的拖曳作用。

（3）砂粒为标准的球形颗粒，不考虑砂粒圆度、棱角等参数的影响。

（4）砂粒之间及砂粒与流体之间不发生物理化学反应。

根据上述基本物理模型，在静止状态下，可以认为图 4.4（c）、（d）中红色标注砂粒在多种力的相互制约下处于力矩平衡状态。如果在流体渗流作用下打破上述力矩平衡条件，则砂粒发生滚动从渗流通道壁面流出，造成井筒出砂。下面将分别探讨水合物分解前缘和分解区内部砂粒的力矩平衡条件。

二、数学建模

（一）松散沉积物中砂粒力矩平衡关系

如前所述，水合物分解区内砂粒启动运移的基本条件是所处的力矩平衡条件被打破。水合物开采过程中，分解区前缘［图4.4（c）］与分解区内部［图4.4（d）］潜在启动运移砂粒的基本受力情况分别如图4.5（a）、（b）所示。

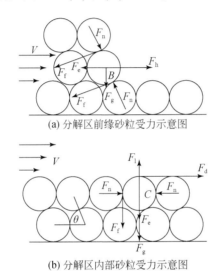

(a) 分解区前缘砂粒受力示意图

(b) 分解区内部砂粒受力示意图

图4.5　水合物分解区松散沉积物中砂粒受力示意图（刘浩伽等，2017）

F_g为砂粒的浮重，N；F_n为微粒之间的相互挤压力，是上覆地层压力沿砂粒接触面法线方向的分量，N；F_h为液相渗流产生的推动力，N；F_d为液相渗流的牵引力，N；F_e为内聚力，N；F_f为微粒之间的摩擦力，N；F_l为流体的举升力，N

图4.5（a）中，水合物分解前缘砂粒受到液流推动力、内聚力、浮重、微粒之间相互挤压力以及微粒之间的摩擦力等5个力的作用。根据力矩平衡条件，使砂粒在力的作用下绕支点 B 转动的临界条件即为此处的砂粒启动运移的临界条件，此时挤压力 F_n 指向支点 B，力臂为0，所以对应的力矩平衡关系式为

$$(F_h - F_e) r_s \sin\theta \geqslant F_g r_s \cos\theta + 2 r_s F_f \tag{4.1}$$

式中，r_s 为砂粒的半径，m。

图4.5（b）中，水合物分解区内部砂粒受到液流推动力、内聚力，浮重、微粒之间相互挤压力、流体的举升力以及微粒之间的摩擦力等6个力的作用，砂粒发生运移的临界条件是不同力矩作用下使砂粒能够绕支点 C 转动，同样地，微粒之间的挤压力 F_n 指向支点 C，力臂为0，所以对应的力矩平衡关系式为

$$F_d r_s + F_l r_s \geqslant (F_g + F_e) r_s + 2 F_f r_s \tag{4.2}$$

（二）力的计算方法

液相渗流牵引力：若将水合物分解区内由水合物分解产生的空隙中的流动视为 Hele-Shaw 流，则空隙壁面砂粒受到的牵引力可表示为

$$F_d = \frac{\omega \pi \mu r_s^2 \overline{u_{cf}}}{R} \tag{4.3}$$

式中，ω 为牵引力常数，取值范围 $10 \sim 60$；μ 为流体黏度，$Pa \cdot s$；$\overline{u_{cf}}$ 为平均真实渗流速度，m/s；R 为水合物分解区沉积物堆积形成的孔喉半径，m。

液流举升力：由于在垂直于流速方向上液流的流速是不相等的，所以液流会对微粒产生向上的举升力作用，这个举升力并不是浮力，而是由液流的拖曳作用产生。其表达式为

$$F_1 = \chi r_s^3 \sqrt{\frac{\rho \mu \overline{u_{cf}^3}}{R^3}} \tag{4.4}$$

式中，χ 为举升系数，根据 Altman 和 Ripperger（1997）的研究成果，松散沉积物中渗流条件下取 $\chi = 1190$；ρ 为流体中砂粒密度，kg/m^3。

砂粒浮重：由于砂粒处于液体环境中，所以受到液体浮力。浮重的表达式为

$$F_g = \frac{4}{3} \pi r_s^3 (\rho - \rho_{液}) g \tag{4.5}$$

式中，$\rho_{液}$ 为液相流体的密度，kg/m^3。

内聚力：砂粒受到的内聚力在微观尺度上主要表现为静电力，包含微粒之间以及砂粒和空隙壁面之间的范德华力，微粒之间的双电层斥力以及色散力等，本节将主要考虑范德华力和双电层斥力的影响。根据 DLVO 理论（Gregory，1981），总电势能 V 等于范德华势能（分子间作用能）V_{LVA}、双电层势能 V_{DKR} 和玻恩势能 V_{BR} 的总和，而静电力表达式为电势能与距离偏导数（Bedrikovetsky et al.，2010），则有：

$$F_\varepsilon = -\frac{\partial V}{\partial s} = -\frac{\partial (V_{LVA} + V_{DKR} + V_{BR})}{\partial s} \tag{4.6}$$

其中，

$$V_{LVA} = -\frac{A_{132}}{6} \left[\frac{2(1 + Z)}{Z(2 + Z)} + \ln\left(\frac{Z}{2 + Z}\right) \right]$$

$$V_{DLR} = \frac{\varepsilon_0 D r_s}{4} \left[2\Psi_{01}\Psi_{02}\ln\left(\frac{1 + \exp(-\kappa s)}{1 - \exp(-\kappa s)}\right) - (\Psi_{01}^2 + \Psi_{02}^2)\ln(1 - \exp(-2\kappa s)) \right]$$

$$V_{BR} = \frac{A_{132}}{7560} \left(\frac{\sigma_{LJ}}{r_s}\right)^6 \left[\frac{8 + Z}{(2 + Z)^7} + \frac{6 - Z}{Z^7} \right]$$

$$Z = \frac{s}{r_s}$$

式中，A_{132} 为 Hamaker 常数；s 为砂粒之间的距离，m；ε_0 为真空介电常数，取值 $\varepsilon_0 = 8.854 \times 10^{-12} C^{-2} / (J \cdot m)$；$D$ 为介电常数，取值水的介电常数 $D = 78.0$；σ_{LJ} 是在 Lennard-Jones 势原子碰撞的直径，$\sigma_{LJ} = 0.5nm$；κ 由溶液浓度和氯化钠的电解质价计算求得；Ψ_{01} 为微粒表面电势，取值 $\Psi_{01} = -30mV$；Ψ_{02} 为砂粒表面电势，取值 $\Psi_{02} = -40mV$。

由于静电力为正表示微粒之间的作用力为斥力，静电力为负表示微粒之间的作用力为

引力，引力的值随着微粒之间距离的增加先增加后减小。要使液流拖曳砂粒发生剥离，则需要克服微粒之间引力的最大值，所以将求出的引力的最大值作为内聚力 F_e 进行计算：

$$F_e = -\max(F_s) \tag{4.7}$$

液流推动力：水合物分解区前缘的砂粒受到的液流推动力来源于渗流液体对微粒的渗透压推动作用，与 Hele-Shaw 流产生的液流牵引力 F_d 不同。液流推动力应用达西定理求解：

$$k = \frac{1000Q\mu\Delta x}{A\Delta p} \tag{4.8}$$

式中，A 为以图 4.4（c）中红色表示的砂粒为中心作的单元体的截面积，m^2；Δx 为以图 4.4（c）中红色表示的砂粒为中心作的单元体的长度，m；k 为储层渗透率，m^2；Δp 为以图 4.4（c）中红色表示的砂粒为中心作的单元体在流动方向的渗透压差，Pa。

由此单元体受到的来自液流的推动力 F 表示为

$$F = A\Delta p = \frac{1000Q\mu\Delta x}{k} \tag{4.9}$$

在这个单元体中共有 N 个微粒：

$$N = \frac{A(1-\phi)\Delta x}{4/3\pi r_s^3} \tag{4.10}$$

根据 Kozeny 方程，渗透率可以表示为

$$k = \frac{\phi^3}{KS_b^2(1-\phi)^2} \tag{4.11}$$

式中，ϕ 为水合物分解区孔隙度；K 为 Kozeny 常数，取 $K = 5$；S_b 为松散沉积物比表面，m^2/m^3。

等直径球形微粒模型中松散沉积物比表面计算公式为

$$S_b = \frac{6}{D} = \frac{3}{r_s} \tag{4.12}$$

将式（4.12）代入式（4.11）得到渗透率的表达式为

$$k = \frac{\phi^3}{5\left(\dfrac{3}{r_s}\right)^2(1-\phi)^2} = \frac{\phi^3 r_s^2}{45(1-\phi)^2} \tag{4.13}$$

将式（4.13）代入式（4.9）并结合式（4.10）得到水合物分解前缘处单个砂粒所受到的液流推动力 F_h 为

$$F_h = \frac{F}{N} = 60000\pi\mu\frac{1-\phi}{\phi^2}r_s u \tag{4.14}$$

式中，u 为水合物分解前缘处的渗流速度，m/s，其中 $u = \overline{u_{cf}}/\phi$。

微粒间摩擦力：微粒之间会产生相互挤压，这种挤压作用表现在砂粒运动过程中即为微粒之间的摩擦力，摩擦力的方向如图 4.5 所示沿砂粒间接触面的切线与运动趋势方向相反。储层上覆压力包括海水产生的压力和砂粒上覆地层产生的压力，而上覆地层包括沉积物骨架和孔隙中的海水。产生的上覆压强作用在砂粒之上，可以等效为作用于砂粒接触点连线的方向的力 F_n，作用面积为垂直于 F_n 方向的过球心的截面圆，F_n 大小等于：

$$\begin{cases} F_{\mathrm{n}} = \left[\rho_{液} gH + \phi \rho_{液} gh + (1-\phi)\rho gh \right] \cdot \pi r_{\mathrm{s}}^2 \\ F_{\mathrm{f}} = m \cdot F_{\mathrm{n}} = \left[\rho_{液} gH + \phi \rho_{液} gh + (1-\phi)\rho gh \right] \cdot m\pi r_{\mathrm{s}}^2 \end{cases} \tag{4.15}$$

式中，m 为摩擦系数；h 为储层埋藏深度，m；H 为海底之上的水深，m。

（三）启动运移临界流速计算模型

（1）水合物分解前缘处砂粒启动运移临界流速计算模型：根据式（4.1）所示的力矩平衡条件，当水合物分解前缘处地层砂粒达到其运移启动临界流速时，其受力情况满足：

$$(F_{\mathrm{h}} - F_{\mathrm{e}}) r_{\mathrm{s}} \sin\theta = F_{\mathrm{g}} r_{\mathrm{s}} \cos\theta + 2 r_{\mathrm{s}} F_{\mathrm{f}} \tag{4.16}$$

将式（4.5）、式（4.7）、式（4.14）和式（4.15）分别代入式（4.16）可以得到：

$$\left(60000\pi\mu \frac{1-\phi}{\phi^2} r_{\mathrm{s}} u_{\mathrm{cf}} - F_{\mathrm{e}} \right) \sin\theta = \frac{4}{3}\pi\Delta\rho g r_{\mathrm{s}}^3 \cos\theta + 2F_{\mathrm{f}} \tag{4.17}$$

将式（4.17）进行整理就可以得到水合物分解前缘处砂粒运移启动临界流速 u_{cf} 为

$$u_{\mathrm{cf}} = \frac{F_{\mathrm{e}} + \dfrac{4}{3}\pi\Delta\rho g r_{\mathrm{s}}^3 \cot\theta + \dfrac{2m\pi r_{\mathrm{s}}^2 \left[\rho_{液} gH + \phi\rho_{液} gh + (1-\phi)\rho gh \right]}{\sin\theta}}{60000\pi\mu \dfrac{1-\phi}{\phi^2} r_{\mathrm{s}}} \tag{4.18}$$

（2）分解区内部砂粒启动运移临界流速计算模型：根据式（4.2）所示的力矩平衡条件，当水合物分解区内部的砂粒达到其启动运移临界流速时，其受力情况满足：

$$F_{\mathrm{d}} r_{\mathrm{s}} + F_{\mathrm{l}} r_{\mathrm{s}} = (F_{\mathrm{g}} + F_{\mathrm{e}}) r_{\mathrm{s}} + 2 F_{\mathrm{f}} r_{\mathrm{s}} \tag{4.19}$$

将式（4.3）~式（4.5）、式（4.7）和式（4.15）代入式（4.19）可以得到：

$$\chi r_{\mathrm{s}}^3 \sqrt{\frac{\rho\mu \overline{u_{\mathrm{cf}}}^3}{R^3}} + \frac{\omega\pi\mu r_{\mathrm{s}}^2 \overline{u_{\mathrm{cf}}}}{R} = \frac{4}{3}\pi\Delta\rho g r_{\mathrm{s}}^3 + F_{\mathrm{e}} + 2\pi m\rho g H r_{\mathrm{s}}^2 \tag{4.20}$$

近似的有：

$$R \approx \sqrt{k/\phi} \tag{4.21}$$

$$\overline{u_{\mathrm{cf}}} = u_{\mathrm{ci}}/\phi \tag{4.22}$$

式中，u_{ci} 为水合物分解内部砂粒启动运移临界流速。根据等直径球形微粒模型，孔隙度的计算为

$$\phi = 1 - \frac{\pi}{6(1-\cos\theta)\sqrt{1+2\cos\theta}} \tag{4.23}$$

将式（4.21）和式（4.22）代入式（4.20）：

$$\chi r_{\mathrm{s}}^3 \sqrt{\frac{\rho\mu u_{\mathrm{ci}}^3}{\phi^3 \sqrt{k^3/\phi^3}}} + \frac{\omega\pi\mu r_{\mathrm{s}}^2 u_{\mathrm{ci}}}{\phi \sqrt{k/\phi}} = \frac{4}{3}\pi\Delta\rho g r_{\mathrm{s}}^3 + F_{\mathrm{e}} + 2\pi m\rho g H r_{\mathrm{s}}^2 \tag{4.24}$$

令 $a = \sqrt{\dfrac{\mu}{k\phi^2 \sqrt{k/\phi}}}$

$$\chi a\sqrt{\rho} \left(\sqrt{u_{\mathrm{ci}}} \right)^3 + \frac{\omega\pi\phi k a^2}{r_{\mathrm{s}}} \left(\sqrt{u_{\mathrm{ci}}} \right)^2 = \frac{4}{3}\pi\Delta\rho g + \frac{F_{\mathrm{e}}}{r_{\mathrm{s}}^3} + \frac{2\pi\mu\rho g H}{r_{\mathrm{s}}} \tag{4.25}$$

进而得到水合物分解内部砂粒启动运移临界流速 u_{ci}：

$$\sqrt{u_{ci}} = \left\{ \left[\left(-\frac{B^3}{27A^3} + \frac{C}{2A} \right)^2 - \frac{B^6}{729A^6} \right]^{0.5} + \frac{C}{2A} - \frac{B^3}{27A^3} \right\}^{\frac{1}{3}} - \frac{B}{3A}$$

$$+ \frac{B^2}{9A^2 \left[\left(\frac{C}{2A} - \frac{B^3}{27A^3} \right)^2 - \frac{B^6}{729A^6} \right]^{0.5} + \frac{C}{2A} - \frac{B^3}{27A^3}} \qquad (4.26)$$

其中：

$$A = \chi \sqrt{\rho} \sqrt{\frac{\mu}{k\phi^2 \sqrt{k/\phi}}}$$

$$B = \frac{\omega \pi \mu}{\phi \sqrt{k/\phi}}$$

$$C = \frac{4}{3} \pi \Delta \rho g + \frac{F_e}{r_s^3} + \frac{2\pi\mu\rho g H}{r_s}$$

三、敏感性分析

1. 砂粒粒径对临界流速的影响

选取水的黏度 $\mu = 1.01\text{mPa·s}$，地层砂粒密度 $\rho = 2654\text{kg/m}^3$，沉积物堆积角度 $\theta = 75°$，摩擦系数 $m = 0.3$，埋深 $h = 175\text{m}$，水深 $H = 500\text{m}$，分别根据式（4.18）和式（4.26）求出不同砂粒半径条件下水合物分解前缘、分解区内部砂粒的启动运移临界流速，如图 4.6 所示。

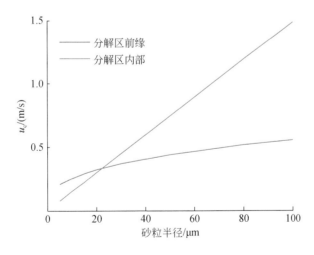

图 4.6　粒径与水合物分解区砂粒启动运移临界流速关系曲线

由图 4.6 可知，水合物分解前缘处砂粒和分解区内部砂粒在液流作用下启动运移临界流速都随着粒径的增加而增加。当砂粒粒径较小时，分解区内部的砂粒的启动运移临界流速小于分解区前缘的砂粒，在水合物分解水气产出过程中，水合物已分解区的砂粒更容易启动运移。当砂粒粒径较大时，分解区内部的砂粒启动运移临界流速大于分解区前缘的砂粒，在水合物分解水气产出过程中，水合物分解前缘的砂粒更容易启动运移。

　　水合物分解区砂粒启动运移是一个动态的过程，当流速超过松散沉积物中由于水合物分解产生的空隙周围的砂粒的启动运移临界流速时，这些砂粒就会启动运移。由于砂粒发生启动运移，水合物分解产生的空隙增大，其周围的砂粒的启动运移临界流速也相应增大，直到启动运移临界流速小于空隙中的液流流速时，空隙周围砂粒的启动运移停止。

　　基于上述分析，取相同条件下分解区前缘和分解区内部启动运移临界流速较小的值作为整个松散沉积物的砂粒启动运移临界流速，即

$$u_c = \min(u_{ci}, u_{cf}) \tag{4.27}$$

2. 微粒排布规律对临界流速的影响

　　分别选取地层砂微粒半径 $r_s = 5\mu m$、$10\mu m$、$15\mu m$、$20\mu m$、$30\mu m$、$50\mu m$，其他条件同上，根据式（4.27）分别计算 u_c 随微粒排布方式的变化规律。不同沉积物堆积角度和砂粒启动运移临界流速模拟结果如图 4.7 所示。

　　由图 4.7 可知，松散沉积物的砂粒启动运移临界流速随着堆积角度的增加而增加，当堆积角度增加到一定数值时渐渐趋于平稳。这是由于随着堆积角度的增加孔隙度增加，空隙内流体的真实渗流流速降低，减小了对砂粒的液流拖曳作用，从而导致临界流速增加。

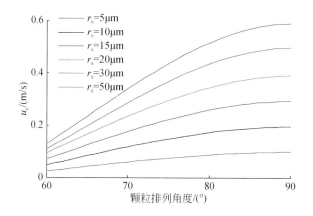

图 4.7　堆积角度和砂粒启动运移临界流速关系曲线

3. 摩擦系数对临界流速的影响

　　分别选取砂粒半径 $r_s = 5\mu m$、$10\mu m$、$15\mu m$、$20\mu m$、$30\mu m$、$50\mu m$，其他条件同上，得到不同地层砂粒粒径条件下摩擦系数与砂粒启动运移临界流速的影响规律分布曲线，如图 4.8 所示。

　　由图 4.8 可知，砂粒启动运移临界流速随摩擦系数的增大而增大，这是由于深度恒定的情况下上覆压力恒定，随着摩擦系数的增加摩擦力也增加，而这种情况下摩擦力远大于砂粒自身的重力和内聚力，所以摩擦力对水合物分解区前缘砂粒启动运移临界流速影响较大。

4. 其他影响因素

　　影响水合物分解区砂粒启动运移临界流速的其他因素主要有胶结物性质、流体中电解质的类型及浓度以及地层上覆压力等。特别地，胶结物性质主要影响砂粒所受到的内聚力

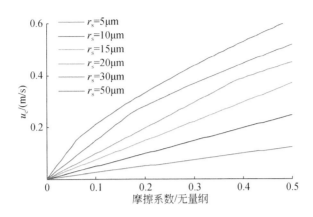

图 4.8　摩擦系数与砂粒启动运移临界流速关系曲线

的大小，胶结强度越大，内聚力越大，砂粒越不容易在液流的拖曳作用下发生移动。流体中电解质的类型及浓度直接决定了砂粒所受到的静电力。电解质浓度越大，微粒的双电层厚度越小，微粒间的静电力也就越大，砂粒启动运移临界流速也相应增大。

第三节　基于连续–离散介质耦合的水合物储层出砂数值模拟

一、连续–离散介质耦合出砂预测建模原理与方法

如前所述，水合物储层泥砂颗粒力学失稳是诱发出砂的根本原因。常规油气储层出砂规律研究先前经历了岩心观察、初始生产动态资料分析和通过弹性模量、剪切模量等岩石力学性质（如组合模量法和斯伦贝谢法）预测等定性研究阶段，现已逐步进入实验室模拟和数值模拟的定量研究阶段。由于天然气水合物储层出砂尚无公开的出砂动态规律监测资料借鉴，数值模拟是水合物储层出砂研究的主要手段之一。因此，国内外学者一直在积极探索建立适合水合物储层出砂的数值模拟分析方法。

现有数值模拟研究从连续介质理论出发，综合考虑了水合物储层热–流–固–化多场耦合作用，通过侵蚀准则或地层塑性屈服应变判断出砂风险并确定出砂量，对出砂风险定性评价和出砂规律宏观分析起到了重要作用。然而，我国南海神狐海域水合物储层属于欠固结地层，水合物分解后显示明显的散体性和颗粒流特征，颗粒间以及颗粒与流体间相互作用对水合物储层出砂具有重要的影响。基于连续介质理论的数值模型很难准确刻画储层的离散特性以及颗粒间和颗粒–流体间的相互作用。

因此，基于颗粒相互作用的离散元数值方法对于厘清水合物储层出砂规律并揭示其机理具有天然优势，其基本思路是：利用劳伦斯伯克利国家实验室开发的分解–热–流耦合开采模拟软件 TOUGH+HYDRATE 与 ITASCA 公司开发的岩土体力学稳定分析软件 FLAC3D 进行耦合，建立实验尺度下热–流–固（THM）多场耦合水合物开采数值模型（窦晓峰等，

2020），在此基础上，将模拟获取的应力、流速和水合物饱和度等数据作为边界和初始条件传递给离散元模拟软件 PFC3D 进行耦合计算，进而分析出砂规律及预测出砂量。具体分析流程见图4.9。

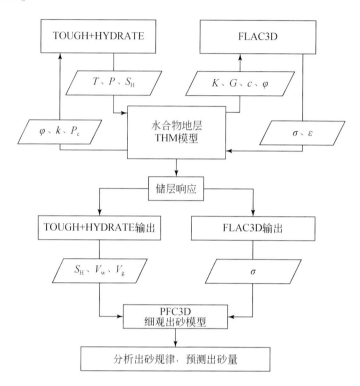

图4.9　基于 TOUGH+HYDRATE+FLAC3D+PFC3D 的水合物储层出砂耦合分析流程图

T. 温度；P. 孔隙压力；S_H. 水合物饱和度；K. 体积模量；G. 剪切模量；c. 黏聚力；φ. 孔隙度；k. 渗透率；
P_c. 毛管压力；σ. 应变；ε. 有效应力；V_w. 产水速率；V_g. 产气速率

其中，TOUGH+HYDRATE 与 FLAC3D 之间的耦合已经实现双向耦合，现有研究已对两者的双向耦合建模方法做了比较详细的论述（Sun et al.，2018，2019），以下仅简要说明基于 PFC3D 颗粒流模型建立细观出砂模型的基本方法。

1. 颗粒级配和模型区域尺寸选择

受模型颗粒数量和计算能力的限制，基于颗粒流模型难以对整条竖井段的出砂过程进行大尺度模拟研究，因此拟从直井段井壁选取有限大小的特征单元体作为研究对象，如图4.10所示，基于颗粒流程序建立对应的数值模型，通过选取特征单元体的出砂量来预测整段竖井的出砂量。其中特征单元体尺寸的选取主要取决于模型中的颗粒数量。一般而言，特征单元体尺寸越大，其数值模型中的颗粒数量越多，计算效率也越低。

2. 应力边界条件的设置

基于有限元模型的结果（由 FLAC3D 输出），提取降压过程中模型区域的有效应力（σ_x、σ_y、σ_z）随时间的变化关系，作为颗粒流模型的应力边界条件，如图4.11所示，分别计算该应力状态下的出砂量。在选择竖井段的具体深度时，压力差较大的区域是首要研

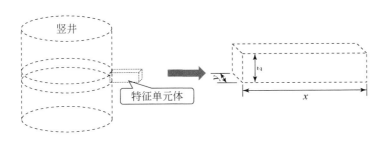

图 4.10 特征单元体的选取及其细部尺寸示意图

究的对象。对于压力差不大的区域，根据计算量的需要选取若干组应力状态进行计算。出砂过程中，通过伺服机制控制边界处墙体的运动，从而实现对模型边界处应力的动态控制，使其沿指定的应力路径（即提取的有效应力路径）进行变化。伺服机制的本质是通过控制颗粒流模型边界处墙体的运动速度，使得颗粒与墙体的相互作用力达到指定的应力状态。

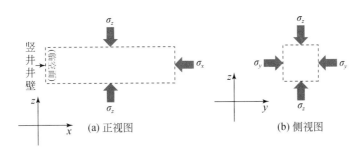

图 4.11 水合物出砂颗粒流模型边界条件的设置方法

3. 流体拖曳力的等效模拟

每个计算步内，基于流体的水力性质（如流体的密度和黏滞系数等）和流体–颗粒相对速度，计算得到流体作用于颗粒上的拖曳力，并以体积力的形式施加在颗粒的重心，从而实现流体对颗粒作用的近似模拟。

4. 水合物分解的等效模拟

水合物分解过程中，储层的强度不断降低，可以用颗粒流模型的黏结腐蚀模型来表征由于水合物分解导致的储层强度降低。其关键是选择合适的细观接触模型（如平行黏结模型），细观接触模型选择主要需要考虑颗粒胶结型和骨架支撑型水合物分布模式。选定细观接触模型后，通过圆形颗粒模拟砂粒，由黏结模拟砂粒间的水合物，水合物的分解过程可通过黏结尺寸或强度的不断降低进行模拟，如图 4.12 所示。当黏结完全消失时，颗粒在流体作用力和地应力联合作用下溢出，模拟出砂过程。其中，黏结尺寸或强度不断降低的实现方法，可通过 FISH 编写子程序，在每个计算步中对黏结的尺寸和强度进行调整。至于按照怎样的函数关系进行调整，则需要以水合物随时间分解的具体规律为基础进行确定。

需要注意的是，PFC3D 模拟必须将颗粒黏结强度的降低过程转化为时间的函数，而这

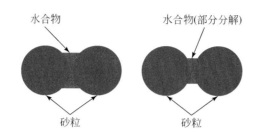

图 4.12　水合物分解过程的细观模拟方法示意图

取决于细观力学参数的选取。由于颗粒流模型中采用的细观力学参数难以通过试验手段直接获取，因此目前通常是基于试验数据通过"试错法"来间接测算颗粒流模型的细观力学参数。因此，在考虑水合物分解过程细观模型的参数时，可以首先假定一组细观参数，然后基于该组参数对水合物分解过程进行仿真模拟，并将数值模拟结果与试验结果进行对比。通过不断调节细观参数，直至数值模拟结果与试验结果基本一致，如图 4.13 所示。此时的细观参数即可作为水合物分解过程细观模型的计算参数，并进一步开展不同试验条件下出砂过程的模拟。

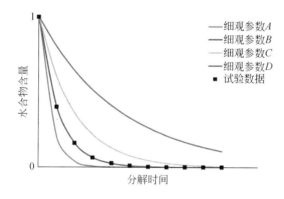

图 4.13　水合物分解过程细观模型参数的取值方法

5. 控砂筛管安装条件下的出砂模拟设置

对于设置筛管的情况，可在颗粒流模型的出砂面建立网状墙体对筛管进行等效模拟，从而研究有无筛管及不同筛管精度对于出砂量的影响。

据此，以下将以青岛海洋地质研究所自主研发的水合物开采仿真模拟实验系统为研究对象，利用 TOUGH+HYDRATE 和 FLAC3D 模拟软件构建了分解–热–流–固多场耦合宏观预测模型，探究同一储层在不同开采压差条件下水合物分解时储层物性、流体运移以及力学响应过程。在此基础上，结合离散元模拟软件 PFC3D（窦晓峰等，2020）剖析不同开采压差条件下的出砂规律。

二、基于水合物开采仿真模拟系统的连续–离散耦合模型构建

1. 宏观连续介质模型及基本参数

宏观连续介质模型依据青岛海洋地质研究所研制的大尺寸水合物开采物理模拟实验系统所构建，该系统采用模块化设计，主要由主体高压装置模块、钻采一体化模块、围压跟踪模块、注液模块、注气模块、回压控制模块、气液固分离及在线监测模块、温度控制模块、开采工作制度控制模块、数据测控与后处理模块等组成，如图 4.14 所示。高压装置模块是整个系统的核心，包含出砂防砂模拟反应釜、围压胶套、温压测柱等组成部分。物理模拟实验中可选用不同挡砂精度的筛管作为井筒控砂介质进行模拟仿真，具体开展条件详见参考文献（刘昌岭等，2019）。在本章宏观连续介质模型中，将出砂防砂模拟反应釜简化为一个圆柱模型，其直径为 600mm，高为 1000mm。井筒位于圆柱中心，半径为 38.1mm，深度为 900mm，井筒壁规则排布有 28 个防砂孔，防砂孔孔径为 20mm。模型四周采用恒温边界，模拟地层参数基于南海水合物试采区域的实际地层参数进行设置，如表 4.1 所示。在相应的力学计算初始化时，结合实验装置将模型上下边界及井筒设置为固定位移边界，模型外围施加应力边界条件等效替代围压作用，如图 4.15 所示，在轴对称圆柱 (r, z) 坐标系下，宏观反应釜模型被离散为 $20 \times 58 = 1160$ 个网格，考虑到井筒附近相变和传热传质剧烈，对靠近井筒区域沿 r 轴方向进行了网格加密划分。

表 4.1　地层参数表

参数	取值
地层初始压力/MPa	14.4
地层初始温度/℃	14.5
环境温度/℃	14.5
盐度/%	3.05
地层孔隙度/%	45
地层渗透率/mD	10

2. 细观出砂模型构建与参数选取

受计算能力和颗粒数量的限制，细观出砂模型难以对整个反应釜内的出砂过程进行大尺度模拟仿真。因此，从模拟井筒附近选取应力集中区域，即出砂风险最大的位置作为研究对象，探究不同生产压差情况下的出砂规律。为了保证细观出砂模型具有代表性，从宏观反应釜模型中部选取单个防砂孔区域作为模拟区域，并简化为立方体模型，具体尺寸为 $30mm \times 30mm \times 30mm$。此外，为进行流固耦合分析，细观出砂模型中共划分 $6 \times 6 \times 6 = 216$ 个流体网格，流体单元边长为 $5mm \times 5mm \times 5mm$，如图 4.16 所示。

此外，南海水合物沉积物颗粒粒径一般为微米量级，若按此尺度对选定的模拟区域进行填充，整个模型的颗粒数量仍然十分庞大，计算速度十分缓慢。而且，实验室内模拟细

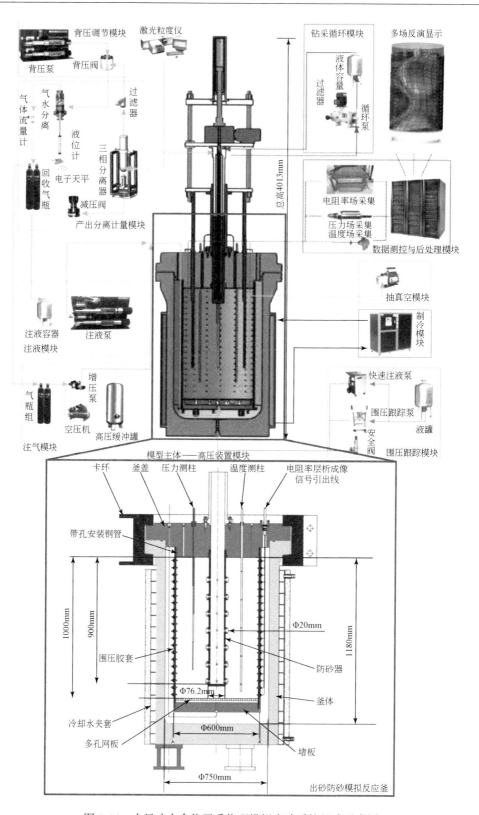

图 4.14　大尺寸水合物开采物理模拟实验系统组成示意图

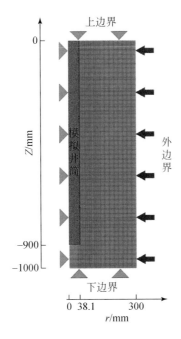

图 4.15　出砂防砂模拟反应釜模型网格划分示意图

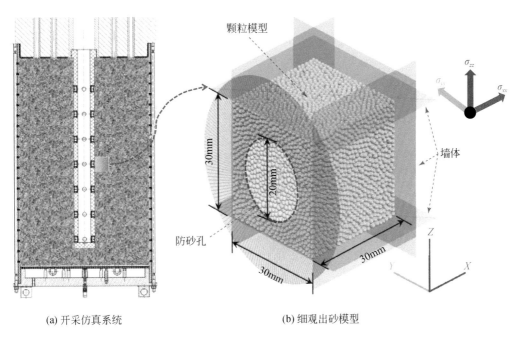

(a) 开采仿真系统　　　　　　(b) 细观出砂模型

图 4.16　细观出砂模型示意图

粒的南海水合物沉积物难度也很大，耗时长，因此人工合成水合物沉积物时一般也会采用更大的粒径组合，如大尺寸水合物开采物理模拟实验系统进行初期预实验时所用砂的粒度中值为 0.23mm（Liu et al.，2020）。综合考虑上述因素，本章选定的初始模型级配与

Toyoura 砂一致（Miyazaki et al.，2010），原因是 Toyoura 砂的三轴实验数据翔实，便于后续细观参数标定的开展，且 Toyoura 砂级配与物理模拟实验用砂级配较为相近。但为了降低模型中的颗粒数量，需截断 200μm 以下粒径的颗粒。此外，室内实验表明，泥砂往往以团簇的方式产出（Heiland and Flor，2006），团簇量级一般为毫米。因此，考虑团簇现象将级配粒径增大 3 倍以达到毫米量级，即以每个圆球颗粒代表若干砂粒构成的砂粒团，最终模型级配见图 4.17。其中，最小粒径为 0.6mm，最大粒径为 1.62mm。初始模型颗粒密度为 2650kg/m³，孔隙度约为 0.30，共生成颗粒 111240 个。

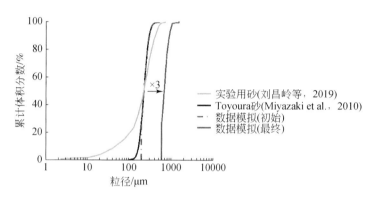

图 4.17　细观出砂模型级配

通常情况下，自然界中的水合物以孔隙填充、骨架支撑、胶结和包裹的形式赋存在沉积物中，如图 4.18 所示。这里以胶结为例，设定粒间接触模型为平行黏结模型，即以球颗粒代表起骨架作用的砂粒，以球颗粒间的黏结部分代替水合物的胶结作用来传递力和力矩。通过对 Toyoura 砂的室内三轴实验进行标定，当三轴实验中出砂模型与物理试样的宏观应力-应变特征基本一致时，如图 4.19 所示，可以得到对应的细观力学参数，本章中出砂模型的细观力学参数按照表 4.2 取值。

(a) 孔隙填充型　　(b) 骨架支撑型　　(c) 胶结型　　(d) 包裹型

图 4.18　沉积物中水合物的赋存模式示意图

表 4.2　细观力学参数表

模型部位	颗粒间	颗粒与墙体接触处
线性接触模量/GPa	0.5	5
线性接触刚度比	6.0	6.0
摩擦系数	0.8	0.8
黏结模量/GPa	0.5	—
黏结刚度比	1.0	—

续表

模型部位	颗粒间	颗粒与墙体接触处
黏结法向强度/MPa	0.5	—
细观黏聚力/MPa	0.8	—
黏结细观内摩擦角/(°)	20	—
黏结半径乘子	0.6	—

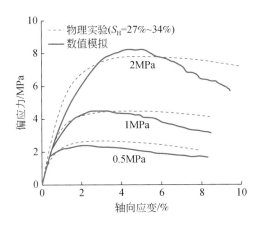

图 4.19 三轴压缩实验模拟结果

降压开采过程中，水合物分解是出砂的重要诱因之一。宏观反应釜模型中，水合物分解过程通过水合物饱和度的降低来表征。而在细观出砂模型中，通过编写 FISH 子程序使黏结强度（黏结法向强度 pb_ten 和黏聚力 pb_coh）随水合物饱和度降低而递减，从而等效模拟水合物的分解过程。此处假定沉积物强度随水合物饱和度下降而线性降低，表达式如下：

$$\text{pb\_ten}(S_H) = \frac{1}{S_{H0}} \cdot S_H \cdot \text{pb\_ten}(S_{H0}) \tag{4.28}$$

$$\text{pb\_coh}(S_H) = \frac{1}{S_{H0}} \cdot S_H \cdot \text{pb\_coh}(S_{H0}) \tag{4.29}$$

式中，pb_ten（S_H）为水合物分解过程中沉积物的细观黏结法向强度，MPa；S_{H0} 为沉积物的初始水合物饱和度，MPa；S_H 为分解过程中水合物饱和度，MPa；pb_ten（S_{H0}）为水合物分解前的沉积物细观黏结法向强度，MPa；pb_coh（S_H）为水合物分解过程中沉积物的细观黏聚力，MPa；pb_coh（S_{H0}）为水合物分解前的沉积物细观黏聚力，MPa。

通过宏观反应釜数值模拟获取降压过程中的有效应力分布情况，并将其作为细观出砂模型的应力边界条件。细观出砂模拟过程中，通过伺服机制控制边界墙体的运动，使其按照宏观反应釜模型输出的有效应力路径进行变化，即可实现对细观出砂模型边界应力的动态控制。

此外，降压开采过程中水、气和砂颗粒间存在流固耦合效应。由于气体黏度较低，对砂粒的拖曳效果弱，因此为了简化数值计算，细观出砂模型中只考虑水–砂颗粒两者之间的相互作用。首先基于粗网格算法（coarse grid approach）（Suji et al.，1993）通过有限体积法在粗网格单元集上求解不可压缩流体的控制方程，得到每一时间步流体网格内的流体压力场及流速场，接着通过 PFC3D 软件内置的计算流体动力学模块（CFD）将计算得到的流体作用力作为体力施加到砂颗粒上，同时运用离散元方法（DEM）进行颗粒间力学计算，最后将更新后的孔隙度传回 CFD 模块，实现双向耦合。

流体作用力 f_{fluid} 由流体拖曳力和压力梯度力两部分组成，忽略浮力作用，表达式为

$$f_{fluid} = f_{drag} + \frac{4}{3}\pi r^3 \nabla P \tag{4.30}$$

流体拖曳力 f_{drag} 根据 Di Felice 提出的经验式（4.31）确定：

$$f_{drag} = \left[\frac{1}{2} C_d \rho_f \pi r^2 \mid u - v \mid (u - v) \right] \varphi^{-x} \tag{4.31}$$

$$C_d = \left(0.63 + \frac{4.8}{\sqrt{R_{ep}}} \right)^2 \tag{4.32}$$

$$x = 3.7 - 0.65 \exp\left(-\frac{(1.5 - \lg R_{ep})^2}{2} \right) \tag{4.33}$$

$$R_{ep} = \frac{2\rho_f r \mid u - v \mid}{\mu_f} \tag{4.34}$$

通常水合物储层渗流满足达西定律，因此流体控制方程选定如下：

$$u = -\frac{K(\varphi)}{\mu_f} \nabla P \tag{4.35}$$

式（4.30）~式（4.35）中，f_{fluif} 为流体作用力，N；f_{drag} 为流体拖曳力，N；∇P 为流体压力梯度，Pa/m；C_d 为拖曳力系数，无因次；φ 为颗粒所在的流体单元的孔隙度，无因次；x 为经验系数，无因次；R_{ep} 为颗粒雷诺数，无因次；μ_f 为流体的动力黏度，取值 0.001 Pa·s；ρ_f 为流体密度，取值 1000kg/m³；r 为颗粒半径，m；u 为流体速度，m/s；v 为颗粒速度，m/s；$K(\varphi)$ 为颗粒所在流体单元的渗透率。

在流固耦合作用下的水合物开采储层出砂过程中，储层的渗透率 $K(\varphi)$ 是实时变化的，可根据 Kozeny-Carman 方程进行估算：

$$K(\varphi) = \begin{cases} \dfrac{1}{180} \dfrac{\varphi^3}{(1-\varphi)^2}(2r_e)^2, & \varphi \leqslant 0.7 \\ K(0.7), & \varphi > 0.7 \end{cases} \tag{4.36}$$

式中，孔隙度 φ 上限设置为 0.7，当孔隙度 φ 超过 0.7 时，$K(\varphi)$ 取常数。

考虑到细观出砂模型 X、Y、Z 三向均发生渗流，因此将除防砂筛孔所在面之外的其余 5 个面均设定为流体入口，防砂筛孔设定为流体出口。其中入口流速为宏观模型计算输出的各时刻单孔分解水流速的 1/5。在稳态流求解方案下，防砂筛孔出口流量与单孔分解水流量保持一致，即为 5 个流体入口流量之和。由于反应釜共有 28 个防砂孔，因此取单孔水流速为反应釜整体产水速率的 1/28。

模拟过程中，当有效应力或流体作用力超过沉积物强度造成黏结断裂时，砂粒通过应力挤压或流体携带溢出防砂器孔口随即被删除，视为出砂。对溢出孔口的颗粒体积进行统计即可得到出砂量。由于 PFC3D 模拟采用小时间步来保证数值解的稳定性（模拟中最小

时间步 $\Delta t = 3.96 \times 10^{-8}$ s），导致很难同宏观连续模型一样完成 12h 物理时间的计算。因此，基于细观出砂模型采用等比例缩短模拟时间的方式，将总物理时长 12h 缩短至 12×10^{-7} h，分析了初始水合物饱和度为 30%，开采压差分别为 11MPa、10MPa 和 9MPa 条件下的出砂规律。此外，针对开采压差 10MPa 情况，对比分析了不同流速以及不同防砂孔径条件下的出砂规律。具体细观出砂模拟工况见表 4.3。

表 4.3　细观出砂模拟工况表

工况	开采压差 ΔP/MPa	进口水流速/（m³/s）	防砂筛孔直径/mm
1	11	TOUGH 输出（峰值为 6.500×10^{-8}）	20
2	10	TOUGH 输出（峰值为 6.280×10^{-8}）	20
3	9	TOUGH 输出（峰值为 6.013×10^{-8}）	20
4	10	6.28×10^{-8}（恒定）	20
5	10	6.28×10^{-7}（恒定）	20
6	10	6.28×10^{-6}（恒定）	20
7	10	6.28×10^{-5}（恒定）	20
8	10	TOUGH 输出（峰值为 6.280×10^{-8}）	10

三、模拟结果分析

（一）储层物性和力学响应规律

不同开采压差条件下，降压开采周期内沉积物内部水合物饱和度和温度演化情况分别如图 4.20 与图 4.21 所示。结果显示，开采压差越大，相同时刻，体系内残余水合物饱和度越低，对应的低温分布范围也越广。这主要是因为开采压差增大之后，分解驱动力提高，使得单位时间内水合物分解量显著增加，同时水合物分解会吸收更多的热量，故而体系温度下降更为明显。

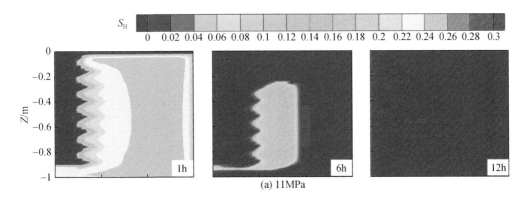

(a) 11MPa

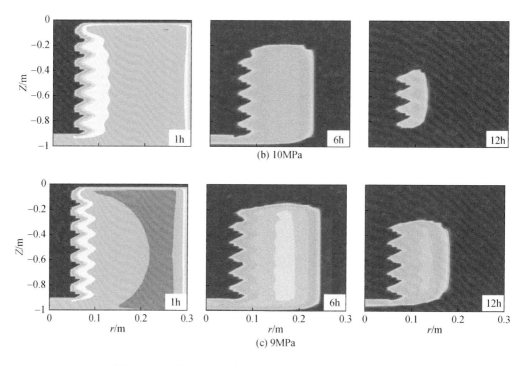

图 4.20　不同开采压差条件下体系水合物饱和度演化情况

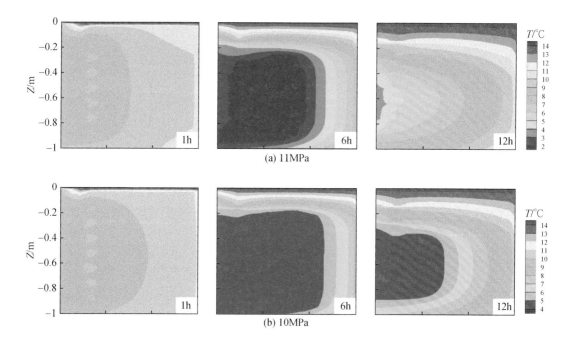

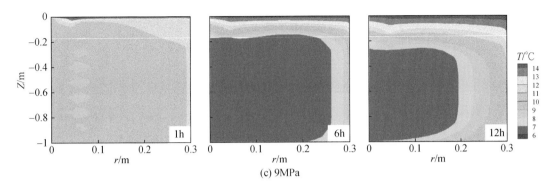

图 4.21　不同开采压差条件下体系温度演化情况

为了进一步定量描述不同开采压差条件下井周出砂孔区域的温度和压力演化情况，选择位于反应釜中部 $Z=-500\text{mm}$ 且靠近井筒的位置布设监测点，得到了孔隙压力和温度随时间的变化关系，如图 4.22（a）所示。体系温度变化可分为三个阶段，以开采压差 $\Delta P=11\text{MPa}$ 为例，第一阶段：在井筒压力在 1h 内从 14.4MPa 快速降低至目标压力 3.4MPa 过程中，由于水合物分解吸热，体系温度随之降低；第二阶段：井筒压力趋于稳定，体系孔隙压力也逐渐趋于平稳。由于水合物持续分解，所以温度仍会降低最后趋于平稳并保持低温一段时间；第三阶段：体系压力保持恒定，水合物完全分解，同时釜体外围热量向内传递导致体系温度回升。这与 Chong 等（2018）和卢静生等（2019）利用室内反应釜进行甲烷水合物沉积物降压分解实验中监测到的体系温度演化规律相吻合。此外，利用大尺寸水合物开采物理模拟实验系统针对冰点附近 CO_2 水合物进行了降压开采预实验（CO_2 水合物的初始饱和度约40%，实验温度保持在 $0 \sim 2\text{℃}$，以 1.1MPa/h 的降压速率将气路回压从 2.2MPa 降低至 0.2MPa 的模拟降压开采过程）（刘昌岭等，2019）。同时为与物理实验进行对比，还利用宏观反应釜模型对甲烷水合物饱和度为 40%，体系温度为 1℃，以 1.1MPa/h 的降压速率将井底压力从 4.8MPa 降低至 2.8MPa 的情况进行了数值模拟。物理实验和数值模拟过程中测点孔隙压力和温度随时间的变化关系如图 4.22（b）所示。同样可以看出，物理实验过程中当体系孔隙压力快速降低时，体系温度随之降低；当体系孔隙压力趋于平稳时，体系温度也逐渐趋于稳定；物理实验接近结束时（45~50h）体系温度回升。由于水合物类型、储层均质性和初始温压条件的差异导致物理实验和数值模拟过程中孔隙压力及温度演化存在差异，但是其变化趋势基本一致。

此外，开采压差越大，体系温降越明显，低温持续时间越短。这是因为，开采压差增大，第一阶段消耗更多水合物使第二阶段可分解水合物量减少，而水合物分解吸收的体系热量较少会造成外界热量更快地主导体系温度变化，从而导致低温持续时间缩短。此外，由于釜体上边界为钢铁材料，导热效果比其他边界好，因而体系上部温度上升更为明显。

不同开采压差条件下，出砂模拟釜内气水产出速率随时间的变化情况如图 4.23 所示，累计产气量、累计产水量以及气水采收率见表 4.4。开采早期（1h），当井筒压力降至开采压力后，此时压力梯度最大，对应的产气速率和产水速率也会达到峰值。开采压差越大，产气速率和产水速率的速率峰值越高。开采中后期随着体系中可分解水合物量逐渐减

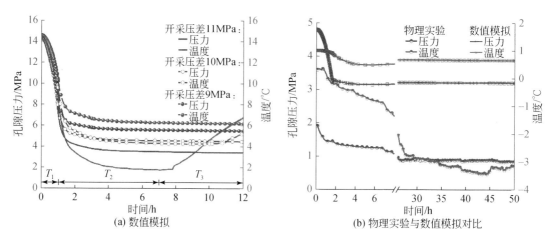

图 4.22　监测点的孔隙压力与温度演化情况

少, 加之分解驱动力下降, 所以对应的产气速率和产水速率也会随之降低。由此可以推测, 开采早期阶段由于产气速率和产水速率大, 携带出砂量可能相对较大, 且开采压差越大, 趋势会更明显。而在开采中后期, 由于产气速率和产水速率相对较小, 因而携带出砂量可能占比不大, 出砂可能更多是因为应力失衡挤压导致的。

表 4.4　不同开采压差条件下的累计产气量、累计产水量及气水采收率

开采压差 ΔP /MPa	累计产气量 /m³	气体采收率 /%	累计产水量 /m³	水采收率 /%
11	6.233	93.378	2.483×10⁻²	20.220
10	5.874	88.000	2.334×10⁻²	19.007
9	5.169	77.438	2.189×10⁻²	17.826

注: 初始水合物饱和度 $S_H = 30\%$ 对应的储层初始总气量约为 6.675m³, 初始总水量约为 1.228×10⁻¹m³。

　　图 4.24、图 4.25 分别展示了在不同开采压差条件下, 出砂模拟反应釜水平方向和垂直方向有效应力演化情况。由图可以看出, 开采早期阶段 (1h) 井周均出现了有效应力集中现象, 且开采压差越大, 井周有效应力集中程度越明显。这是因为开采早期阶段井筒附近孔隙压力降低最明显, 根据有效应力原理可知, 储层有效应力会显著增大。同时, 出砂孔处的水合物分解会造成该区域力学强度降低, 因此防砂筛孔处砂粒容易在有效应力挤压作用下发生屈服破坏而运移产出。开采中后期 (6~12h), 开采压差越大, 釜内整体有效应力越大且水平方向有效应力分布越均匀。由于釜体上边界、下边界和外边界处更容易与外部热量交换, 开采中后期靠近边界的水合物更快地分解引起该区域沉积物力学强度降低, 在出砂和围压恒定条件下, 釜内沉积物外边界处产生了水平位移, 且开采压差越大, 沉积物水平位移越大, 最大可达 3.25cm, 如图 4.26 所示。因此实验过程中应重点关注沉积物外围特别是上部胶套是否发生张拉破坏。此外, 由于井筒底部为封闭边界, 井筒下部区域的流体不能直接流入井筒内, 使得该处孔隙压力相对较高, 所对应的有效应力也就

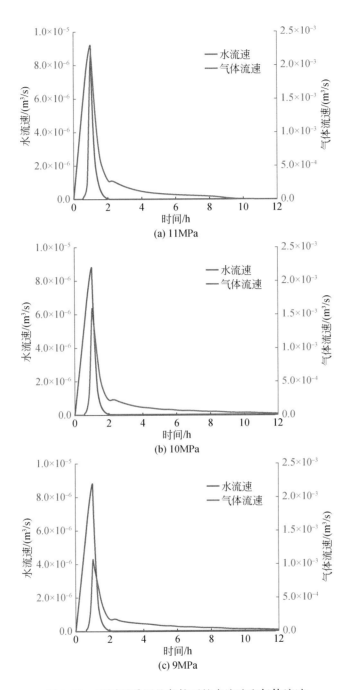

图 4.23　不同开采压差条件下的水流速和气体流速

偏低。

（二）储层出砂规律

不同开采压差条件下（工况 1、工况 2、工况 3）单孔出砂量随时间的变化关系如图

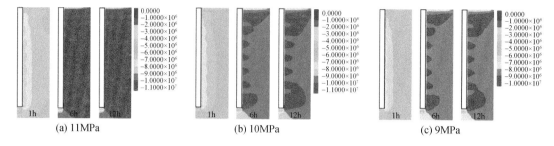

图 4.24　不同开采压差条件下水平方向有效应力演化分布

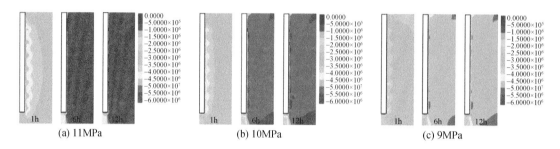

图 4.25　不同开采压差条件下垂直方向有效应力演化分布

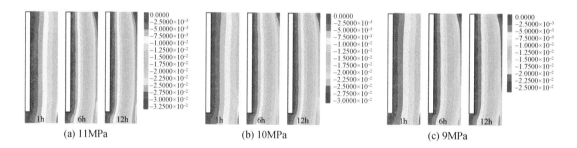

图 4.26　不同开采压差条件下水平方向位移演化分布

4.27 所示。可以发现，开采早期阶段，均未发生出砂现象，但当开采一段时间后，地层开始持续出砂。开采压差 11MPa、10MPa、9MPa 条件下对应的出砂速率分别为 0.528m³/h、0.459m³/h、0.399m³/h。通过对比可知，开采压差越大，出砂起始时间越早，出砂速率呈线性增长，如图 4.28（a）、（b）所示。从细观尺度看，开采压差越大，有效应力挤压和流体拖曳作用力越大，颗粒间黏结强度的弱化越严重，导致水合物沉积物中砂粒所受到的不平衡力越大，根据牛顿第二定律，砂粒获得的加速度就越大。因此在相同的出砂时间内，就会导致更多的砂粒从初始位置加速运动至防砂孔外，宏观上表现为出砂总量增加。

　　为进一步阐明流体流速对出砂的影响规律，通过设置不同的进口水流速并保持开采压差不变对比分析了不同流速条件下（工况 4、工况 5、工况 6、工况 7）的出砂情况，模拟结果如图 4.28（c）所示。可以看出，同一开采压差条件下，提高进口水流速会导致地层出砂量增加，并且水流速越大，出砂速率的增幅越大。产生上述现象的原因是：当水流速

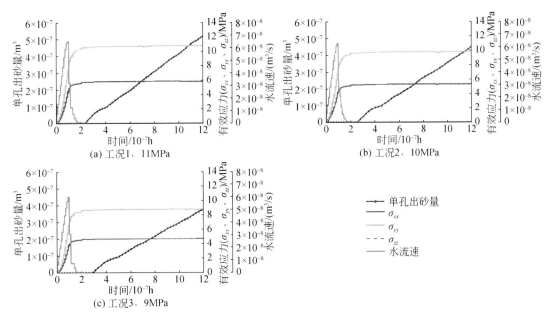

图 4.27 不同开采压差条件下单孔出砂量随时间的变化关系

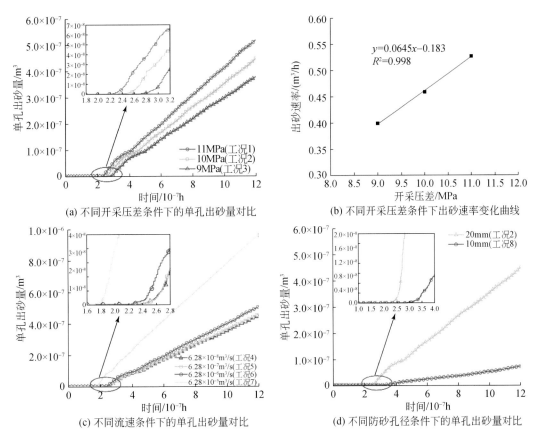

图 4.28 不同开采压差、流体流速、防砂筛孔孔径条件下的出砂模拟结果

低于 $6.28 \times 10^{-6} \mathrm{m}^3/\mathrm{s}$ 时，有效应力挤压作用主导出砂，因此相同开采压差条件下，流体流速增大未引起出砂量的显著增加。但是当水流速高达 $6.28 \times 10^{-5} \mathrm{m}^3/\mathrm{s}$ 时，流体作用力成为出砂主控因素，使得出砂速率明显提升。

由于防砂筛孔是流固产出通道，其周围储层在有效应力和流体拖拽作用力的协同作用下最先达到破坏条件，造成靠近防砂筛孔的砂颗粒优先从沉积物骨架脱离并运移出防砂筛孔。随着出砂的持续进行，原有沉积物骨架中靠近防砂筛孔一侧就可能形成空穴即蚯蚓洞。Konno 等（2014）的甲烷水合物降压开采出砂实验结果证实了这一观点，如图 4.29（a）所示。而从本章细观出砂模拟结果（以工况 8 为例）也可以看出，出砂进程中防砂筛孔局部储层颗粒间不存在稳定接触力链，有形成蚯蚓洞的趋势，如图 4.29（b）所示。

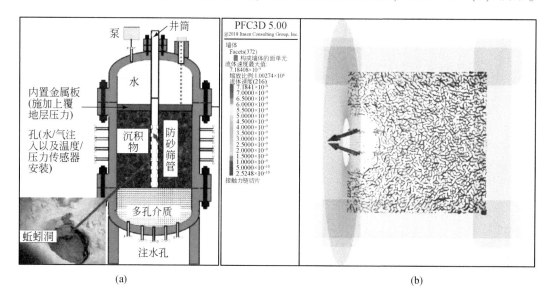

(a)　　　　　　　　　　　　　　　　(b)

图 4.29　　（a）室内实验中防砂筛孔周围出现蚯蚓洞（Konno et al. , 2014）
（b）细观出砂模拟中防砂筛孔周围力链分布
图中蓝色线段代表颗粒间接触力链，箭头代表流体速度矢量

此外，储层防砂设计是水合物试采工程的重要环节，而防砂筛孔孔径是防砂设计的关键参数之一。通过对比不同防砂孔径条件下（工况 2、工况 8）的单孔出砂情况［图 4.28（d）］可以看出，较小的防砂筛孔孔径能够延缓出砂起始时间，使得出砂量显著减少。换句话说，缩小防砂筛孔孔径能够有效控砂。但是一味地缩小防砂孔径以降低泥砂产出也可能导致井壁区域的堵塞，降低水合物储层降压效果并影响产能。为保证水合物储层安全高效开采需要合理地选择防砂孔径以平衡出砂与产能的关系，提出采用防粗疏细工艺优化水合物储层防砂设计，将在本书第五章详细叙述。

总之，基于 TOUGH+HYDRATE、FLAC3D、PFC3D 耦合的水合物开采储层响应与出砂预测数值分析方法是可行的，它具有成本低、可视化程度高、可重复性强等优点，可与室内水合物开采出砂物理模拟实验系统相结合，指导后续物理实验设计和结果分析，如本章工作可为温度传感器布设和实验时间提供参考依据。同时，该方法也可以快速用于现场尺度水合物开采产能、储层稳定与出砂综合评价研究，为开采规程和防砂方式优化设计提供技术支撑。

　　然而，仍然有必要指出：上述基于离散元软件 PFC3D 模拟的细观出砂进程很难在时间尺度上与宏观模型一致，细观模型中有效应力增加速率、流体速度变化速率和颗粒间黏结强度降低速率均高于实际情况。此外，所采用接触模型无法表征实际泥砂颗粒间由于不规则形状引起的咬合抗滚动作用，这些都会导致细观模型预测的出砂量与实际情况存在一定的偏差。然而，目前研究的重点内容在于建立基于 TOUGH+HYDRATE+FLAC3D+PFC3D 的水合物开采储层响应与出砂预测数值分析方法，出砂量的定量预测将作为下一步的工作重点。

第四节　颗粒级出砂模拟方法的建立与应用

一、天然气水合物储层颗粒级尺度建模

1. 基本颗粒网格建模方法

　　天然气水合物储层颗粒级尺度微观出砂模拟与预测的总体技术思路框架如图 4.30 所示（董长银等，2019）。

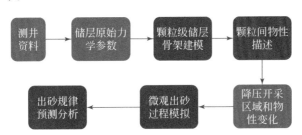

图 4.30　天然气水合物储层颗粒级尺度微观出砂模拟与预测的总体技术思路框架图

　　天然气水合物储层的出砂预测实现需要完成四个技术步骤。

　　步骤 1：水合物储层颗粒级骨架物理建模，即利用随机沉积方法，构建储层颗粒堆积及胶结物赋存结构物理模型。

　　步骤 2：水合物储层颗粒级骨架模型多场物性描述，即根据储层基本物性，定义和描述颗粒粒径非均质性、粒间胶结物赋存形态、水合物赋存状态、颗粒间微应力。

　　步骤 3：降压法开采水合物储层微观出砂过程模拟，即根据降压法开采过程及水合物相变特征，构建判别方法，描述胶结物溶解、颗粒脱落、流体携带运移过程，实现微观出砂过程模拟。

　　步骤 4：水合物储层出砂规律预测，即根据出砂过程模拟，实现对出砂粒径、出砂量、出砂临界条件的实时计算，实现水合物储层开发出砂预测。

　　在上述步骤中，储层颗粒级骨架模型的构建是实现出砂模拟的关键。为了使所建立的模型能够反映真实储层的微观结构，储层颗粒级骨架模型的构建及物性表征需要考虑如下

因素：①地层砂粒径分布；②砂粒形状不规则性；③储层胶结类型；④储层岩石强度；⑤储层地应力；⑥泥质含量；⑦储层非均质性；⑧水合物赋存状态。

水合物储层二维颗粒级骨架模型主要包括 2 种：①以颗粒为对象单元的模型（POM），其可以模拟颗粒的自然沉积过程，以颗粒位置（x，y）和半径 r 作为网格单元，颗粒不规则排列形成非均匀网格，如图 4.31（a）所示；②以网格为对象单元的模型（GOM），其中网格划分为均匀正方形，每个网格中填充一个地层砂砂粒，网格尺寸由地层砂粒径确定，如图 4.31（b）所示。

POM 模型以非均匀网格为对象单元，其生成可以采用类似（Uchida et al.，2019）的方法，该模型计算复杂，但与实际情况比较相符。GOM 模型则以均匀网格为对象单元，该方法相对简单且计算速度快。

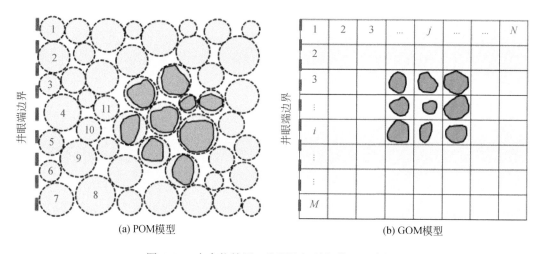

(a) POM模型　　　　　　　　　　　　　　(b) GOM模型

图 4.31　水合物储层二维颗粒级骨架模型示意图

水合物储层的微观出砂过程受颗粒尺寸、形状和位置的影响。表达地层砂粒径分布特征的主要资料是地层砂粒度分布的筛析曲线。利用随机选取方法确定每个网格的颗粒粒径，但总体粒径分布规律严格符合地层砂粒度分布筛析曲线。由于地层砂粒度分布筛析曲线表达的是累计质量百分比与粒径的关系，使用时需要将某一粒径范围内的颗粒质量转化为颗粒数量：

$$N_i = \frac{m \cdot W_i}{\rho_g \left(\frac{4}{3} \pi d_i^3 \right)} \tag{4.37}$$

式中，m 为地层砂总质量，kg；ρ_g 为地层砂密度，kg/m³；d_i 为第 i 组分地层砂粒径，m；W_i 为第 i 组分地层砂粒径所占质量分数；N_i 为第 i 组分地层砂的颗粒数目。

实际地层砂颗粒的形状系数各异，为了简化模型并降低计算量，预设 8 种颗粒圆球度系数 a，其在 0.65~1.0 范围内均匀分布。建模时以随机分布的方式刻画每一个网格对象的颗粒圆球度，将每一个网格颗粒的圆球度在 8 种圆球度系数中随机选取确定。

2. 储层颗粒间强度及水合物饱和度非均质性表征

1）水合物储层颗粒间微观胶结强度模型

图 4.32（a）~（d）为天然气水合物储层颗粒微观胶结的接触胶结、颗粒包裹、骨架支撑和孔隙填充等 4 种物理模式。当多孔介质中水合物饱和度超过 25%~40% 时，胶结方式趋向于骨架支撑模式和颗粒包裹模式（Bu et al.，2019）。天然气水合物储层中，分解前的水合物在颗粒间起胶结作用。研究表明，在水合物降压法开采中，水合物分解前的岩石强度是其分解后的 3~9 倍，水合物分解后使得水合物储层胶结强度大幅度降低（Li et al.，2021b）。在进行微观出砂模拟时，必须考虑水合物的分解对储层颗粒间微观胶结强度的影响。

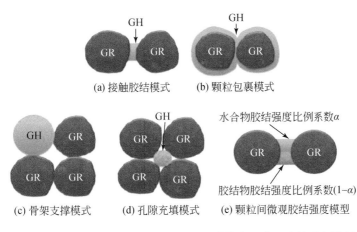

图 4.32　天然气水合物储层颗粒微观胶结模式及微观胶结强度模型

GR. 骨架颗粒；GH. 水合物

　　为了定量表征水合物分解对颗粒间胶结强度的影响，构建了如图 4.32（e）所示的天然气水合物储层颗粒间微观胶结强度模型。天然气水合物储层颗粒间微观胶结强度由两部分组成：一是原始水合物胶结强度，其对总胶结强度的贡献比例系数用 α 表示；二是泥质胶结物胶结强度（类似于传统石油天然气储层的胶结强度），其对总胶结强度的贡献比例系数为（$1-\alpha$）。

　　在图 4.32（e）所示的模型中，当天然气水合物分解后，水合物胶结强度消失，其强度比例系数降低为 0。同时，为了表征水合物分解对原始胶结强度的影响，定义系数 β 为水合物分解对原始胶结物胶结强度的降低系数（简称水合物分解强度降低系数），其物理含义为当水合物分解后，颗粒间原始胶结物胶结强度受其影响降低为原始值的 β 倍。根据上述定义和假设，有如下关系：

$$SS_0 = SS_h \cdot \alpha + SS_c \cdot (1-\alpha) \tag{4.38}$$

$$SS_1 = SS_c \cdot (1-\alpha) \cdot \beta \tag{4.39}$$

式中，SS_0 为颗粒间原始总胶结强度，MPa；SS_h 为颗粒间原始水合物胶结强度，MPa；SS_c 为颗粒间原始胶结物胶结强度，MPa；SS_1 为水合物分解后颗粒间剩余胶结强度，MPa；β 为水合物分解对原始胶结物胶结强度的降低系数，无量纲；α 为原始水合物胶结强度占总胶结强度的比例系数，无量纲。α 与水合物储层孔隙度、水合物饱和度和泥质含量有关，也与水合物的微观赋存状态有关。水合物储层孔隙中，泥质含量越高，水合物饱和度越低，则 α 越小。简化起见，暂忽略 α 与水合物赋存状态的关系，其基本关系用下式描述：

$$\alpha = \frac{S_{\mathrm{h}} \cdot \varphi}{S_{\mathrm{h}} \cdot \varphi + S_{\mathrm{VCL}}(1-\varphi)} \tag{4.40}$$

式中，S_{h} 为天然气水合物饱和度，无量纲；S_{VCL} 为泥质百分含量，无量纲；φ 为孔隙度，无量纲。

上述模型描述了天然气水合物的存在（由水合物饱和度表征）对储层颗粒间胶结强度变化的影响。系数 α 和 β 均为 $0 \sim 1$，具体数值由水合物储层物性确定；当水合物饱和度为 0 时，α 为 0，则储层胶结强度仅由胶结物贡献，即与传统石油与天然气储层相同。当 β 为 0 时，表示水合物分解将使颗粒间胶结强度完全丧失；当 β 为 1 时，则表示水合物分解影响水合物本身的胶结强度，而对胶结物胶结强度无影响。实际应用时，系数 α 由式（4.40）确定，系数 β 由经验确定。上述水合物储层颗粒间微观胶结强度模型可以直观描述水合物储层的颗粒间胶结强度的原始状态及其随水合物分解的变化规律。

2）储层强度及水合物饱和度的非均质性表征方法

图 4.31 所示的水合物储层二维颗粒级骨架模型中，需要确定每个颗粒的胶结强度和水合物饱和度。对于天然气水合物储层的垂直井，沿井筒垂直方向上储层强度和水合物分布规律可由测井资料直接或解释获得，其结果可以直接表征储层物性在纵向上的非均质性；横向（平面）上储层强度和水合物分布规律及其非均质性则由正态分布随机函数确定，但其均值取同一深度测井资料上对应的数值。

对于给定的储层深度 h，假设其对应图 4.31（b）所示网格模型中的第（i，j）个网格的强度和水合物饱和度确定方法如下：

$$K_{i\min} = K_{i0} \cdot (1-X_{\mathrm{s}}) \tag{4.41}$$

$$K_{i\max} = K_{i0} \cdot (1+X_{\mathrm{s}}) \tag{4.42}$$

$$f(i,j) = \frac{1}{\sqrt{2\pi} \cdot \sigma} \cdot \exp\left[-\frac{(i/N-\mu)^2}{2\sigma^2}\right] \tag{4.43}$$

$$K_{ij} = K_{i\min} + \frac{K_{i\max}-K_{i\min}}{f_{\max}-f_{\min}}\left[f(i,j)-f_{\min}\right] \tag{4.44}$$

式中，i 与 j 分别为网格纵向序号与横向序号；N 为横向网格数；X_{s} 为储层强度与水合物饱和度非均质系数的比值，MPa/无量纲；K_{i0} 为根据测井资料插值获得的纵向第 i 个网格位置处横向储层强度与水合物饱和度的比值，MPa/无量纲；$K_{i\min}$、$K_{i\max}$ 分别为纵向第 i 个网格位置处横向储层强度与水合物饱和度非均质系数比值的最小值和最大值，MPa/无量纲；$f(i,j)$ 为第（i，j）网格上的储层强度与水合物饱和度正态分布系数的比值；K_{ij} 为第（i，j）网格上的储层强度与水合物饱和度的比值，MPa/无量纲；μ 为正态分布均值参数，建议取 $\mu=0.5$；σ 为正态随机分布系数，建议取 $\sigma=0.2$。

X_{s} 用来表征储层强度和水合物饱和度在横向（平面）上的非均质性，该参数决定了非均质波动范围的最低值和最高值。X_{s} 的确定可以参考同层段由测井资料获得的储层强度和水合物饱和度的纵向非均质性，具体由下式确定：

$$X_s = \frac{K_{\min} + K_{\max}}{2\overline{S}} \tag{4.45}$$

式中，$\overline{S}$ 为同层位测井资料获得的储层强度与水合物饱和度平均值的比值；$K_{\min}$、$K_{\max}$ 分别为同层位测井资料获得的储层强度与水合物饱和度比值的最小值和最大值，MPa/无量纲。

3. 颗粒间应力表征

颗粒间应力是影响颗粒剥落过程的重要因素。垂直井三维柱坐标下储层单元的宏观主应力由垂向主应力、径向应力和切向应力表示，三个主应力可根据密度测井资料计算得到。在二维模型中，垂向主应力即为纵向主应力，径向应力表现为横向主应力。对于某特定地层砂颗粒而言，其通过胶结物与周围颗粒连接在一起，固定在固体骨架上，这样的胶结连接称为连接键，每个连接键有一定的连接强度，可以同时传递压力和剪切力。颗粒间的相互作用力可分解为通过相邻两个颗粒几何中心的法向接触力 F_n 和在切平面内的切向作用力 F_s。颗粒间地应力的表征考虑颗粒间的相互作用及应力传递。

对于二维颗粒级骨架模型，在宏观垂向应力 σ_v 和径向应力 σ_r 作用下，边界颗粒均匀承担外界应力，其受力平衡方程为

$$\sigma_{n_1} + \tau_{s_1} + \sigma_{n_2} + \tau_{s_2} + \cdots = \frac{\sigma_v}{m} \tag{4.46}$$

式中，m 为所研究部分边界颗粒的数目；σ_{ni} 为第 i 个颗粒的法向应力；τ_{si} 为第 i 个边界颗粒的切向应力。

以连接键上的法向力和剪切力为未知量 $X = [\sigma_{n_1} + \tau_{s_1}, \cdots, \sigma_{n_n} + \tau_{s_n}]^T$，$S = [\sigma_{g_1}, \sigma_{g_2}, \cdots, \sigma_{g_n}]^T$，其中 n 为连接键个数，对所有颗粒列力学平衡方程：

$$\begin{pmatrix} a_{11} & \cdots & a_{1n} \\ \vdots & \ddots & \vdots \\ a_{n1} & \cdots & a_{nn} \end{pmatrix} \times \begin{pmatrix} \sigma_{n_1} + \tau_{s_1} \\ \vdots \\ \sigma_{n_n} + \tau_{s_n} \end{pmatrix} = \begin{pmatrix} \sigma_{g_1} \\ \vdots \\ \sigma_{g_n} \end{pmatrix} \tag{4.47}$$

式中，a_{ij} 为系数，当两个颗粒之间相互连接时为 1，不连接时取 0；σ_{g_i}（$i=1, 2, \cdots, n$）为边界颗粒应力，当颗粒不为边界颗粒时 σ_{g_i} 取 0。式（4.47）可写成以下两种形式：

$$AX = S, \quad X = A^{-1}S \tag{4.48}$$

当 A 为非奇异矩阵时，A^{-1} 为 A 的逆矩阵；当 A 为奇异矩阵时，A^{-1} 为 A 的广义逆矩阵。使用上述模型可以得到岩体在胶结状态下颗粒间的法向应力与切向应力分布。

二、颗粒级尺度出砂形态模拟

（一）水合物分解及其饱和度变化模型

水合物储层流通通道壁面上的胶结泥砂颗粒的受力分析和剥落临界条件如本章第二节第二部分所述。

水合物储层降压开采过程中，储层可分为完全分解区、分解区和未分解区三个区域。

在完全分解区内，水合物完全分解，只存在水和气体；在分解区内，除了水和气体外，还存在正处于分解状态的水合物；而在未分解区，水合物还未开始分解，处于原始状态。水合物分解速率为（Li et al.，2021）

$$u_{\mathrm{h}}=\frac{\mathrm{d}c_{\mathrm{h}}}{\mathrm{d}t}=K_0 A_{\mathrm{hs}} S_{\mathrm{w}} S_{\mathrm{h}} \phi^2 P_{\mathrm{e}} \mathrm{e}^{-\frac{\Delta E}{RT}}\left(1-\frac{1}{K}\right) \tag{4.49}$$

式中，u_{h} 为水合物分解速率，$\mathrm{mol/(m^3 \cdot d)}$；$c_{\mathrm{h}}$ 为水合物浓度，$\mathrm{mol/m^3}$；K_0 为水合物分解表观速率因子，$K_0=1.071\times10^{13}\mathrm{mol/(d \cdot kPa \cdot m^2)}$；$A_{\mathrm{hs}}$ 为水合物球形颗粒表面积，$\mathrm{m^2}$；P_{e} 为水合物三相平衡压力，kPa；ΔE 为分解活化能，$\Delta E=7330\mathrm{J/mol}$；$R$ 为理想气体常数，$R=8.3144\mathrm{J/(mol \cdot K)}$；$T$ 为温度，K；K 为相平衡值。

水合物三相平衡压力 P_{e} 为

$$P_{\mathrm{e}}=1.15\mathrm{e}^{49.3185-\frac{9459}{T}}\times10^{-3} \tag{4.50}$$

相平衡值 K 为

$$K=\frac{k_1}{P}\mathrm{e}^{\frac{k_2}{(T-273.15)-k_3}} \tag{4.51}$$

式中，T 为温度，K；P 为压力，kPa；k_1、k_2、k_3 由实验数据拟合得到，本章中 $k_1=10062.79$，$k_2=-5.99912$，$k_3=-3.36069$。

在分解初始时刻，j 网格的压力、温度及各相饱和度分别为 P_{0j}，T_{0j}，$S_{\mathrm{w}0j}$，$S_{\mathrm{h}0j}$，$S_{\mathrm{g}0j}$，则 i 时刻 j 网格的水合物饱和度为

$$S_{\mathrm{h}(i,j)}=S_{\mathrm{h}(0,j)}-\frac{\sum_{i=0}^{i-1}u_{\mathrm{h}(i,j)}\Delta t}{v_{pj}} \tag{4.52}$$

i 时刻 j 网格的水合物分解速率为

$$u_{\mathrm{h}(i,j)}=K_0 A_{\mathrm{hs}} S_{\mathrm{w}(i-1,j)} S_{\mathrm{h}(i-1,j)} \phi_j^2 P_{\mathrm{e}}\left[T_{(i-1,j)}\right]\mathrm{e}^{-\frac{\Delta E}{RT_{(i-1,j)}}}\left[1-\frac{1}{K\left(P_{(i-1,j)},T_{(i-1,j)}\right)}\right] \tag{4.53}$$

（二）出砂过程与形态模拟方法

裸眼井壁或射孔孔眼附近的应力集中和流速条件都促使砂粒首先从壁面上开始剥落产出（Ma et al.，2020）。图4.33展示了带初始孔眼的天然气水合物储层单元颗粒级尺度出砂模拟的基本过程。原始孔眼周围形成初始边界如图4.33（a）所示，由于边界上各个颗粒的粒径、强度、水合物饱和度、微应力及周围流速不同，其是否达到剥落的条件亦有差异。首先判断所有边界颗粒是否达到剥落条件，达到条件的颗粒，剥落形成出砂，并形成如图4.33（b）所示的新边界。在新边界上，砂粒的流速场、应力等发生改变，继续判断最容易剥落产出的砂粒模拟产出过程，如图4.33（c）所示。每一次的边界颗粒脱落模拟，相当于出砂空洞完成一次扩展，以此反复，可以完成整个颗粒剥落出砂过程以及出砂形态的模拟。

基于颗粒级尺度出砂模拟，通过获取初始出砂位置和生产条件（生产压差、流速、产量）即可预测出砂临界条件；通过实时对全部已产出的砂粒直径进行数学统计即可获得出砂粒径范围；通过实时监控出砂空洞的前沿位置即可预测出砂范围变化；根据出砂孔洞容

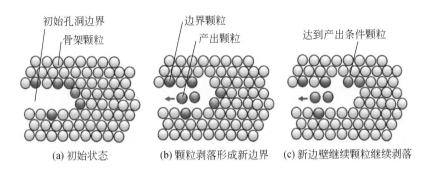

(a) 初始状态　　　　　(b) 颗粒剥落形成新边界　(c) 新边壁继续颗粒继续剥落

图 4.33　颗粒级尺度出砂模拟过程及形态扩展示意图

积即可得到累计出砂量；根据出砂速度与流体产出流量比值即可得到产出流体的含砂浓度。

三、典型模拟结果分析与讨论

1. 颗粒骨架建模结果分析

利用本章的颗粒级尺度出砂模拟方法，研制开发了自主产权的水合物储层出砂模拟器软件，对典型的天然气水合物储层进行出砂模拟，模拟使用的基础数据如表 4.5 所示，根据测井资料计算得到的该储层强度参数和水合物饱和度纵向分布曲线如图 4.34 所示。

表 4.5　目标储层基础数据表

储层深度/m	1381～1399	储层泥质含量/%	20.6603	平均水合物饱和度	0.48
层厚/m	18	岩石泊松比	0.2386	地层砂粒度中值/mm	0.015
井眼直径/mm	219.07	岩石弹性模量/MPa	148.6	天然气相对密度	0.5572
完井方式	裸眼	岩石内聚强度/MPa	0.31	生产压差/MPa	3.849
储层压力/MPa	14.55	储层平均孔隙度/%	36.81	原始最小水平主应力/MPa	13.695
储层温度/℃	15.1	原始垂向主应力/MPa	15.234	原始最大水平主应力/MPa	15.953

设定内聚强度和水合物饱和度非均质系数 0.15，并认为其遵循正态分布，在纵向上服从测井资料计算得到的内聚强度和水合物饱和度分布规律。根据储层微观结构建模方法，构建得到颗粒总内聚强度分布和水合物饱和度分布图如图 4.35 所示。

图 4.35（a）为按照总内聚强度分布输出的二维储层微观结构建模结果图像。红色深色区域表示较高的胶结强度，绿色浅色区域表示较低的胶结强度。例如，在井深 1384m 和 1386～1387m 附近，为高强度分布区域；而在 1387m 和 1385m 附近为低强度区域。在井深纵向方向上，总胶结强度的分布具有随机特性，但其总体特征受测井资料获得内聚强度分布规律控制。图 4.35（b）为按照原始水合物饱和度分布输出的二维储层微观结构建模结果图像。在井深纵向方向上，水合物饱和度的随机分布总体特征受测井资料获得水合物饱和度分布规律控制。

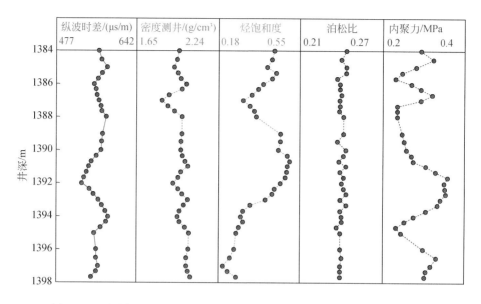

图 4.34　测井资料计算得到的储层强度参数及水合物饱和度纵向分布曲线

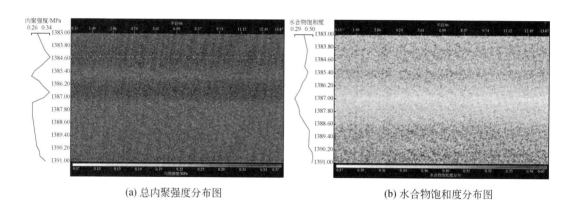

（a）总内聚强度分布图　　　　　　　　　（b）水合物饱和度分布图

图 4.35　储层微观结构建模案例结果图像

2. 微单元颗粒级尺度出砂过程和形态模拟结果

为了探究微观出砂过程，利用表 4.5 的基础数据首先构建厚度 1.5mm 的微单元进行颗粒级尺度出砂模拟。模拟得到的出砂过程及形态如图 4.36 所示。图中红色区域为砂粒剥落区域，每个细小方格即为一个地层砂颗粒位置。根据模拟结果，储层微单元的水合物分解首先从孔壁开始，出砂也从孔壁边界开始。在孔壁边界上，颗粒的粒径和位置、胶结强度、应力和流体流速不同，根据颗粒剥落判别条件，最容易达到剥落条件的颗粒首先剥落产出，如图 4.36（a）所示。颗粒剥落形成新的壁面边界并改变原有的流速场和应力场；在新的壁面边界上，容易脱落的砂粒继续剥落产出，出砂孔道向前扩展延伸，如图 4.36（b）～（d）所示。

由于微单元颗粒模型的非均质性，出砂孔道为非均匀不规则扩展，总体而言是沿胶结弱面向前延伸，最终形成如图 4.36（d）所示的类蚯蚓洞形态的出砂孔道。水合物分解后储层出砂前沿在微观层面产生众多细小的出砂蚯蚓洞，降低了储层整体强度和各部分之间连接，最终造成宏观层面上储层呈现连续垮塌式出砂。孔道的具体位置、形态、深度等除了与生产条件有关外，更与原始胶结强度、水合物饱和度、地层砂粒径等及其随机分布规律相关。

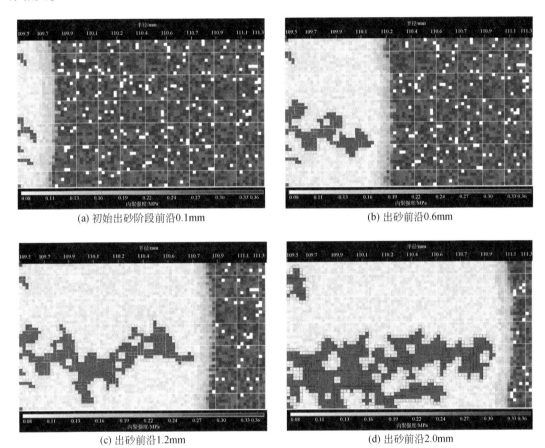

(a) 初始出砂阶段前沿0.1mm

(b) 出砂前沿0.6mm

(c) 出砂前沿1.2mm

(d) 出砂前沿2.0mm

图 4.36　微单元颗粒级尺度出砂过程和形态模拟结果

3. 储层尺度出砂形态模拟结果

利用表 4.5 的基础数据，设定水合物分解强度影响系数为 0.85，井底流压为 3.85MPa，利用自主研发的模拟软件进行储层尺度的出砂过程和形态模拟，得到如图 4.37 所示的模拟结果图像。

图 4.37 清晰地表达了非均质天然气水合物储层的地层砂粒的剥落和出砂形态的演变过程。随着水合物分解前沿推进，以裸眼井壁为边界的出砂剖面从边界上不均匀扩散，如图 4.37（a）所示；然后出砂亏空空道以类蚯蚓洞的形态扩展，如图 4.37（b）所示；随着水合物分解及出砂前沿推进，蚯蚓洞逐步延伸扩展，相互接触，造成连续垮塌式出砂。图 4.37 中最终呈现前端类蚯蚓洞与后端连续垮塌的复合出砂形态。整个储层从井筒到地

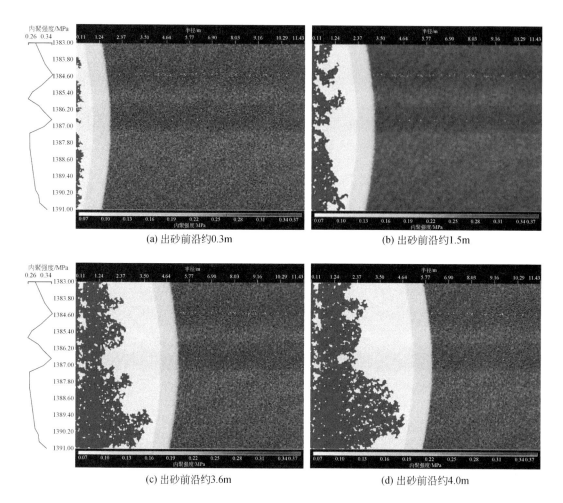

(a) 出砂前沿约0.3m　　　　　　　　　　(b) 出砂前沿约1.5m

(c) 出砂前沿约3.6m　　　　　　　　　　(d) 出砂前沿约4.0m

图4.37　储层尺度出砂过程和形态模拟结果

层分为出砂区、水合物完全分解区、水合物分解过渡区、未分解区等几个区域。由于本例中储层胶结强度总体较低，水合物饱和度较高，水合物分解造成储层强度大幅度降低，出砂前沿基本接近水合物分解前沿。

图4.38为出砂前沿达到4.0m时的储层胶结强度分布图。图4.38（a）为总内聚强度分布图，本例中出现连续垮塌式出砂，在出砂区，储层强度消失；在水合物完全分解区，储层强度降低为原始胶结物胶结强度的85%（由水合物分解强度影响系数决定）；在水合物分解过渡区，总强度与水合物饱和度有关，从胶结物胶结强度逐步过渡到未分解区的原始储层内聚强度。图4.38（b）、（c）分别为水合物胶结强度和胶结物胶结强度分布，展现类似的规律；由于水合物分解对胶结物的影响，分解区的胶结物胶结强度低于未分解区的原始胶结物胶结强度。

图4.39展示了生产动态模拟与出砂速度结果。随着生产的进行，水合物分解前沿向深部推进，在有限的生产时间和空间范围内（本例中为18天），水合物分解面积增加，使得产水量和产气量增加；生产18天时，分解前沿推进到约5m，出砂前沿与分解前沿十分

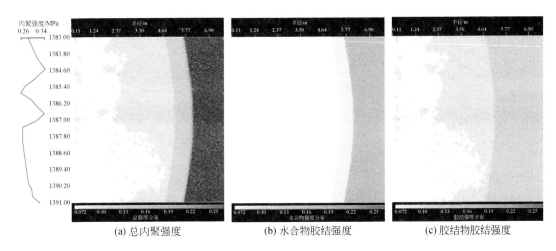

(a) 总内聚强度　　　　　(b) 水合物胶结强度　　　　　(c) 胶结物胶结强度

图 4.38　模拟储层胶结强度分布图

接近，如图 4.39（b）所示。本例中储层胶结物胶结强度平均约 0.15MPa，水合物胶结强度平均约 0.20MPa，在总内聚强度中占主要作用。水合物分解除了导致水合物胶结强度消失外，还会影响胶结物的胶结强度。因此，本例中水合物分解即意味着砂粒剥落出砂。从图 4.39（c）可以看出，随着生产继续，出砂粒径呈逐步减小趋势，由初始的 16μm 降低为 6μm；这是由于随着分解和出砂前沿推进，地应力集中现象减弱，流体流动剖面面积增加，流速降低，促使砂粒剥落的条件减弱，只有相对细小的颗粒达到剥落条件。与此同时，由于出砂半径增加，砂粒产出剖面面积增加，出砂速度呈上升趋势。需要指出的是，此处的出砂速度指的是砂粒的剥落速度。

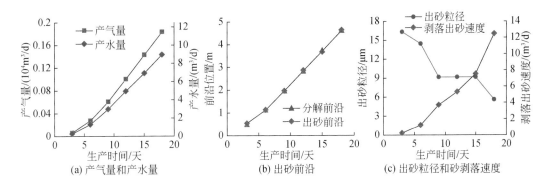

(a) 产气量和产水量　　　　　(b) 出砂前沿　　　　　(c) 出砂粒径和砂剥落速度

图 4.39　生产动态模拟及出砂速度结果

为了探究水合物饱和度对储层强度和出砂规律的影响，利用表 4.5 的基础数据，保持其他条件不变，仅将平均水合物饱和度分别降低到 0.4、0.3 和 0.18，进行储层尺度的出砂过程和形态模拟。图 4.40 展示了水合物饱和度在 0.3 条件下模拟得到的出砂形态以及不同水合物饱和度下的砂粒剥落速度。

在储层平均水合物饱和度约 30% 条件下，总体出砂形态呈现更加明显的类蚯蚓洞形态。随着储层平均水合物饱和度的降低，砂粒剥落速度也明显降低，如图 4.40（b）所

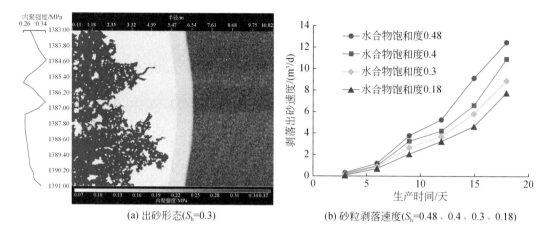

(a) 出砂形态(S_h=0.3)　　　　　　　(b) 砂粒剥落速度(S_h=0.48、0.4、0.3、0.18)

图 4.40　不同水合物饱和度下的模拟结果

示，与平均水合物饱和度 0.48 相比，当储层初始平均水合物饱和度分别降低为 0.4、0.3 和 0.18 时，砂粒剥落速度分别降低到约 80%、69% 和 58%。水合物饱和度越低，水合物分解速率越低，产气量和产水量越低，流体对地层砂粒的冲刷携带作用越弱；另外，储层水合物饱和度越低，水合物分解对储层总内聚强度的影响越小，即水合物分解区的储层强度越高，相同生产条件下越不容易出砂。

参 考 文 献

董长银，闫切海，李彦龙，等. 2019. 天然气水合物储层颗粒级尺度微观出砂数值模拟. 中国石油大学学报（自然科学版），43：77-87.

窦晓峰，宁伏龙，李彦龙，等. 2020. 基于连续–离散介质耦合的水合物储层出砂数值模拟. 石油学报，41：629-642.

李彦龙，刘乐乐，刘昌岭，等. 2016. 天然气水合物开采过程中的出砂与防砂问题. 海洋地质前沿，32：36-43.

刘昌岭，李彦龙，刘乐乐，等. 2019. 天然气水合物钻采一体化模拟实验系统及降压法开采初步实验. 天然气工业，39（6）：165-172.

刘浩伽，李彦龙，刘昌岭，等. 2017. 水合物分解区地层砂粒启动运移临界流速计算模型. 海洋地质与第四纪地质，37：166-173.

卢静生，熊友明，李栋梁，等. 2019. 非成岩水合物储层降压开采过程中出砂和沉降实验研究. 海洋地质与第四纪地质，39：183-195.

Altmann J, Ripperger S. 1997. Particle deposition and layer formation at the cross flow microfiltration. Journal of Membrane Scienc, 124：119-128.

Bedrikovetsky P, Siqueira F D, Furtado C, et al. 2010. Quantitative theory for fines migration and formation damage//SPE International Symposium and Exhibition on Formation Damage Control.

Bu Q, Hu G, Liu C, et al. 2019. Acoustic characteristics and micro-distribution prediction during hydrate dissociation in sediments from the South China Sea. Journal of Natural Gas Science and Engineering, 65：135-144.

Chong Z R, Zhao J, Chan J H R, et al. 2018. Effect of horizontal wellbore on the production behavior from marine hydrate bearing sediment. Applied Energy, 214: 117-130.

Gregory J. 1981. Approximate expressions for retarded van der waals interaction. Journal of Colloid & Interface Science, 83: 138-145.

Heiland J, Flor M. 2006. Influence of rock failure characteristics on sanding behavior: Analysis of reservoir sandstones from the Norwegian Sea//SPE International Symposium and Exhibition on Formation Damage Control. Lafayette, Louisiana, USA.

Konno Y, Jin Y, Shinjou K, et al. 2014. Experimental evaluation of the gas recovery factor of methane hydrate in sandy sediment. RSC Adv, 4: 51666-51675.

Li J, Ye J, Qin X, et al. 2018. The first offshore natural gas hydrate production test in South China Sea. China Geology, 1: 5-16.

Li Y L, Wu N Y, Ning F L, et al. 2019. A sand-production control system for gas production from clayey silt hydrate reservoirs. China Geology, 2: 121-132.

Li Y, He C, Wu N, et al. 2021a. Laboratory study on hydrate production using a slow, multistage depressurization strategy. Geofluids, 4352910, 1-13.

Li Y, Dong L, Wu N, et al. 2021b. Influences of hydrate layered distribution patterns on triaxial shearing characteristics of hydrate-bearing sediments. Engineering Geology, 106375.

Liu C, Li Y, Liu L, et al. 2020. An integrated experimental system for gas hydrate drilling and production and a preliminary experiment of the depressurization method. Natural Gas Industry B, 7 (1): 56-63.

Ma C, Deng J, Dong X, et al. 2020. A new laboratory protocol to study the plugging and sand control performance of sand control screens. Journal of Petroleum Science and Engineering, 184: 106548.

Miyazaki K, Masui A, Sakamoto Y, et al. 2010. Effect of confining pressure on triaxial compressive properties of artificial methane hydrate bearing sediments//Offshore Technology Conference. Houston, Texas, USA.

Suji Y, Kawaguchi T, Tanaka T. 1993. Discrete particle simulation of two-dimensional fluidized bed. Powder Technology, 77: 79-87.

Sun J, Ning F, Lei H, et al. 2018. Wellbore stability analysis during drilling through marine gas hydrate-bearing sediments in Shenhu area: A case study. Journal of Petroleum Science and Engineering, 170: 345-367.

Sun J, Ning F, Liu T, et al. 2019. Gas production from a silty hydrate reservoir in the South China Sea using hydraulic fracturing: A numerical simulation. Energy Science & Engineering, 7: 1106-1122.

Uchida S, Lin J S, Myshakin E M, et al. 2019. Numerical simulations of sand migration during gas production in hydrate-bearing sands interbedded with thin mud layers at site NGHP-02-16. Marine and Petroleum Geology, 108: 639-647.

第五章　水合物开采井控砂参数设计方法

控砂介质是实现控砂的核心单元，也是沟通地层与井筒的桥梁和纽带。控砂介质类型、控砂介质挡砂精度的选择受地层、井型、生产状况等因素的综合约束。本章将简要介绍目前常用的控砂方式，探讨南海泥质粉砂型水合物储层的最佳控砂方法；结合南海水合物的实际地层条件，重点介绍基于"防粗疏细"理念的控砂精度设计方法的基本原理。

第一节　水合物开采控砂方式优选

一、常见控砂方式的基本类型

在常规油气开采领域，针对出砂问题的基本解决思路分成两大类：一类是进行完全防砂；另一类则是基于携砂生产的排砂或疏砂（即控砂）生产，如图5.1所示。

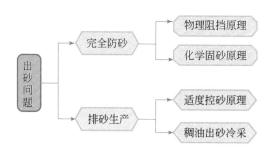

图5.1　控砂方法的基本原理

完全防砂原理就是采用物理阻挡或化学/微生物固结的方法阻止或控制地层出砂。前者是通过井底挡砂手段将地层产出砂以物理方式阻挡在地层或井底外围，防止地层砂随流体进入生产管柱，而后者则是通过化学药剂或具有固结作用的微生物等手段，改善近井地带的地层胶结条件，提高固结强度，从而避免生产过程中泥砂流入井筒。

对于难以有效控制出砂的储层，则可采用允许部分地层砂产出或者直接放弃防砂措施，井筒中采用携砂生产的方式进行，如适度控砂策略允许部分较细的地层砂产出而阻挡较粗的地层砂，稠油出砂冷采则不采取任何防砂措施，任由地层出砂形成类似蚯蚓洞的孔洞增大储层稠油渗透性和流通性能。

目前在常规油气领域，针对出砂问题衍生出名目繁多的控砂措施或工艺对策，基本可以纳入图5.2所示的防砂/控砂方法原理体系中，不同工艺对策的具体挡砂机理、工艺过程各异。防砂/控砂方法分为机械防砂/控砂方法、化学剂/微生物固砂方法和复合防砂/控砂方法三大类，每类防砂方法中又分为若干小类，并包含多种具体的实施方法或工艺。

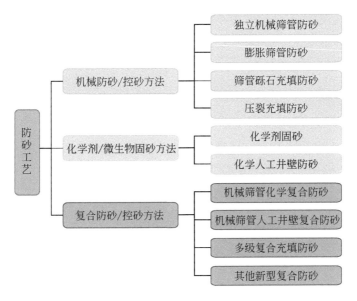

图 5.2　常见防砂/控砂方式的基本分类方法

二、控砂方式在水合物储层中的应用可行性

1. 机械防砂/控砂

机械控砂方法是以物理阻挡的方式将地层产出砂阻挡在井筒外的控砂方法（图 5.3），挡砂介质主要有机械筛管类和砾石充填类两种（Zhao et al., 2021）。在机械控砂方法中，筛管缝隙和砾石充填层的多孔介质结构可以有效阻挡地层砂的产出，而允许流体通过。根据挡砂介质和工艺的不同，机械控砂又分为独立机械筛管、膨胀筛管、筛管砾石充填和压裂充填等四大类，每类又包含若干不同的具体施工工艺。例如，绕丝筛管控砂、高压一次充填控砂都属于机械防砂方法。目前在常规疏松砂岩油气藏防砂领域，机械控砂占主导地位。

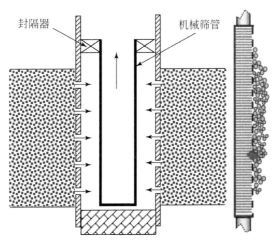

图 5.3　机械控砂工艺示意图

在天然气水合物试采中，考虑到独立机械筛管控砂施工简单、成本低，且试采当时并没有足够的证据表明天然气水合物储层的出砂特性和控砂机理有别于常规油气储层。因此，目前已开展的历次冻土区天然气水合物试采采用的控砂方式均为独立机械筛管控砂（未采取任何控砂措施的试采案例除外）。

筛管砾石充填防砂是指在套管内或套管外与井筒环空中充填砾石，并使用筛管支撑砾石层的防砂方法。根据井型、砾石充填部位及充填形态不同，砾石充填防砂又包括了裸眼砾石充填、套管内循环砾石充填、管外挤压砾石充填、高速水充填、高压一次充填等多种工艺。其共同特点是砾石充填层起挡砂作用，筛管支撑砾石层共同形成挡砂屏障。图 5.4 展示了最典型的砾石充填防砂工艺——管外挤压砾石充填原理示意图。砾石充填防砂是应用较早的防砂方法，近年来其工艺及设备不断完善，是目前综合防砂效果最好、应用最广泛的防砂方法之一。考虑到抗堵塞性能的差异和常规深水气井开发的应用成熟度，日本 2013 年首次试采和中国两次试采都采用砾石填充类控砂方法。

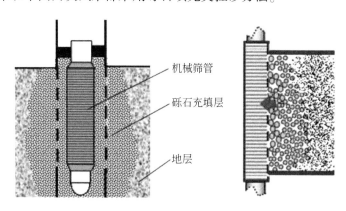

机械筛管
砾石充填层
地层

图 5.4　管外挤压砾石充填原理示意图

2. 化学剂/微生物固砂

化学防砂是指采用化学剂重新固结地层，达到提高地层固结强度，从而防止地层出砂的方法。同时，注入化学剂过程中也可以向地层中挤入一定数量的砂浆混合物，达到充填地层的目的；微生物固砂则是直接注入微生物诱导地层发生固结。

化学防砂主要分为化学剂固砂和化学人工井壁防砂两类方法。化学剂固砂是向地层深部注入树脂或其他化学固砂剂，直接将地层砂重新固结，达到防止地层出砂的目的。人工井壁防砂则是将树脂砂浆液、预涂层砾石、水带干灰砂、水泥砂浆或乳化水泥等材料挤压充填至井筒周围地层，固结后形成具有一定强度和渗透性的人工井壁，达到防止地层出砂目的。

根据天然气水合物储层特点及降压法开采特征，综合考虑化学材料或微生物介质的稳定性、时效性、安全性问题，化学类防砂方法对天然气水合物储层适应性较差；而微生物固砂方法则工艺复杂，在没有得到安全环评前提下很难在处于海底浅层的天然气水合物储层中应用。因此，在目前技术条件下，笔者不建议在海域天然气水合物试采中推广应用化学剂/微生物固砂方法。

3. 复合防砂/控砂

复合控砂是指机械控砂方法与化学/微生物控砂方法的联合应用，利用机械控砂和化学控砂的优点相互补充，一方面能在近井地带形成一个固结强度高、渗透性较高的人工固砂带，另一方面利用机械控砂措施在井筒内形成二次挡砂屏障，起到很好的复合防砂效果。从常规油气开发领域的应用经验来看，复合控砂技术效果好、有效期长，一般适用于单一防砂工艺难以起到有效防砂的井，或对防砂工艺要求苛刻的情况。

在日本 2017 年试采中使用的 GeoFORM 控砂技术，实际上就是一种典型的复合控砂技术。该技术通过化学剂将砾石颗粒固结，形成包裹基管的高渗砾石层，一方面克服了裸眼砾石充填引起的砾石沉降问题，另一方面也避免了常规金属滤砂管的冲蚀破坏问题。

综上，针对天然气水合物储层，推荐优先考虑机械控砂方法。其中，砾石充填类包括压裂充填、管外挤压充填和管内循环充填防砂，常规机械筛管分为规则缝隙类、规则滤网类和不规则金属棉类等。

三、泥质粉砂水合物储层控砂介质优选

1. 控砂介质工作能力实验评价方法

天然气水合物开采过程中，为了实现控砂目的，一般将控砂筛管或充填层安放在井筒中正对生产层位，用于阻挡产出的地层砂。粗组分砂粒被阻挡而沉积在挡砂介质外围形成具有一定流通性的桥架结构，起到防砂作用。泥质细粉砂侵入筛管或砾石层挡砂介质会造成渗透率损害。因此，控砂介质在特定地层条件下的堵塞规律和挡砂机制的耦合与平衡是天然气水合物防控砂研究的重点和难点。从宏观尺度分析，挡砂介质的堵塞过程可以用流通性能和抗堵性能两个单项性能指标，进一步计算均衡性能指标和综合性能指标，挡砂性能则可以采用穿透挡砂介质的粒径、过砂速率等参数表征（董长银等，2016，2018）。

控砂介质在整个生产/试验过程中的流通性用综合渗透率 k_s 表示，k_s 取决于介质的初始渗透率 k_{s0} 和生产/试验过程中的渗透率变化。使用初始渗透率 k_{s0} 和整个生产/试验过程中的介质平均渗透率 k_{sa} 加权平均计算得到介质综合流通性 k_s：

$$k_s = (1 - X_s) \times k_{sa} + X_s \cdot k_{s0} \tag{5.1}$$

$$k_{sa} = \frac{1}{N} \sum_i^N k_{s(i)} \tag{5.2}$$

式中，N 为实验过程的测试点数；X_s 为加权平均计算系数；k_s 为介质样品综合渗透率，μm^2；k_{s0} 为实验测试得到的介质样品初始渗透率，实验初期使用不含砂流体驱替 5min 测试得到，μm^2；k_{sa} 为整个实验过程中测试得到的介质平均渗透率，μm^2。

由于实验开始堵塞初期在短时间内渗透率下降较快，介质总体流通性主要通过堵塞后期的渗透率来表征，因此在计算综合渗透率时，介质初始渗透率的权重应小于平均渗透率，推荐取加权平均系数 $X_s = 0.25$。

为了便于多种介质的流通性能对比以及计算后续的各种无量纲指标，提出多个介质的无量纲流通性能指标 S_1 计算公式为

$$S_{1(j)} = \frac{k_{s(j)}}{k_{smax}} \tag{5.3}$$

式中，$k_{s(j)}$ 为第 j 个介质的综合渗透率 μm^2；k_{smax} 为全部介质的综合渗透率最大值，μm^2；$S_{1(j)}$ 为第 j 个介质的无量纲渗透性能评价指标。

控砂介质被堵塞反映在实验测量结果上表现为：驱替压力或压差升高（在驱替流量基本不变的情况下），或者介质渗透率或渗透率比降低。当控砂介质的渗透率比最终达到基本稳定状态时，表示堵塞过程完成，如图 5.5 所示。由此，挡砂介质的抗堵塞性能是指：流体携带地层砂驱替并穿过控砂介质过程中，控砂介质防止被泥砂颗粒堵塞、维持起始渗透率的能力。

驱替压差或渗透率/渗透率比随时间的变化快慢以及渗透率的最终保持程度反映介质被堵塞情况即介质的抗堵塞性。如果某一介质的驱替压差随时间上升的比较缓慢，且最终保持较低值；或者介质渗透率/渗透率比随时间降低的比较缓慢，并最终保持较高值，则说明介质的抗堵塞性较好。图 5.5 中，介质抗堵塞性从优到差依次为筛管 C、筛管 B 和筛管 A。

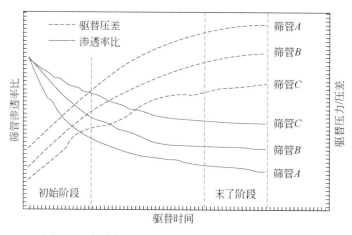

图 5.5　介质渗透率比和驱替压差随时间变化示意图

为进一步表征介质的抗堵塞性能，可定义抗堵塞时间、堵塞时长、绝对渗透率损害速率以及相对渗透率损害速度等表征参数。抗堵塞时间为挡砂介质在携砂驱替条件下从稳定流动到渗透率发生明显下降所经历的时长；堵塞时长指挡砂介质渗透率发生明显下降至堵塞结束渗透率达到稳定所需要的时间：

$$\Delta t = t_e - t_b \tag{5.4}$$

式中，Δt 为堵塞时长，s；t_e 为抗堵塞时间，s；t_b 为介质渗透率停止下降并达到稳定对应的携砂驱替时间，s。

介质渗透率发生明显降低说明介质开始被泥砂堵塞，渗透率曲线斜率代表介质渗透率降低速率，曲线斜率越大，说明介质渗透率变化速度越快，即堵塞速率越快。渗透率损害速率包括绝对渗透率损害速率与相对渗透率损害速率，绝对渗透率损害速率定义为介质渗透率下降阶段单位时间内渗透率的降低值：

$$d = \frac{k_b - k_e}{\Delta t} \tag{5.5}$$

式中，d 为渗透率损害速率，$\mu m^2/s$；k_b、k_e 分别为介质初始渗透率和堵塞后渗透率，μm^2。

相对渗透率损害速率定义为介质渗透率下降阶段单位时间内渗透率降低值与初始渗透率的比值：

$$d = \frac{k_b - k_e}{k_b \Delta t} \tag{5.6}$$

2. 基于模拟实验的控砂介质优选案例分析

为优选泥质粉砂型天然气水合物储层的最佳控砂方法，模拟气液携砂流动条件下挡砂介质堵塞过程，使用标称精度 $40\mu m$ 的绕丝筛板、金属烧结网、金属纤维以及中值粒径 $245\mu m$ 的预充填陶粒在单向流驱替装置中进行泥质粉细砂挡砂实验，螺杆泵排量为在 $0.6m^3/h$，空气压缩机排量为 $1.5m^3/min$，加砂速度 $0.6g/min$，携砂驱替时间在 $90min$ 左右。

四类挡砂介质中规则缝隙类、复合滤网类以及金属纤维类挡砂精度均以内部孔隙当量直径表示，而颗粒预充填类介质则以充填颗粒中值粒径表示，为了统一精度表征方法，将充填颗粒堆积孔隙平均当量直径作为颗粒预充填类介质精度表征新方法。当充填颗粒均质系数 $C \leqslant 3$ 时，充填颗粒粒径与堆积孔隙平均当量直径 d_g 关系如式（5.7）所示：

$$\begin{cases} \dfrac{D_M}{d_M} = 3.18C + 2.28 \\ \dfrac{D_m}{d_m} = \dfrac{3.18C + 2.28}{C} \end{cases}, \quad d_g = \frac{d_M + d_m}{2} \tag{5.7}$$

式中，D_M、D_m 分别为充填颗粒最大、最小粒径，μm；d_M、d_m 分别为颗粒堆积孔隙最大、最小当量直径，μm；d_g 为颗粒堆积孔隙平均当量直径，μm；C 为充填颗粒均质系数，无量纲。

整理得到预充填陶粒基本信息如表5.1所示。

表5.1　预充填陶粒的基本信息表

编号	中值粒径/μm	粒径范围/μm	均质系数	堆积孔隙平均当量直径/μm
T1	116	61~170	2.1	16.19
T2	130	79~181	1.9	20.37
T3	150	114~221	2.1	25.06
T4	170	109~238	1.8	28.49
T5	190	141~301	2.3	30.38
T6	215	158~324	2.4	32.28
T7	245	182~331	2.0	40.21

由表5.1可知，中值粒径为 $130\mu m$ 和 $245\mu m$ 的人造陶粒充填后堆积孔隙平均当量直径分别为 $20.37\mu m$ 和 $40.21\mu m$，统一精度表示方法，将两种陶粒充填后标称精度分别确定为 $20\mu m$ 和 $40\mu m$。

1）不同类型挡砂介质流通性能与抗堵塞性能评价分析

实验过程中利用数据采集系统监测和记录驱替装置内压力、流量等信息，计算挡砂介质渗透率。实验所用 4 类挡砂介质整体渗透率随时间变化如图 5.6 所示。

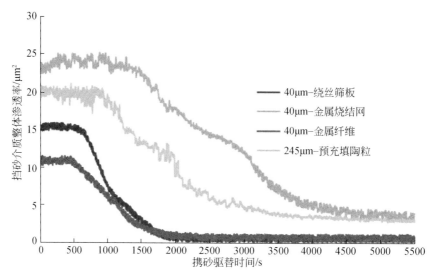

图 5.6　挡砂介质整体渗透率随携砂驱替时间变化图

由图 5.6 可知，介质在挡砂堵塞过程中流动压差或整体渗透率均随携砂驱替时间呈阶段性变化，且四种挡砂介质的渗透率变化呈相似趋势，均经历"保持稳定—快速下降—再次稳定"的变化过程，我们从堵塞的角度将其表述为堵塞开始、堵塞加剧及堵塞平衡三个阶段。由于介质结构差异，四种类型介质挡砂堵塞后渗透率变化过程存在一定程度的差异。

图 5.7 为四种挡砂介质初始渗透率、堵塞后最终渗透率以及堵塞过程中的平均渗透率对比。其中，金属烧结网和预充填陶粒的各项渗透率指标接近，且远高于绕丝筛板和金属纤维，说明其流通性能较好；金属纤维初始渗透率最低，约 $11\mu m^2$ 左右，金属烧结网初始渗透率最高，约为 $24\mu m^2$。挡砂介质堵塞完成后，预充填陶粒与金属烧结网最终渗透率保持在 $4\sim5\mu m^2$，绕丝筛板和金属纤维堵塞后渗透率仅有 $1\mu m^2$ 左右。

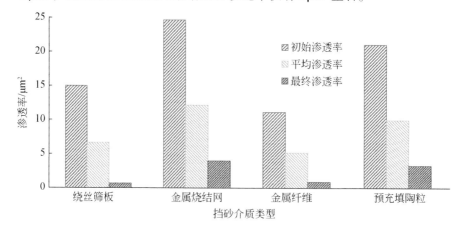

图 5.7　四种介质初始渗透率、最终渗透率及平均渗透率对比

四种介质挡砂堵塞过程中各抗堵塞性能评价参数如图 5.8 所示。由图 5.8（a）可知，介质的堵塞开始时间以及堵塞时长与介质堵塞过程中渗透率损害速率具有较好的对应关系。金属烧结网和预充填陶粒堵塞开始时间均超过 1000s，而相同精度的金属纤维和绕丝筛板堵塞开始时间仅为 500s 左右。换言之，同样条件下携砂驱替 1000s，金属烧结网和预充填陶粒渗透率保持在初始状态，而金属纤维和绕丝筛板渗透率已经发生明显下降。金属烧结网和预充填陶粒堵塞时长分别约为 3000s 和 2500s，相比金属纤维和绕丝筛管偏高50% 左右。堵塞开始时间和堵塞时长对比表明，金属烧结网和预充填陶粒挡砂过程中能在更长时间内保持介质的初始高渗状态，堵塞过程更漫长。

同时，图 5.8（b）中，金属烧结网和预充填陶粒挡砂过程中渗透率损害速率明显低于绕丝筛板和金属纤维，绝对渗透率损害速率控制在 $0.007\mu m^2/s$ 左右，较金属纤维和绕丝筛板偏低 $10\% \sim 30\%$，相对渗透率损害速率均在 $0.04 \times 10^{-2}/s$ 以内，较金属纤维和绕丝筛板偏低 50% 左右。

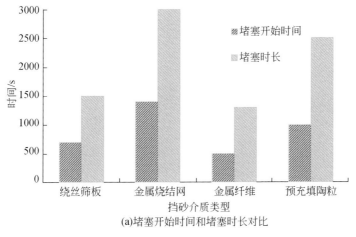

(a)堵塞开始时间和堵塞时长对比

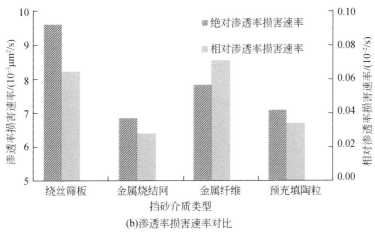

(b)渗透率损害速率对比

图 5.8　四种挡砂介质抗堵塞性能对比图

综合堵塞开始时间、堵塞时长以及渗透率损害速率等参数分析，金属烧结网和预充填陶粒在挡砂过程中能够最大限度地保持渗透率，且在发生堵塞后能够将渗透率损害速率控制在较低水平，拥有较高的抗堵塞性能。

2）不同类型挡砂介质的挡砂性能评价分析

介质挡砂过程中，在集砂器中收集通过挡砂介质的泥砂，每隔 500s 将收集到的泥砂进行分离、烘干、称重，通过激光粒度分析仪测量集砂器中泥质粉细砂微粒，进而分析介质在挡砂堵塞各阶段的挡砂情况。为描述泥砂穿过挡砂介质的速度和粒径规模，采用平均过砂速率、过砂中值粒径以及整体挡砂率等概念来综合表征控砂介质的挡砂能力。其中，过砂中值粒径指某一时间段内通过挡砂介质的泥质粉细砂中值粒径，过砂中值粒径随携砂驱替时间变化如图 5.9 所示。

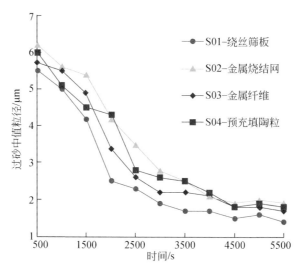

图 5.9　过砂中值粒径随携砂驱替时间变化图

平均过砂速率指某时间段内通过挡砂介质的泥质粉细砂质量与携砂驱替时间的比值，整体挡砂率指从驱替实验开始至某一时刻，该时间段内被介质阻挡的泥砂总质量与累积加砂总质量的比值，挡砂介质平均过砂速度与整体挡砂率随时间变化如图 5.10 所示。

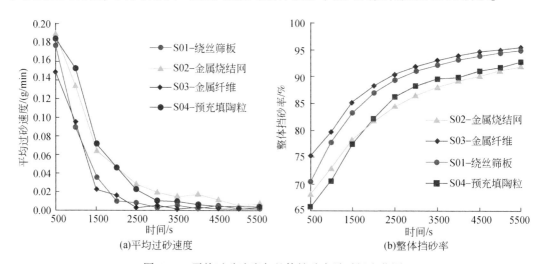

图 5.10　平均过砂速度与整体挡砂率随时间变化图

介质过砂粒径、过砂速率以及整体挡砂率能够反映介质的挡砂能力，由图5.9和图5.10可知，介质阻挡泥质粉细砂过程中，介质过砂粒径和过砂速率逐渐降低，过砂粒径由 $5\sim 6\mu m$ 降至 $1\sim 2\mu m$，过砂速率下降幅度达到75%，而堵塞过程中整体挡砂率由75%左右逐渐提升并稳定在90%以上，说明介质挡砂能力逐渐增强。为证明介质挡砂过程中挡砂能力变化，在进行 $40\mu m$ 精度绕丝筛板挡砂实验时，拍摄介质堵塞各阶段单向流驱替管道内流动状况，如图5.11所示。

(a)堵塞开始阶段

(b)堵塞加剧阶段

(c)堵塞平衡阶段

图5.11 绕丝筛板挡砂过程各阶段单向流驱替管道内流动状况照片

实验时挡砂介质固定在两个透明驱替短节中间，由于泥质粉细砂的存在，液相呈现不同程度的灰褐色。图5.11中，在绕丝筛板堵塞开始阶段，挡砂介质前端和后端液相颜色差距较小，至堵塞加剧和堵塞平衡阶段，绕丝筛板前端液相颜色逐渐加深，而介质后端液相颜色逐渐变浅，且介质前端与后端颜色差距越来越大。这是因为在以恒定速度向驱替管路中加砂时，随着介质堵塞程度加剧，能够穿过挡砂介质的泥质粉细砂越来越少，更多的泥质粉细砂被挡在介质前端而使得液相中泥质粉细砂含量升高，液相呈现灰褐色且颜色加深，介质后端液相中泥质粉细砂含量越来越少，液相颜色越来越浅。绕丝筛板堵塞至平衡阶段时，只有少量细组分泥质粉细砂可以穿过介质，因此介质后端的液相透明度较高，接近于清水。

总之，四类介质挡砂能力变化趋势基本一致，过砂速率和过砂中值粒径均经历"迅速降低—逐渐达到平衡"的变化过程,整个实验过程中金属烧结网和预充填陶粒的过砂速度和过砂粒径略高于金属纤维和绕丝筛板,尤其是堵塞开始阶段和堵塞加剧阶段,金属烧结网和预充填陶粒过砂速度相较于另外两种介质偏高 20% ~ 50% ,过砂粒径偏高 0.5 ~ 1.0μm,而整体挡砂率始终偏低 5% ~ 10% 。堵塞平衡阶段,四类介质挡砂性能较为接近,过砂速度以及过砂粒径差距明显缩小,4 类介质整体挡砂率均高于 90% ,差距缩小到 4% 左右。

3. 控砂介质类型综合优选方法

控砂介质类型的优选不仅要考虑流通性、抗堵塞性和挡砂性能单项指标的高低,还要考虑各指标的均衡程度。为此,我们可以采用综合性能指标来对不同类型的控砂介质进行横向比较。介质综合指标 S_1 为流通性能、挡砂性能和抗堵性能的综合体现,根据挡砂性能指标 S_d、流通性能指标 S_1 和抗堵性能指标 S_k 通过加权平均计算得到:

$$S_1 = W_k S_k + W_1 S_1 + W_d S_d \tag{5.8}$$

$$W_k + W_1 + W_d = 1 \tag{5.9}$$

式中,W_d 为挡砂性能权重系数,无量纲;W_1 为渗透性能权重系数,无量纲;W_k 为抗堵性能权重系数,无量纲;S_1 为介质防砂功能指标,无量纲。

上述权重系数为经验系数,用于调整特定的储层或区块对于控砂工艺在挡砂性能、抗堵性能和渗透性能方面不同的要求。根据具体控砂需求和评价目的灵活调整,本次试验中取 $W_d = 0.8$, $W_k = 0.1$, $W_1 = 0.1$ 。

基于四类挡砂介质流通性能、抗堵塞性能、挡砂性能以及综合砂性能动态分析,利用上述挡砂介质综合性能评价方法,计算挡砂精度 40μm 绕丝筛板、金属纤维、金属烧结网以及人工陶粒单项性能指标以及综合性能指标,如图 5.12 所示。

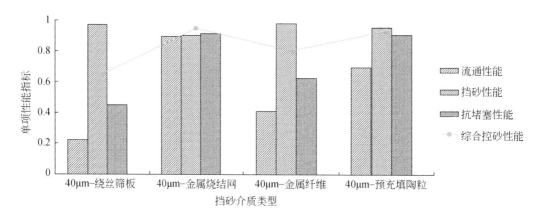

图 5.12　挡砂精度 40μm 挡砂介质性能指标评价

由图 5.12 可知,挡砂精度 40μm 时,金属烧结网和预充填陶粒流通性能指标和抗堵塞性能指标明显高于绕丝筛板和金属纤维,四类挡砂介质挡砂性能指标较为接近,金属烧结网和预充填陶粒挡砂性能指标略低。由于较高的流通性能和抗堵塞性能,金属烧结网和预充填陶粒综合防砂性能指标最高,且较为接近。

为验证四类挡砂介质综合防砂性能指标对比结果,在相同实验条件下补充挡砂精度

$20\mu m$ 的四类挡砂介质性能评价模拟实验，其综合性能指标对比结果如图 5.13 所示。

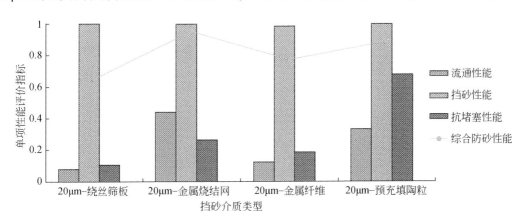

图 5.13　挡砂精度 $20\mu m$ 挡砂介质防砂性能指标评价

综合两种挡砂精度挡砂介质防砂性能评价结果，挡砂精度 $20\mu m$ 挡砂介质流通性能指标和抗堵塞性能指标偏低，而挡砂性能指标偏高，四类挡砂介质各项性能指标分布规律基本一致，金属烧结网和预充填陶粒综合性能指标最高。综上所述，对于天然气水合物储层泥质粉细砂防砂与控砂管理，复合滤网类介质和预充填颗粒类介质具有更好的适应性。

第二节　常规机械控砂精度设计方法

一、常规控砂精度设计方法适应性分析

无论是机械筛管类控砂还是砾石填充类控砂，其挡砂精度设计的基本依据都是地层砂的粒度分布曲线。获取地层砂粒度分布曲线的主要手段有振筛机筛析和激光粒度仪测试等多种，这里不再赘述。

目前常用的筛管挡砂精度设计方法都是基于地层渗流过程中的分选桥架挡砂机理提出的（图 5.14）：对常规气井或油井而言，在没有大幅度井底压力波动的情况下，地层泥砂随地层流体产出的过程中，较细的固相颗粒穿透比自身粒径大的颗粒堆积所形成的孔隙，进入筛管或部分被排出，而较粗的颗粒由于无法进入挡砂层则被阻挡在筛管外面，较粗的颗粒堆积到一定厚度后，相当于形成了新的挡砂层，而其孔喉却很小，孔喉较小的挡砂层会阻挡更细的地层砂粒，依此类推，从筛管向地层方向延伸，被阻挡的颗粒粒径越来越小，这就是所谓的分选桥架挡砂机理。在分选桥架挡砂过程中，为了防止细颗粒侵入控砂筛管内部发生堆积进而堵塞筛管，筛管缝隙一般设计成外小内大的楔形体，保证细颗粒要么不侵入筛管挡砂层，要么侵入后能够快速的排入井底，防止细颗粒卡在筛管缝隙中。

但实际上，天然气水合物开采过程中，由于水合物分布的非均质性、分解过程的不稳定性等因素的影响，水、气流入井筒的过程中无法形成严格意义上的"稳定流动"，前一时刻形成的砂桥，可能会在下一时刻因为气泡的"鼓泡"流动而破坏。因此，天然气水合

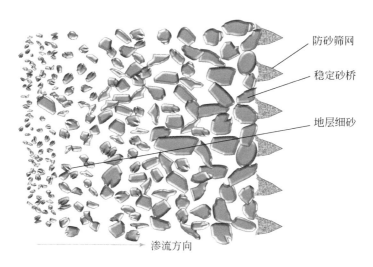

图 5.14　分选桥架挡砂机理示意图

物降压开采过程中对挡砂精度设计的一个重要不利因素是砂桥的不稳定性，严格意义上的稳定砂桥很难长期存在。因此，尽管目前大部分试采都沿用常规油气挡砂理念设计控砂精度，但天然气水合物开采工况下的深层次控砂机理仍不清楚。

　　另外，对于泥质粉砂天然气水合物储层，与常规油气储层出砂现象最大的区别在于，由泥质颗粒蠕动和天然气水合物分解因素导致的地层出砂（即孔隙内侵蚀过程）是无论如何都无法避免的。尤其是对高泥质含量的储层而言，如果不及时排出水合物分解区范围内的泥质成分，将导致近井地层附加表皮的快速上升，影响地层压降传递效率和天然气水合物分解效率，甚至完全堵塞井筒控砂介质。与此同时，又不能过度放宽挡砂精度，否则近井地层水合物分解区的松散沉积物将被直接"挤入"井筒，造成其他工程风险。因此，如果按照传统"防砂"思路进行泥质粉砂水合物开采井的筛管挡砂精度设计，则难以从整个水合物开采系统的角度对天然气水合物资源的长效安全开采提供帮助。

　　因此，目前常规油气井中常用的基于地层砂筛析数据进行筛管挡砂精度设计的方法（包括完全防砂或适度防砂设计方法）在泥质粉砂型水合物储层中的适用性仍待进一步验证。为兼顾泥质堵塞和地层亏空风险，泥质粉砂型水合物开采井控砂精度设计需同时满足如下两个方面的要求：①保证地层细质成分（含泥质和细粒砂质颗粒）的顺利排出；②适度阻挡地层砂中粒径较大的成分。

二、机械筛管控砂精度设计方法

（一）常见的控砂筛管类型

　　目前常规油气开采中常用的机械控砂筛管主要包括绕丝筛管、金属棉滤砂管、金属网布筛管、冲缝筛管等，多达几十种。从总体结构分析，机械控砂筛管可分为单层结构筛管（筛管结构仅由一层组成，结构单一，如割缝衬管）、双层结构筛管（由基管和外保护罩两层组成，如绕丝筛管、环氧树脂石英砂滤砂管等）和三层结构筛管（由基管、挡砂介质层、外保护罩三层组成）。三层结构筛管以其结构稳定、控砂性能与抗堵塞性能好等优势占据主导地位，典型的三层结构筛管有金属棉滤砂管、CMS 筛管、Excluder 筛管、MeshRite 筛管、ExcelFlo 筛管等，其核心是挡砂介质层。

根据挡砂介质特征，可将挡砂介质分为四种，如图 5.15 所示。

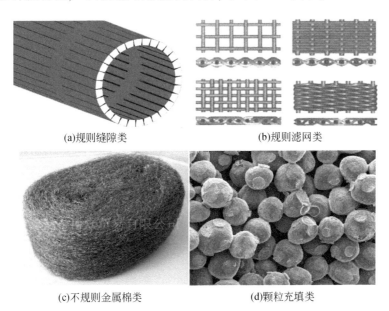

(a)规则缝隙类　　　　　　　　　(b)规则滤网类

(c)不规则金属棉类　　　　　　(d)颗粒充填类

图 5.15　机械筛管挡砂介质分类

规则缝隙类介质是通过金属丝缠绕或套管上割缝产生规则缝隙［图 5.15（a）］，如割缝筛管和绕丝筛管。规则缝隙类筛管的挡砂效果取决于缝隙的宽度及缝型结构，如矩形缝、单梯形缝、双梯形缝等。

规则滤网类介质主要是单层或多层金属编织网叠加形成挡砂层［图 5.15（b）］，如 CMS 筛管、MGC 筛管。规则滤网类挡砂介质的挡砂效果取决于单层网孔大小和形状，以及复合叠加的层数和紧密程度。

不规则金属棉类介质由金属丝杂乱缠绕而成，通过金属丝的直径和堆叠体积压缩程度控制挡砂介质的渗透率和挡砂精度［图 5.15（c）］，如金属棉滤砂管。金属棉类挡砂介质形成的孔喉结构复杂，随机性较强。当金属丝直径固定时，其挡砂效果取决于金属丝被压实的程度。压实越密实，孔隙度与渗透率越低，但挡砂效果越好，越能阻挡较细的地层砂。反之，压实程度越小，则流通性能越好，但能够阻挡的地层砂粒径越粗（即挡砂精度越低）。

颗粒充填类介质由石英砂、涂敷砂、陶粒等固体颗粒堆积充填形成挡砂介质［图 5.15（d）］，如双层预充填筛管、树脂石英砂筛管等。颗粒充填类挡砂介质挡砂效果取决于颗粒的直径和圆球度以及压实程度，如有胶结剂，其控砂精度还与胶结剂用量有关。

上述四类典型挡砂介质是构成机械控砂筛管的核心，以下简要介绍目前常见的几类控砂筛管及其基本的结构特征和控砂原理。

1. 割缝衬管

割缝衬管是最早出现的防砂筛管，由直接使用锯片铣刀在铣床上铣削套管而成，或使用激光、等离子技术切割成缝，最小缝宽可达 0.10mm，如图 5.16（a）所示。割缝可以使地层流体通过，同时阻挡地层砂。割缝缝眼排列方式有平行轴线方向和垂直轴线方向两种，通常采用平行轴线方向、交错排列方式。

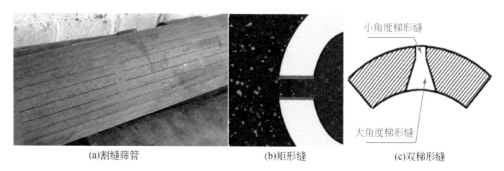

(a)割缝筛管　　　　　　　　(b)矩形缝　　　　　　　　(c)双梯形缝

图 5.16　割缝衬管及其激光加工

割缝衬管防砂工艺简单，施工操作方便，成本低。但普通矩形缝［图 5.16（b）］和单梯形缝割缝衬管防砂有效期短，效果差，缝眼易被细砂堵塞或磨损。随着加工技术的进步，割缝衬管加工技术由铣刀加工到激光割缝，目前出现了双梯形缝等离子割缝衬管［图 5.16（c）］，其抗堵塞与抗磨蚀性能大大提高。

2. 绕丝筛管

绕丝筛管由基管（带孔中心管）、纵筋和不锈钢绕丝组成，如图 5.17 所示。基管上钻有一定密度和孔径的圆孔，提供流体通过绕丝缝隙后流入井筒的通道。基管上带有纵筋以支撑绕丝。国内选用 304L、316L 不锈钢丝作为绕丝的原料，纵筋一般被轧制成一定尺寸的梯形截面，绕丝压制成三角形或梯形截面。纵筋和绕丝结合后形成的缝隙对于地层砂粒有"自洁"作用。一旦有颗粒随液流进入绕丝缝隙，由于越向内孔隙越大，砂粒不会滞留堵塞在缝隙内。

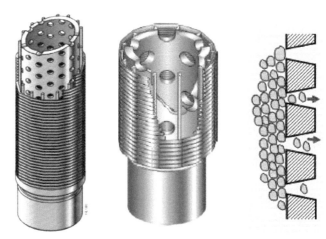

图 5.17　绕丝筛管及其"自洁"作用

3. 多层复合滤网类防砂筛管

多层复合滤网类防砂筛管包含带孔基管、挡砂介质和外保护罩,其挡砂介质由多层复合滤网和支撑层叠加组成。典型的多层复合滤网类防砂筛管如图 5.18 所示。复合滤网一般采用 316L 不锈钢制成,防砂可靠性高,挡砂效果好。规则滤孔结构稳定,抗变形能力强,滤孔渗透性高,抗堵塞能力强,并且便于反向冲洗。

图 5.18　典型的多层复合滤网类防砂筛管

需要特别指出的是,目前市场上三层结构筛管占主流地位,而三层结构筛管中的主流产品就是多层复合滤网类防砂筛管。目前多层复合滤网类筛管产品种类繁多,虽然基本结构原理相似,但其微观结构、材料各不相同,出于商业原因,各种多层复合滤网类防砂筛管的产品名称不一,如精密滤砂管、复合筛管、滤砂管等。

4. 金属棉/纤维筛管

金属棉/纤维筛管由带孔基管、金属棉和保护管组成,带孔基管和保护管上均有钻孔,提供流体流动通道。在带孔基管和保护管之间的夹层中充填有不锈钢网状纤维(即金属棉),作为滤砂管的过滤介质,如图 5.19 所示。金属纤维按一定的数量置于预制的模具中,经断丝、混丝、滚压、梳分后在一定压力下成型,镶嵌于管壁孔内或套于中心管上,加以固定并加筛套保护。金属棉滤砂管的防砂原理是:大量金属纤维被压紧堆积在一起,形成高缝隙密度的防砂滤网以阻挡地层砂粒通过,其缝隙大小与纤维堆积紧密程度有关。通过控制纤维的压紧程度,达到适应不同油气层砂径的防砂要求。由于金属纤维层富有弹性,在一定的驱动力下,小砂粒可以通过缝隙,因而可避免金属纤维被堵死。砂粒通过后,纤维又可恢复原状并起自洁作用。大量的地层砂被外层金属网阻挡形成砂拱,可阻挡地层砂。

5. 双层预充填绕丝筛管

双层预充填绕丝筛管由内、外绕丝层,涂层砾石及中心管组成,如图 5.20 所示。在地面上将分散的预涂层砾石装入内外绕丝层之间环空内,两端密封后,加温将涂层砾石固结即可。双层筛管的内、外绕丝的缝隙尺寸相同,一般缝宽小于充填预涂层砾石直径的

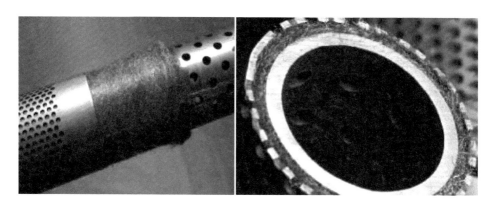

图 5.19　整体式金属棉滤砂管

1/2，以保证砾石充填体的稳定性。内外管的环空间隙厚度保持在 15 ~ 30mm。预充填绕丝筛管防砂是在地面预先将符合地层砂筛析要求的砾石充填在有内外双层绕丝筛管的环形空间预制成整体防砂筛管。将防砂筛管下入套管内，对准生产层位，用悬挂器固定在射孔段上部，或者直接连接在油管底部，绕丝及夹层内的砾石层均可以阻挡地层砂通过。

图 5.20　双层预充填砾石绕丝筛管

6. 金属泡沫筛管

金属泡沫筛管为多层结构筛管，包括带孔基管、泡沫金属挡砂层、导流降阻层、紧固增强层和外保护套（图 5.21）。金属泡沫筛管常用的过滤材料为泡沫铝，泡沫铝是在纯铝或铝合金中加入添加剂后经过发泡制成的，具有密度低、刚度高、耐高温、抗腐蚀、连通性好等优点，孔隙度可达到 80% 以上，孔径可调范围为 0.05 ~ 10.00mm，孔径均匀度较高。金属泡沫筛管为多层结构筛管，包括带孔基管、泡沫层和保护管。其中，泡沫层包括内外两层，采用外密内疏的孔径结构，内层孔径较大保证固相颗粒进入泡沫金属层后顺利排出；外层孔径较小，可以提高筛管挡砂性能。

除了泡沫铝，常见泡沫金属过滤材料还包括泡沫镍、泡沫铁、泡沫铁镍合金等，广泛用于航天航空、建筑消声隔热、电池极板、新能源汽车、石油化工、油气水过滤分离等领域。用于石油工业油砂分离筛管的金属泡沫多采用导电泡绵基体电沉积金属元素而成，其单个过流孔胞呈十二面体立体结构，端面为五边形或六边形，面与面连通，材料各向同性，较比传统金属编织网材料的二维孔隙，孔隙率高（>80%）、通孔率高（>90%）、体积密度低、刚度高、耐高温、抗腐蚀，其成型孔径范围为 $60 \sim 300 \mu m$，单一规格孔径偏差度在±5% 以内，孔隙大小均匀度高，在油、砂分离领域有较好的适用性，可独立防砂完井，也可以配合充填颗粒实现砾石充填完井防砂，具备较长的防砂有效期。

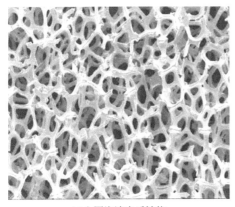 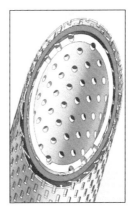

(a)金属泡沫介质结构　　　　　　　(b)金属泡沫防砂筛管

图 5.21　金属泡沫筛管

7. 星孔筛管

星孔筛管由基管管体、滤砂件组成，如图 5.22 所示。滤砂件相对独立，由外壳、外保护网、过滤介质、内保护网、垫片等组成。过滤介质分为金属纤维和特制滤网两类。每个滤砂件都能独立运行，可根据储层特性分段设置不同过滤精度。

图 5.22　星孔筛管

在上述常见机械筛管基本原理的基础上，为了适应天然气水合物实际地层特征，近几年来领域内研究者及油服公司根据天然气水合物储层特点研制了若干新型控砂筛管，如 GeoFORM 可变形塑性防砂筛管、多层预充填旁通筛管等。由于各种筛管的挡砂介质类型和基本结构、加工工艺方法各异，微观结构参数多样，导致目前各种筛管的防砂性能和适应条件差异明显。

（二）常规机械筛管控砂精度设计方法

对于机械筛管控砂工艺，机械筛管直接阻挡地层砂，根据地层砂筛析数据设计筛管挡砂层缝宽或挡砂精度是一项十分重要的工作，设计结果的合理性直接决定控砂措施的成败（王利华等，2011）。目前现场常用的筛管种类繁多，对于缝隙类筛管，主要设计其缝隙宽度；对于不规则挡砂介质的筛管，主要设计其挡砂精度。

在机械筛管直接阻挡地层砂的条件下，目前常用的控砂筛管精度设计方法主要有 W-G 方法、P. Masterkad 方法等。其中，W-G 方法由 Wilson 和 Gill 提出：

$$\begin{cases} W \leqslant 2 \cdot d_{10}, & C_s > 5 \\ W = d_{10} \sim d_{15}, & 5 > C_s > 3 \\ W = d_{10}, & C_s < 3 \end{cases} \tag{5.10}$$

式中，C_s 为地层砂的不均匀系数，无量纲；d_{10}、d_{15} 分别为地层砂筛析曲线重量累积百分数为 10%、15% 对应的砂粒直径，mm；W 为所选择的最佳控砂筛管的筛网缝宽，mm。

由式（5.10）可知，地层砂的不均匀系数越大，达到有效控砂所需的挡砂精度越高（即筛网缝宽越大），这主要是因为地层砂分布不均匀性越大的地层发生筛管介质细颗粒堵塞的风险越大，因此完全防砂后的产能降低风险也就越大。在地层砂不均匀系数较小的地层，油气工业一般直接取筛管挡砂层的缝宽值为地层砂粒度中值 d_{50}，即

$$W = d_{50} \tag{5.11}$$

另外，P. Masterkad 研究并建立了一种新的设计筛管缝宽/精度的临界缝宽设计模型，适用于生产层段较长且纵向上有多套地层砂筛析资料的情况，该模型通过筛管挡砂驱替实验定义如下四个临界缝宽：

（1）d--：出现明显堵塞现象的临界缝宽。

（2）d-：开始出现堵塞现象的临界缝宽。

（3）d+：不会出现砂粒通过筛管的临界缝宽。

（4）d++：明显出现砂粒通过筛管的临界缝宽。

[d-，d+] 即为安全的筛管缝宽或精度范围。此范围内既不会出现砂粒通过的现象，也不会发生堵塞。对于纵向上有多套地层砂筛析数据的情况，分别使用该模型计算 d--、d-、d+、d++ 四个临界缝宽，然后便可得到安全缝宽范围进而确定机械筛管精度。图 5.23 为利用该技术对某井设计筛管缝宽的结果示例，图中阴影区域即为安全筛管精度区域，中间红色粗线为设计的筛管精度 0.3mm。

在筛管砾石充填控砂完井条件下，控砂筛管的主要作用是支撑砾石层，而阻挡地层砂的主要功能则由砾石充填层本身承担。此时，控砂筛管的缝宽选择则主要通过桥架机理确定，即

$$W \leqslant \left(\frac{1}{2} \sim \frac{2}{3} \right) D_{gmin} \tag{5.12}$$

式中，D_{gmin} 为所充填的砾石颗粒的最小尺寸，mm。

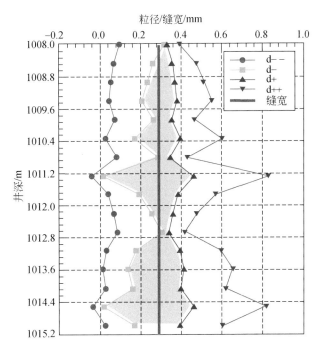

图 5.23　基于 P. Masterkad 模型的某井临界缝宽设计图

三、砾石尺寸设计方法

1. 基于地层砂粒度特征值的简易设计方法

砾石填充类控砂方法的控砂精度实际是指砾石紧密填充后能够允许通过的最大地层砂粒径。但实际工程设计中很难精确得知砾石堆积后孔隙能够通过的最大地层砂粒径（Dong et al., 2018；余莉等，2019）。因此，在工程设计中通常采用砾石尺寸来等效代替砾石充填控砂介质的"挡砂精度"。其基本原理是：直径越大的砾石颗粒，堆积后形成的孔隙尺寸越大，理论上能够允许的地层砂粒径自然也就越大。因此，这种等效是合理的。

目前常规油气行业砾石尺寸的选择方法相对比较丰富，最简单的方法是：根据地层砂的某一特征尺寸如 d_{50} 或 d_{10} 计算得到应采用的砾石尺寸范围。这些方法主要包括 Karpoff、Smith、Tausch&Corley 以及 Saucier 方法等。其中最常用的是 Saucier 方法，即

$$D_{50} = (5 \sim 6) \cdot d_{50} \tag{5.13}$$

式中，D_{50} 为充填所需的砾石颗粒的粒度中值。

由于目前油气行业所用的砾石尺寸已经标准化、系列化。因此，一旦根据上式确定了充填所需的砾石粒度中值，相应的砾石尺寸类型也就确定了。

需要特别指出的是，Saucier 砾石尺寸设计方法是基于大量的砾石层渗透率和砾石–地层砂粒度配比实验得到的经验公式。同时，Saucier 通过实验得到如下结论：当 GSR>14 时（GSR 为砾石与地层砂的粒度中值之比），地层砂可自由通过砾石层；6<GSR<14 时，地层

砂可不同程度地侵入并滞留在砾石层中；当 5<GSR<6 时，不存在砂侵，挡砂效果较好；而当 GSR<5 时，砾石层的渗透率太低，不利于降低防砂表皮系数。因此，该方法是现代砾石尺寸设计的基础，在本章第三节中建立"防粗疏细"控砂精度设计方法时仍会用到该理论。

2. 基于地层砂全筛析曲线的图版设计方法

图版法砾石尺寸设计方法主要包括 Depriester 图版法和 Schwartz 图版法。此类方法必须依赖地层砂筛析曲线，首先通过生产特征参数确定设计点，然后通过平移设计点及辅助限定条件确定最终的砾石尺寸范围。

其中，Depriester 砾石尺寸设计图版法如图 5.24 所示，其图解法设计步骤如下：在地层砂筛析曲线上找到 d_{50}、d_{90} 对应的两点；从 d_{50} 点向左平移，求出 $D_{50} \leqslant 8d_{50}$ 点 F；从 d_{90} 点向左平移，求出 $D_{90} \leqslant 12d_{90}$ 点 E；通过 E、F 两点画出砾石的粒径分布曲线，要保证砾石尺寸分布曲线的 $D_{10}/D_{90} \geqslant 3$；延伸砾石尺寸分布直线到 0 和 100%，该直线段对应的粒径范围即为选定的砾石尺寸范围。

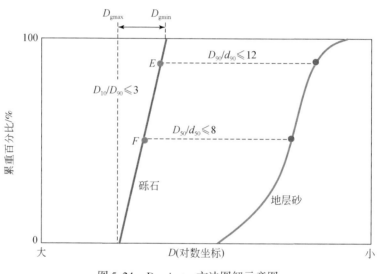

图 5.24　Depriester 方法图解示意图

3. 孔喉结构模拟法

该方法以砾石层孔喉模拟为基础，考虑砾石层孔喉尺寸分布与地层砂分布的匹配性，建立一种全新的砾石尺寸选择方法：砾石层孔喉直径是指砾石层孔隙中能够容纳的最大球形颗粒的直径。对于单一粒径的砾石，通常假设理想密实充填，其孔喉直径可以很容易地通过几何关系根据砾石尺寸计算得到。但实际上，由于砾石颗粒的随机充填，砾石层的孔喉直径并不是均匀的（对于非等粒径的砾石更是如此）。因此，砾石沉积形成的砾石层孔喉尺寸具有一定的分布特征，对于阻挡地层砂的砾石层而言，如果孔喉结构分布与地层砂尺寸分布匹配得当，则可以起到很好的挡砂效果。

孔喉结构模拟法进行砾石尺寸设计步骤如下：对于给定的地层砂，绘制其重量分布曲线；根据地层砂的粒度中值，在工业砾石标准中初步选择若干种备选（在砾石与地层砂中值比 5~8 为宜）的砾石尺寸；假设正态分布规律，确定每种砾石的颗粒尺寸分布规律；

对每种砾石分别进行计算机孔喉结构模拟，绘制孔喉尺寸分布曲线；每种砾石的孔喉尺寸分布曲线与地层砂筛析曲线绘制在一起；选择砾石尺寸：与地层砂尺寸分布曲线相近且小于地层砂筛析曲线的孔喉尺寸曲线所代表的砾石为最佳砾石尺寸。这样可保证砾石层孔喉尺寸在整个分布范围内均小于地层砂尺寸，虽然较小尺寸的地层砂粒仍可通过较大尺寸的孔喉，但由于桥架作用，这些能够通过的地层砂会很少，从而达到较好的挡砂效果。

第三节　水合物开采井"防粗疏细"控砂精度设计方法

为便于叙述，本章第三节、第四节在叙述针泥质粉砂型天然气水合物开采井的"防粗疏细"控砂精度设计方法时，都以南海实际储层虚拟井位参数为例展开。

一、南海典型水合物储层粒度分布特征

神狐海域水合物富集区位于南海北部陆坡中段，西沙海槽与东沙群岛之间海域，构造上属于珠江口盆地珠二拗陷白云凹陷，是目前我国海洋天然气水合物调查研究最为充分的区域，也是我国首次海域天然气水合物试采工程站位所在区域。水合物钻探航次 GMGS1（2007 年）和 GMGS3（2015 年）均在该区域发现了天然气水合物实物样品。典型样品分析结果表明，神狐海域天然气水合物储层黏土含量极高，伴生部分钙质微化石和有孔虫壳体，是典型的泥质细粉砂。

其中，W18 站位位于珠江口盆地珠二拗陷白云凹陷，站位水深约 1272m，天然气水合物在空间上呈斑状分布，饱和度纵向非均质分布，为 0 ~ 64%，气体组分以甲烷为主（含量最高达 99.5%），属典型的生物成因气（Bu et al.，2019；张伟等，2017）。天然气水合物储层部分典型岩心粒度累重分布测试结果如图 5.25 所示。由图可知，W18 站位水合物储层地层砂粒度中值为 14.5 ~ 35μm，属于泥质粉细砂，不同层位的地层砂粒度分布范围差异较大。

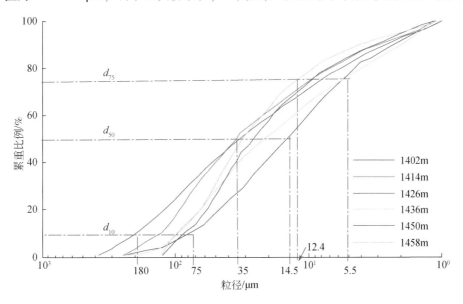

图 5.25　W18 站位水合物储层部分典型岩心粒度累重分布曲线

　　生产层位地层砂粒度分布规律是筛管控砂精度设计的基础,不同控砂精度设计方法所依据的粒度特征值不同。其中,地层砂分选系数、均匀系数是影响天然气水合物开采井筛管控砂精度的重要参数。地层砂分选系数反映地层砂的总体分布范围,均匀系数反映地层砂的均匀程度。典型的地层砂分选系数评价方法和均匀系数评价方法分别如式(5.14)、式(5.15)所示:

$$\begin{cases} F=\dfrac{\phi_{84}-\phi_{16}}{4}+\dfrac{\phi_{95}-\phi_{5}}{6.6} & \text{(沉积学公式)} \\[2mm] F=\dfrac{\phi_{90}-\phi_{10}}{2} & \text{(Berg 公式)} \end{cases} \tag{5.14}$$

$$C=\frac{d_{40}}{d_{90}} \tag{5.15}$$

式中,F 为分选系数,无量纲;C 为分选系数,无量纲;$\phi=-\log_2 d$,d 为用毫米表示的累积分布曲线上某一累重比对应的粒径值。基于式(5.14)、式(5.15)的地层砂粒度分选性、均匀性评价标准及 W18 站位地层砂评价结果如表5.2、表5.3所示。

表 5.2　地层砂粒度分选性评价标准及 W18 站位地层砂评价结果

评价标准		W18 站位评价结果	
判别界限	定性指标	沉积学公式	Berg 公式
$F<0.5$	分选性良好		
$0.5<F<1$	中等分选	1.76 ~ 2.40	2.29 ~ 3.13
$1<F<2$	分选性差		
$F>2$	分选性极差		

表 5.3　地层砂均匀性评价标准及 W18 站位地层砂评价结果

评价标准		W18 站位评价结果
判别界限	定性指标	
$C<5$	均匀砂	
$5<C<8$	不均匀砂	9.33 ~ 20.75
$C>8$	极不均匀砂	

　　由表5.2可知,对于 W18 站位沉积物而言,基于 Berg 公式求得的地层砂分选系数计算结果总体略大于沉积学公式计算结果,但两者计算结果均表明,W18 站位地层砂的分选性为差–极差。综合表5.2、表5.3的计算结果,W18 站位水合物储层地层砂可定性归类为分选性极差的极不均匀砂,该类储层特征给全尺寸范围的地层砂有效控砂带来极大的困难。

　　另外,W18 站位水合物储层的泥质含量范围为 24.6% ~ 35.1%,其中蒙脱石含量为 36.25% ~ 40.75%,伊利石矿物含量为 29% ~ 34.75%。对于该类储层而言,如果控砂介质不能保证及时排出天然气水合物分解区范围内的泥质成分,将导致近井地层附加表皮的快速上升,影响地层压降传递效率和水合物分解效率,甚至完全堵塞井筒控砂筛管。因此，W18 站位水合物开采井控砂措施面临非常严峻的抗堵塞压力。

综上，南海北部神狐海域天然气水合物开采井控砂精度的设计面临以下三方面的挑战：①单一储层地层砂非均质性强、分选性差导致的全尺寸范围控砂困难大，控砂参数的选择要考虑单一储层粒度及泥质组分带来的挑战；②超高泥质含量特别是蒙脱石等黏土矿物导致的控砂介质抗堵塞压力大；③储层地层砂粒度分布规律纵向非均质性造成的一体化控砂难度较大，控砂参数选择需要设法减缓不同层位之间的非均质性造成的控砂矛盾。

二、"防粗疏细"筛管控砂精度设计方法

如前所述，天然气水合物降压开采过程中，由于水合物本身分布的非均质性、分解不稳定性等因素的影响，水、气流入井筒的过程中无法形成严格意义上的"稳定流动"，前一时刻形成的砂桥，可能会在下一时刻因为气泡的"鼓泡"流动造成破坏。因此很难用桥架机理去设计天然气水合物试采井中的控砂筛管精度。

基于疏通地层细质成分（含泥质和细粒非泥质颗粒）的和适度阻挡地层砂成分中粒径较大的颗粒的双重考虑，笔者提出了"防粗疏细"式控砂精度设计方法，即通过主动疏导，使运移到井筒外围的地层细质成分完全通过筛管进入井筒，同时保证地层砂粗组分被挡在控砂介质外围，从而达到既疏通近井地层保证产能，又防止地层大量出砂造成垮塌的效果。

上述"防粗疏细"筛管控砂精度设计方法的实质是：将地层固相颗粒视为泥质和砂质两部分构成，砂质又分成细组分和粗组分两部分。天然气水合物开采井控砂筛管精度设计过程实际上就是将地层固相颗粒进行组分重新整合，然后分别依据地层砂粗组分、细组分、泥质组分组成，根据控砂措施的需求进行最佳筛管控砂精度设计。天然气水合物开采过程中允许泥质和砂质细组分进入井筒，并举升至地面（平台），然后再进行分离处理，地层砂粗组分则被阻挡在筛管外面，形成"砂桥"，达到控砂和释放产能的目的，如图 5.26所示。

上述"防粗疏细"式筛管控砂精度设计方法的详细实现方案如下（Li et al.，2020）：

（1）分析原始地层砂粒度分布规律，分析地层黏土成分、含量，确定原始地层砂均匀性、分选性及特征尺寸。通常而言，地层黏土含量越高，越不利于控砂条件下保持天然气水合物储层的稳定产能供应；黏土矿物中的蒙脱石含量越高，控砂介质发生堵塞的风险就越高；地层均匀性和分选性越差，控砂筛管控砂精度设计越困难。因此，可以通过原始地层砂粒度分布规律初步判断天然气水合物生产井的控砂精度设计需求。

（2）疏通地层砂中的细组分和泥质固相是泥质粉砂型天然气水合物储层控砂精度设计的重点，因此需要对地层砂粗、细组分进行界定：①依据原始地层砂质量累积分布曲线，利用式（5.16）将重量累积分布曲线转化为颗粒数累积分布曲线；②得到地层砂颗粒数量与粒径的关系数据，取颗粒数 N_i 以 10 为底的对数，绘制 d_i-$\lg(N_i)$ 关系曲线；③d_i-$\lg(N_i)$ 关系曲线最明显的特征就是：随着地层砂粒径的增大，d_i-$\lg(N_i)$ 曲线斜率绝对值逐渐减小，且存在某个临界点，该临界点之前曲线斜率绝对值随着粒径的增大下降迅速，临界点之后曲线斜率绝对值随粒径的增大变化不明显。定义该临界点所对应的粒径值即为

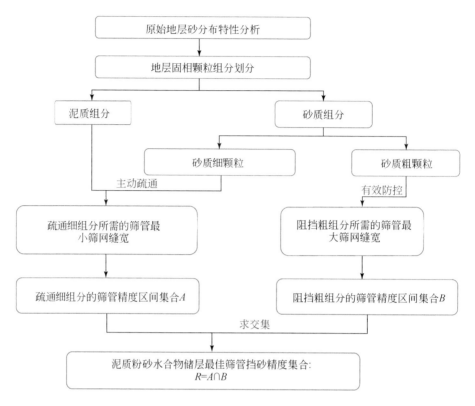

图 5.26 "防粗疏细"筛管控砂精度设计流程

地层砂粗细组分的分界点。

$$N_i = \frac{M \cdot W_i}{\rho_g \left(\frac{4}{3} \pi d_i^3 \right)} \tag{5.16}$$

式中，M 为筛析的地层砂样总质量，kg；ρ_g 为地层砂密度，kg/m³；d_i 为第 i 组分地层砂粒径，m；W_i 为第 i 组分地层砂粒径所占的质量百分数，小数；N_i 为第 i 组分地层砂的颗粒数目，个。

（3）地层砂粗组分、细组分分界点粒径值即为细组分最大粒径值，依据该粒径值确定控砂筛管不发生细组分堵塞的最小筛网缝宽（控砂精度上限）：根据 Abrams 桥堵原理，当筛管外地层砂粒径大于筛管缝宽的 1/3 时，筛网内部就可能形成稳定的桥架堵塞。因此，要有效疏通地层砂细组分，就必须防止地层砂细组分砂桥的形成，相应的缝网型筛管控砂精度必须满足如下要求：

$$W_1 \geqslant 3 \cdot d_c \tag{5.17}$$

式中，W_1 为疏通地层砂细组分所需的最小筛管缝宽，μm；d_c 为地层砂细组分最大粒径，也即地层砂质粗、细组分临界点粒径值，μm。

（4）去除地层砂质中的细组分，对粗组分重新进行半对数累重计算，绘制粗组分粒度分布曲线，计算粗组分分选系数、不均匀系数及 d_{10} 等特征尺寸参数。然后根据常规缝网型筛管控砂精度设计模型进行阻挡地层砂粗组分所需的筛管缝宽设计。粗组分最佳控砂精度设计方法可以用式（5.18）表示：

$$W_2 = d_{50} \tag{5.18}$$

式中，W_2 为阻挡地层砂粗组分所对应的筛管缝宽，μm；d_{50} 为经重新计算的地层砂粗组分筛析曲线的粒度中值，μm。

为了综合考虑流体物性、泥质含量、产量及开采方式等多种因素的影响，近年来又有学者提出了引入生产条件修正系数 R_s 的机械筛管控砂精度设计方法（董长银等，2016），即

$$W_2 = R_s \cdot (0.333d_{50} + 0.387d_{70} + 0.510d_{90})(C/3)^{0.1511} \tag{5.19}$$

式中，d_{70}、d_{90} 为地层砂粗组分筛析曲线上累计质量分数分别为 70%、90% 时的地层砂粒径，μm。

（5）确定单一地层砂的最佳筛管控砂精度：如果用集合的形式分别表示式（5.17）、式（5.18）或式（5.19）对应的筛管缝宽设计结果，则：

$$A = [W_1, +\infty) \tag{5.20}$$
$$B = (0, W_2] \tag{5.21}$$

因此，天然气水合物开采井最佳筛管控砂精度可以表示为

$$W_{sand} \in C = A \cap B \tag{5.22}$$

式中，W_{sand} 为天然气水合物开采井单一储层地层砂最佳控砂精度，μm。

根据上述设计方法，如果已知水合物开采井储层段不同深度处的原始地层砂粒度分布规律，则可精确设计不同层位所需的最佳筛管控砂精度，然后综合整个储层段的情况，优选适合整个储层的最佳筛管控砂精度。

三、算例分析——以南海 W18 站位为例

根据式（5.16）对 W18 站位储层地层砂进行转化并进行半对数分析，可得到 W18 站位储层全井段地层砂粗、细组分临界值。以储层中部（1436m）原始地层砂粒度分布规律为例，地层砂粗、细组分划分结果如图 5.27 所示。由图可知，W18 站位天然气水合物储层中部（1436m）地层砂粗、细组分划分临界粒径值为 9μm，即 9μm 以内的地层泥砂完全疏通。

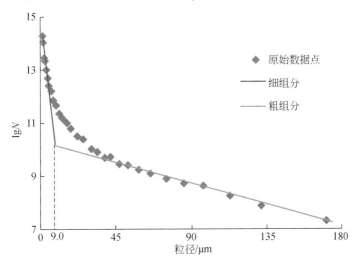

图 5.27　W18 站位 1436m 处地层岩心砂粗、细组分划分

根据图 5.27 所示的地层砂粗细组分划分方法对 W18 站位全部地层砂进行组分划分，得到 W18 站位全储层段地层砂粗组分典型粒度分布规律如图 5.28 所示。由图可知，去细组分的地层砂粒度中值为 31 ~ 73μm，分选系数为 1.03 ~ 1.74，均匀系数为 3.09 ~ 4.26，属于均匀砂。因此，如果仅考虑地层砂粗组分的影响，由于粗组分粒径较大、分选性改善、均匀性好，W18 站位储层控砂效果将会得到明显改善。

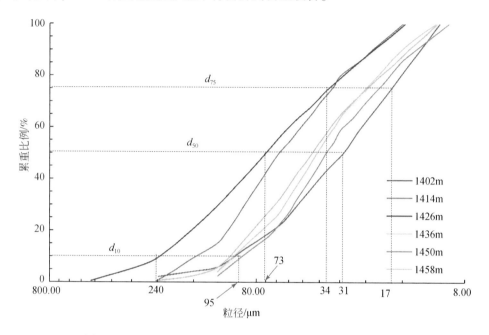

图 5.28　W18 站位全储层段地层砂粗组分典型粒度分布曲线图

根据"防粗疏细"泥质粉砂型天然气水合物储层筛管控砂精度设计方法，可得 W18 站位不同深度范围内的最佳筛管控砂精度分布区间（图 5.29）。图 5.29 所示的天然气水合物储层最佳控砂精度区间，从理论上讲不同深度的储层对应的最佳控砂精度不同，因此为了实现精细控砂，不同深度需要安装不同精度的控砂介质，即分层控砂层数最大化有利于实现精细控砂。但由于受施工现场作业限制，海域天然气水合物试采井控砂方案设计的基本原则是在保证控砂要求的前提下，尽可能简化施工难度。因此，筛管控砂精度优选的目的是在保证控砂效果的前提下尽可能减少分层控砂的分层数。

四、分层控砂参数设计方法

图 5.29 中 W_1 和 W_2 之间的筛网缝宽值即为最佳控砂精度区间。由图可知，不同层段的理想筛管控砂精度范围存在明显的差异。总体而言，W18 站位天然气水合物层段中部筛管控砂精度可选范围较大，储层上部和下部筛管控砂精度可选范围较窄。由于式（5.19）综合考虑了流体物性、泥质含量、产量及开采方式等多种因素的影响，因此基于式（5.19）设计的筛管控砂精度范围更为精细。

为此，笔者提出了如下基于最小化分层控砂层数的筛管参数设计方法［结合图 5.29（a）

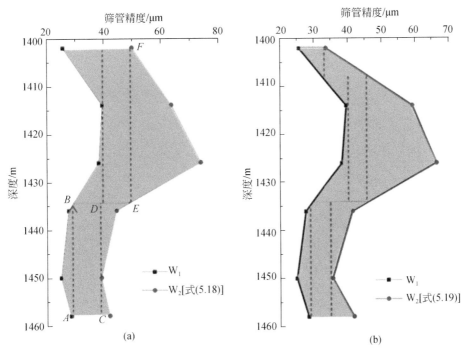

图 5.29　W18 站位地层砂控砂精度设计结果

来说明]。

（1）起始设计点的选择：从储层生产段最下部开始，过纵向上相邻的三个 W_1（或 W_2）值计算结果做圆。如果圆心落在 W_1（或 W_2）曲线的右侧，以储层生产段最下部地层砂对应的 W_{1-A} 值为起始设计点 ［图 5.29（a）中的 A 点］；反之，以 W_2 储层生产段最下部地层砂对应的 W_{2-A} 值作为起始设计点。

（2）过起始设计点（A 点）垂直向上做竖直线，竖直线与 W_1 线（或 W_2 线）的交点为 B；则线段 $\overline{AB}$ 对应的深度区间为第一分层控砂层段，线段 $\overline{AB}$ 对应的筛网缝宽为第一层段所需的筛管最小控砂缝宽。

（3）在第一分层控砂层段做线段 $\overline{AB}$ 的平行线段 $\overline{CD}$，使 $\overline{CD}$ 与 W_2 线（或 W_1 线）相切，则线段 $\overline{CD}$ 对应的筛网缝宽为第一分层控砂层段所需的筛管最大控砂缝宽。

（4）过 B 点做水平线，水平线与 W_2 线（或 W_1 线）的交点为 E，点 E 作为分层控砂第二层段的起始设计点，重复步骤（1）～（3），完成第二控砂层段长度和最佳控砂精度的设计。

（5）以此类推，直到到达储层最上端，即完成全井段筛管分层控砂精度及其对应控砂层段的设计。

特别地，如果在步骤（1）中线段 $\overline{AB}$ 与 W_2 线相交，则线段 $\overline{AB}$ 与线段 $\overline{CD}$ 重合，表示该第一分层控砂层段的最佳控砂精度为确定值。反之，如果线段 $\overline{AB}$ 与 W_1 线相交，则 $W_{\overline{AB}}<W_{\overline{CD}}$，表示该层段的最佳控砂精度在 $W_{\overline{AB}}\sim W_{\overline{CD}}$ 之间均可。

基于上述分层控砂精度及控砂层段设计一体化方案，南海北部神狐海域 W18 站位天然气水合物开采中最佳控砂方案推荐见表 5.4。

表 5.4　W18 站位筛管控砂精度推荐方案

W_2 计算模式	分层数	层段 /m	推荐精度 /μm
式（5.18）	2	1400 ~ 1434	40 ~ 50
		1434 ~ 1458	30 ~ 39
式（5.19）	3	1400 ~ 1407	34 ~ 35
		1407 ~ 1434	40 ~ 45
		1434 ~ 1458	30 ~ 35

实际天然气水合物试采井施工采用的筛管控砂精度的选取可以根据上述推荐结果选择最接近的工业筛管。对于 W18 井而言，根据表 5.4 中的设计结果，总体推荐进行 2 层分层控砂施工。在偏保守设计的情况下，储层下部（1434 ~ 1458m）可以选取 30 ~ 35μm 控砂精度的机械筛管，储层中上部（1400 ~ 1434m）则可选取精度是 40 ~ 45μm 控砂精度的机械筛管；在保证井筒携砂沉砂需求条件下储层下部控砂精度可以适当放宽至 35 ~ 39μm，而储层中上部则推荐使用 45 ~ 50μm 控砂精度的机械筛管。

若实际天然气水合物开采过程中由于施工条件限制，无法进行严格的分层控砂作业，则综合考虑表 5.4 的设计结果，推荐使用标称控砂精度为 40μm 的机械筛管。

需要指出的是，根据笔者的实验结果分析，上述筛管控砂精度设计方法仅适用于缝网型筛管控砂精度的优选，如绕丝筛管、割缝管、金属网布型筛管等。对于金属棉类筛管，该方法的适应性及上述模型的微观挡砂机理目前尚需进一步验证。

第四节　基于"防粗疏细"理念的砾石尺寸优选方法

一、充填类砾石材料尺寸优选方法

南海北部神狐海域天然气水合物储层具有埋深浅、胶结差、泥质含量高等特点，属于未固结超细粉砂质储层，充填型防砂工艺（含常规管内/管外砾石充填防砂和陶粒/石英砂预充填防砂筛管防砂等）是此类储层最有效的防砂工艺之一。充填层既是挡砂屏障，又是地层流体的入井通道，较大的砾石尺寸有利于尽可能降低防砂附加表皮，释放天然气水合物储层产能，但同时可能导致地层砂大量产出，造成砂埋、加剧地层亏空等工程风险；相反，较小的砾石尺寸虽然挡砂效果好，但极易发生细质或泥质堵塞，对天然气水合物井的产能产生严重影响。因此，防砂充填层砾石尺寸的设计应该从防止挡砂层堵塞和适度阻挡地层砂两方面考虑。

因此，本章第三节所述"防粗疏细"控砂精度设计理念在砾石尺寸优选中同样具有重要意义。基于"防粗疏细"优选泥质粉砂型天然气水合物储层充填砾石尺寸的具体步骤是（李彦龙等，2017）：

（1）首先获取原始地层砂分布特征参数，分析地层砂均匀性和分选性，初步设定充填层砾石尺寸设计要求。

（2）利用原始地层砂累重分布曲线，经过一定的数学转化，将地层砂划分为细组分和粗组分两种成分，并找到细组分与粗组分的分界点粒径值；粗组分、细组分分界点粒径值即为细组分最大粒径值，根据该粒径值确定充填层不发生细质堵塞的小充填层砾石尺寸。

（3）将粗组分按照粒径比例分布规律做归一化处理，重新绘制半对数累重分布曲线，基于新的累重分布曲线分析地层砂粗组分的特征参数；采用基于完全挡砂理念的充填层精度设计模型，计算完全阻挡粗组分地层砂所对应的最佳砾石尺寸范围。

（4）求解疏通细组分所需的充填层砾石尺寸集合与阻挡地层粗组分所需的充填层砾石尺寸集合的交集，确定对应层位的最佳充填砾石尺寸。

二、算例分析

1. 算例井粒度分布特征

南海神狐海域 X 站位储层粒度分布范围曲线，储层粒度平均粒度中值为 6.0 ~ 15.9μm，泥质含量在30%左右，站位地层砂粒径随着深度的增大而逐渐增大，图5.30 中粒度分布曲线的左边界代表 X 站位天然气水合物下部储层的典型地层砂粒度分布曲线，右边界代表 X 站位天然气水合物上部储层的典型地层砂粒度分布曲线。地层砂分选系数、均匀系数参数评价结果如表5.5 所示。

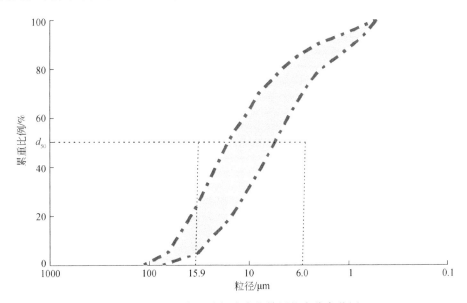

图5.30　X 站位天然气水合物储层粒度分布范围

由表5.5 可知，X 站位水合物储层地层砂特性为：分选性极差、不均匀性极强且泥质含量很高的泥质粉砂。上述特征为控砂精度的设计带来了巨大挑战。基于本章第三节第二部分所述的地层砂粗细组分划分方法，得到 X 站位上、下部储层地层砂粗、细组分粒径分界点分别为 5.3μm、7.2μm。

表 5.5　地层砂粒度分选及均匀性评价结果

分选性评价标准		站位评价结果	
F 值界限	定性指标	沉积学公式	Berg 公式
$F<0.5$	分选性良好	1.85 ~ 2.30	2.35 ~ 2.95
$0.5<F<1$	中等分选		
$1<F<2$	分选性差		
$F>2$	分选性极差		
均匀性评价标准		站位评价结果	
C 值界限	定性指标	8.4 ~ 12.3	
$C<5$	均匀砂		
$5<C<8$	不均匀砂		
$C>8$	极不均匀砂		

　　为了设计合理的泥质粉砂型天然气水合物开采井挡砂精度，需要对去除细质组分的地层砂重新进行累重分布规律评价，找出地层砂粗组分的特征粒径值，从而为挡砂精度设计提供依据。根据地层砂粗、细组分划分结果，从图 5.30 的累积分布曲线中分别去除粒径小于 5.3μm 和 7.2μm 的细质组分，然后将粒度累重分布曲线重新做归一化处理，并做累积计算到 100%，可得地层砂粗组分粒度分布曲线如图 5.31 所示，地层砂粗组分粒度分布规律特征参数统计如表 5.6 所示。

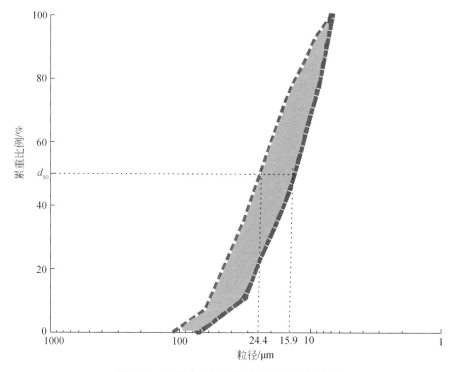

图 5.31　X 站位地层砂粗组分粒度分布曲线

表 5.6　地层砂粗组分粒度分布规律特征参数

粒度中值 d_{50}/μm	分选系数		均匀系数
	沉积学公式	Berg 公式	
15.9 ~ 24.4	0.9 ~ 1.2	1.1 ~ 1.5	1.98 ~ 2.98

将上述结果与表 5.5、表 5.6 对比可知，去除细组分后，X 站位地层砂分选系数降低，表明地层砂分选性变好；均匀系数明显降低，地层砂类型由极不均匀砂改变为均匀砂，由于分选性良好的均匀砂控砂难度显著小于分选性差的极不均匀砂，因此考虑疏通地层细质成分的挡砂精度设计思路有利于延长防砂有效期，尽可能增大试采周期。

2. **疏通细质成分的最小砾石尺寸**

地层砂细组分和黏土矿物共同构成地层固相含量的细质成分。Saucier 等通过驱替试验系统地研究了驱替后砾石层渗透率与砾石层–地层砂粒度中值比（GSR）的关系，得出不考虑泥饼影响的前提下，当 GSR>14 时，地层砂可自由通过砾石层。因此，天然气水合物储层流体产出过程中，为尽可能防止细砂堵塞，最佳挡砂精度应满足如下关系式：

$$D_{\text{gmin}}^1>14 \cdot d_{\text{fmax}}=\begin{cases}14\times5.3=74.2\,\mu m & \text{（上部地层）}\\14\times7.2=100.8\,\mu m & \text{（下部地层）}\end{cases} \tag{5.23}$$

式中，D_{gmin}^1 为不考虑泥饼影响前提下充填层的最小砾石尺寸，μm；d_{fmax} 为地层砂细组分的最大粒径，μm。

除了地层砂细组分，泥质粉砂储层中含有大量的蒙脱石等黏土矿物，这些泥质成分是影响挡砂介质堵塞程度的主要因素之一。泥质含量越高，地层产出物对挡砂介质的堵塞速率及最终堵塞程度均增大。随着泥质含量的增大，相同粒度中值、相同均匀系数的地层砂所需的最佳挡砂精度越低（充填砾石层尺寸越大）。基于上述分析，本书提出砾石层挡砂精度损失率的概念，即随着泥质含量的增大，造成的砾石层实际挡砂精度降低的程度：

$$R_{\text{m}}=\frac{D_{\text{gclay}}}{D_{\text{gsand}}}\times100\% \tag{5.24}$$

式中，D_{gsand} 为当地层中不含泥质成分时的最佳挡砂精度，μm；D_{gclay} 为当地层中含有泥质成分时，对应的挡砂精度，μm；R_{m} 为泥质含量造成的挡砂精度损失率，本书取 $R_{\text{m}}=1.6$。

因此，考虑高泥质含量的影响，为尽可能防止细组分及泥质的堵塞，最佳挡砂精度应满足如下关系式：

$$D_{\text{gmin}}>R_{\text{m}} \cdot D_{\text{gmin}}^1=\begin{cases}74.2\times1.60=118.7\,\mu m & \text{（上部地层）}\\100.8\times1.60=161.3\,\mu m & \text{（下部地层）}\end{cases} \tag{5.25}$$

式中，D_{gmin} 为考虑泥饼形成风险的充填层最小粒径，μm；

3. **粗组分最佳挡砂砾石尺寸**

基于图 5.27 所示的泥质粉砂型天然气水合物储层"防粗疏细"充填层挡砂精度设计思路，在满足上述的完全疏通细质成分的前提下，可以按照常规砾石充填层挡砂精度设计方法进行地层砂粗组分挡砂精度设计。

目前常用的充填层挡砂精度设计方法包括 Karpoff 法、Tausch&Corley 法、Saucier 法等。其中，Saucier 法和 Tausch&Corley 法分别以地层砂累积分布曲线的 d_{50}、d_{10} 值作为充填层挡砂精度设计点，其具体的砾石尺寸范围设计分别如式（5.26）、式（5.27）所示：

$$\begin{cases} D_{gmin} = 5 \cdot d_{50} \\ D_{gmax} = 6 \cdot d_{50} \end{cases} \tag{5.26}$$

$$\begin{cases} D_{gmin} = 4 \cdot d_{10} \\ D_{gmax} = 6 \cdot d_{10} \end{cases} \tag{5.27}$$

Karpoff 法根据地层砂均匀系数 C 和粒度中值 d_{50} 确定砾石尺寸范围：

$$\begin{cases} D_{gmin} = 5 \cdot d_{50}, \ D_{gmax} = 10 \cdot d_{50}, \quad C < 3 \\ D_{gmin} = 4 \cdot d_{50}, \ D_{gmax} = 8 \cdot d_{50}, \quad C \geqslant 3 \end{cases} \tag{5.28}$$

结合图 5.32 及式（5.26）~式（5.28）可得地层砂粗组分最佳充填层挡砂精度设计结果，如表 5.7 所示。

表 5.7　地层砂粗组分最佳充填层挡砂精度设计结果

地层	Tausch & Corley 法	Saucier 法	Karpoff 法
上部地层	$143 \sim 215\,\mu m$	$69 \sim 82\,\mu m$	$69 \sim 137\,\mu m$
下部地层	$240 \sim 360\,\mu m$	$122 \sim 146\,\mu m$	$122 \sim 244\,\mu m$

由表 5.7 可知，不同的挡砂精度设计方法，其设计结果相差较大。总体而言基于上述三种方法的最佳充填层砾石尺寸设计结果存在如下关系：

$$D_S \leqslant D_K \leqslant D_{T\&C} \tag{5.29}$$

式中，D_S、D_K、$D_{T\&C}$ 分别为基于 Saucier 法、Karpoff 法和 Tausch & Corley 法的砾石尺寸设计结果。

4. 最佳充填层挡砂精度推荐

综上所述，黏土质粉砂型天然气水合物开采井充填层挡砂精度的设计应该同时满足完全疏通细组分和阻挡粗组分的要求。如果假设式（5.25）求得的完全疏通细质成分所需的挡砂精度设计范围用集合 A 表示，表 5.7 求得的阻挡粗组分所需的挡砂精度设计范围用集合 B 表示，则天然气水合物开采井的最佳挡砂精度设计结果可用如下交集的方式表示：

$$C = A \cap B \tag{5.30}$$

若 A、B 的交集为空，则说明该砾石尺寸设计方法不适用于黏土质粉砂型天然气水合物储层；反之，集合 C 即为最佳充填层挡砂精度。

结合式（5.30）和表 5.7 的设计结果可得表 5.8。

表 5.8 中 $\varPhi$ 表示空集，即 Saucier 法不适用于黏土质粉砂型水合物生产井。另外，基于 Karpoff 法的挡砂精度设计结果偏保守，而基于 Tausch & Corley 法的设计结果则相对冒险，因此在防砂效果和产能要求之间必须有一个平衡。当井筒携砂条件苛刻且沉砂口袋不足的情况下，可选择牺牲部分产能，选择基于 Karpoff 法的设计结果；当井筒携砂条件相对宽松且有液流注入管线防止砂沉的条件下，应优选基于 Tausch & Corley 法的设计结果。

另外，需要特别注意的是：无论是 Tausch & Corley 法还是 Karpoff 法，都是基于砾石层完全阻挡地层粗组分假设的设计结果，理论上来讲，在井底能够形成稳定砂桥的条件下，基于 Tausch & Corley 法的设计结果即可以实现完全阻挡地层粗组分，因此为了进一步释放天然气水合物储层产能，降低井底附加表皮，本书推荐以 Tausch & Corley 法的设计结果作为南海水合物试采井井筒充填层挡砂精度选择的依据。

表 5.8　X 站位充填层挡砂精度设计结果

地层	A	C		
		Tausch & Corley 法	Saucier 法	Karpoff 法
上部地层	[118.7，+∞)	[143，215]	Φ	[118.7，137]
下部地层	[161.3，+∞)	[240，360]	Φ	[161.3，244]

因此，根据上述设计结果，X 站位上部储层推荐最佳挡砂充填层尺寸为 143~215μm（65~90 目）；水合物下部储层的最佳挡砂充填层尺寸为 240~360μm（45~62 目）。但是在海上平台施工过程中，分段防砂难度大，施工程序复杂，无法严格按照上述设计精度进行防砂充填设计。因此为了兼顾上、下部地层，在满足充填强度的情况下，推荐 X 站位砾石层挡砂精度为 215~360μm，实际施工中可根据此设计值匹配最佳粒径范围的工业砾石尺寸。

第五节　水合物开采井新型控砂介质与控砂方法

一、GeoFORM 控砂筛管

GeoFORM 可变形塑性控砂筛管（图 5.32）的基础是其独特的形状记忆聚合物（SMP），此材料类似于一种过滤介质，可以与井眼完全贴合，它的原始固定外径略大于井眼直径。在生产过程中，SMP 被加热压缩成小直径材料，这样它能接触到中心管，从而可以顺利下入井中。当 GeoFORM 设备下放到指定位置后，井筒内的洗井液、驱替液含有的活性物质和井底温度使 SMP 恢复到它原来的形状，在此过程中 SMP 会膨胀到充满中心管和地层间的环空，并且将残余应力作用于井壁，残余应力能够阻止在防砂作业中常发生的砂堵和局部发热等问题。

GeoFORM 可变形塑性控砂筛管的优点包括，可应用于代替裸眼砾石充填作业、水平井防砂、补救性防砂作业、小井眼作业、常规油气、重油气及天然气水合物开采作业中；GeoFORM 设备仅需要两人就可以安装完成，不需要专门的泵，也不需要充填材料，可以减小作业难度、减少设备占地面积、节约人力并降低 HSE 风险；GeoFORM 筛管全井眼贴合可以增强防砂能力，同时使导流能力达到最大（Yamamoto et al.，2019）；渗透率最高为 4×10^4mD，可以实现井底流压的最大化。

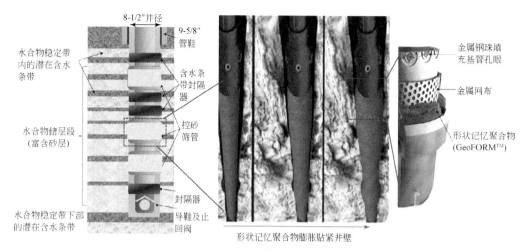

图 5.32　GeoFORM 塑性膨胀筛管（宁伏龙等，2020）

二、多流道旁通筛管

　　水平井砾石充填控砂施工过程中首先在筛套环空中形成稳定的 α 波砂床，砂床上部砾石层在携砂液的携带作用下处于运移、沉降、再启动的动态平衡过程中。α 波砂床高度过高将导致上部流动空间减小，迫使流体进入冲筛环空，同时筛套环空中的有效砂比明显抬升，导致砂床形成逐渐向上发展的"斜堤"，提前脱砂（图 5.33），当井筒环空内形成砂桥后，无法对下游的井筒环空进行防砂作业，导致靠近水平井趾端的裸眼井壁和筛管之间无任何充填物，地层泥砂穿透筛管进入井筒内部，严重影响水平井后续正常开发。

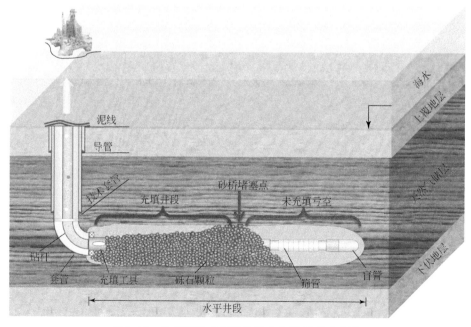

图 5.33　常规砾石充填提前脱砂失效原理示意图

无论是大段泥岩段缩颈、水平段提前脱砂形成砂桥，还是分段压裂封隔器的存在，其对天然气水合物长井段水平井裸眼砾石循环充填造成不利影响的本质是类似的，即堵塞了携砂液携带砾石向前延伸的通道。因此，在提前堵塞风险状态下，想要顺利完成长井段水平井的砾石充填完井，就必须保证在堵塞风险段内存在可供砾石和携砂液混合流体通过的"替代通路"。正常充填条件下，这部分"替代通路"中不会发生流体的循环。一旦发生提前堵塞，则堵塞末端的井筒压力会迅速升高，砂浆混合流体在压力作用下进入"替代通路"，绕过堵塞点，完成堵塞点下游的井段。

基于上述基本工作原理，多流道旁通筛管的整体结构及剖面结构如图5.34所示（该系列筛管由东营瑞丰集团研发，系列号：RF-PTSG，该系列筛管目前已经在我国南部海域常规深水气井得到广泛应用），其核心部件主要包括筛管本体、外保护套和旁通管，筛管本体由常规的筛管基管、支撑层、过滤层构成，在筛管过滤层和外保护套之间布设旁通传输管和旁通充填管，充填管出口处设置喷嘴，将砂浆混合流体喷出。旁通充填管外壁开设有穿过外保护套的喷嘴；当井筒环空内存在砂桥时，砂浆会在压力的作用下从外保护套上开设的通孔以及旁通充填管外壁的喷嘴流入旁通运输管和旁通充填管内部，通过旁通充填管和旁通运输管绕过砂桥，最后从旁通充填管上的喷嘴充填到井筒的环空内，完成防砂作业，提高防砂效果。

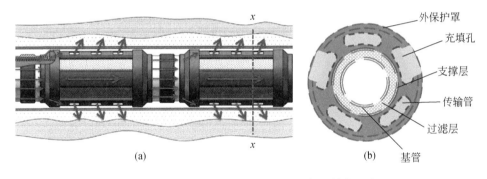

图5.34　多流道旁通筛管的整体结构（a）及剖面结构示意图（b）

多流道旁通筛管充填过程中，当环空形成砂桥或井壁不规则、坍塌等屏障时，携砂液被导流进旁通管，绕过堵塞段，继续完成充填，确保充填效率。

三、多级控砂完井方法

天然气水合物储层特点及开采方式不同于传统的油气储层，对于其控砂完井作业需要更有针对性的控砂完井方法，以确保生产井安全运行。近年来，研究者针对目前天然气水合物储层控砂完井作业中存在的不足，先后提出了多种适用于天然气水合物储层的新型控砂方法。

其中，水合物开采井多级控砂完井方法的提出主要是针对泥质粉砂质天然气水合物储层容易发生控砂介质堵塞的问题，通过对防砂层套管内外充填不同粒径的砾石层进行多级防砂，提高水合物井降压分解产能，具体实施流程如下。

（1）采用低的生产压差进行降压开采，控制井底流压低于水合物相平衡压力 0.5~2.5MPa，套管外近井地层水合物分解采出的同时排出近井地带的泥质成分和粉砂质成分，只剩下粒径粗、分选系数好的均匀砂，当井口动态出砂监测设备监测含砂浓度降低到 0.3‰以下时，暂停降压生产。

（2）进行高速水充填防砂作业，高速水充填防砂可以在套管外的亏空区域及套管射孔炮眼中形成管外挤压充填带砾石层，起到第二级挡砂屏障的作用，同时将去泥质粗砂带挤压至砾石层外围，起到第一级挡砂屏障作用。

（3）一级砾石尺寸的选择按照去除泥质成分的地层砂筛析数据确定，具体的砾石尺寸确定方法可见本章第二节第三部分。然后，选择尺寸比第一级砾石层粒径大一级的砾石进行管内循环充填，在筛套环空中形成二级砾石层。在筛套环空中的二级砾石层作为第三级挡砂屏障存在，第三级挡砂屏障套管内的机械筛管是第四级挡砂屏障。

（4）恢复水合物井生产制度阶段的压差水平，然后阶梯式逐级增大生产压差至设计值。

相比传统控砂完井方法，此技术具备以下优点：

（1）促使井管附近可能发生堵塞的区域向地层深部推进，降低了泥质与粉砂质天然气水合物储层发生防砂管堵塞的风险，由于地层深部发生堵塞的风险较小，造成的附加表皮系数较小，因此有利于提高降压开采水合物井的后期产能。

（2）能够在降压开采水合物储层井底由外向内依次形成粗砂带、一级砾石层充填带、二级砾石层充填带、防砂筛管等四级挡砂屏障，阶梯式增大生产压差解决了井底充填带"砂桥"形成困难的问题，从根本上解决了海域水合物层泥质含量多、压降幅度大造成的防砂难题，提高水合物井产能。

在上述多级控砂完井方法的基础上，如果考虑多气合采需求或多层水合物合采需求，可以拓展到多分支井开采方法。其基本思路是：针对天然气水合物储层不适宜进行水力压裂改造的"先天性"弱点，对主井眼套管外围及多分支孔充填砾石层进行有限防砂开采。具体的技术原理将在本书第八章介绍。

参 考 文 献

丛晓荣，苏明，吴能友，等．2018．富生烃凹陷背景下热成因气对水合物成藏的贡献探讨．地质学报，92：170-183．

董长银，张清华，高凯歌，等．2016．机械筛管挡砂精度优化实验及设计模型．石油勘探与开发，43：991-996．

董长银，钟奕昕，武延鑫，等．2018．水合物储层高泥质细粉砂筛管挡砂机制及控砂可行性评价试验．中国石油大学学报（自然科学版），42：79-87．

李彦龙，胡高伟，刘昌岭，等．2017．天然气水合物开采井防砂充填层砾石尺寸设计方法．石油勘探与开发，44：961-966．

宁伏龙，方翔宇，李彦龙，等．2020．天然气水合物开采储层出砂研究进展与思考．地质科技通报，39：114-125．

王利华，邓金根，周建良，等．2011．适度出砂开采标准金属网布优质筛管防砂参数设计实验研究．中国海上油气，23：107-110．

余莉, 何计彬, 叶成明, 等. 2019. 海域天然气水合物泥质粉砂型储层防砂砾石粒径尺寸选择. 石油钻采工艺, 41: 670-675.

张伟, 梁金强, 陆敬安, 等. 2017. 中国南海北部神狐海域高饱和度天然气水合物成藏特征及机制. 石油勘探与开发, 44: 670-680.

Bu Q, Hu G, Liu C, et al. 2019. Acoustic characteristics and micro-distribution prediction during hydrate dissociation in sediments from the South China Sea. Journal of Natural Gas Science and Engineering, 65: 135-144.

Dong C, Zhong Y, Wu Y, et al. 2018. Experimental study on sand retention mechanisms and feasibility evaluation of sand control for gas hydrate reservoirs with highly clayey fine sands. Journal of China University of Petroleum (Edition of Natural Science), 42: 79-87.

Li Y, Ning F, Wu N, et al. 2020. Protocol for sand control screen design of production wells for clayey silt hydrate reservoirs: A case study. Energy Science & Engineering, 8: 1438-1449.

Yamamoto K, Wang X, Tamaki M, et al. 2019. The second offshore production of methane hydrate in the Nankai Trough and gas production behavior from a heterogeneous methane hydrate reservoir. RSC Advances, 9: 25987-26013.

Zhao L, Yan Y, Yan X. 2021. A semi-empirical model for CO_2 erosion-corrosion of carbon steel pipelines in wet gas-solid flow. Journal of Petroleum Science and Engineering, 196: 107992.

第六章　水合物开采井控砂介质工况模拟与分析

控砂介质安装到生产井底后，承担挡砂和疏通气流的双重任务，控砂介质生命周期直接影响修井周期和作业成本。本章将在简要分析天然气水合物开采井控砂介质基本失效形式、综合模拟方法的基础上，重点探讨控砂介质堵塞、冲蚀失效的机理及其主控因素。

第一节　控砂介质的基本失效形式与综合模拟方法

一、基本失效形式分析

控砂介质的生命周期直接决定海洋天然气水合物试采周期或修井周期，全面分析天然气水合物开采过程中控砂介质可能的失效形式并提出针对性的预防措施，将为延长天然气水合物试采周期、降低关井维护成本提供直接支撑。

控砂管柱及筛管承受的外力环境包括拉伸、内压力、外压力、振动，并全程处于气、液体流动浸泡中。其可能破坏形式包括机械损坏（拉伸、压缩、内压与外挤破坏、振动损坏等）、热应力与热变形损坏、冲蚀损坏、腐蚀损坏、介质堵塞阻力增加故障、蠕动沉降失效等。

（1）机械损坏：主要包括拉伸、压缩、内压、外挤及振动损坏等形式。筛管在环境条件或通过弯曲井段时，轴向受拉应力或压应力作用，超过强度极限后破坏。内压与外挤破坏是指管柱内外压差较大时，内压力或外挤力超出极限载荷引起筛管破坏。首先，对于渗透性较高的机械筛管而言，在筛管外无地层砂填埋或砾石充填时，筛管内外的压差很小，不会产生较高的内压力或外挤力；其次，即使当筛管外空间逐步堆积满地层砂或充填砾石，其机械外挤力也不足以导致筛管外挤破坏。由于天然气水合物储层埋深较浅，地层外挤、拉压作用有限，所以在直井开采天然气水合物条件下的机械损坏概率有限。但是在水平井开采条件下，由于水平井埋深浅、曲率大，控砂筛管下入过程中需要特别关注其损坏风险。

（2）热应力与热变形损坏：热应力与热变形损坏是注热开采中常见的机械筛管损坏工况，目前在天然气水合物试采中均未遇到该工况。但仍需注意，对于天然气水合物注热开采方式而言，井底控砂筛管可能面临高温高压或者交变温压条件的影响，造成筛管在一定约束条件下的热应力和热变形，如果超出屈服强度，则会发生热损伤。热应力与热变形可能加剧控砂管柱的机械损坏概率。

（3）冲蚀损坏：冲蚀造成井底管柱失效对天然气水合物试采的影响已经在 2012 年阿拉斯加北坡天然气水合物试采中得到证实；2013 年日本裸眼砾石充填井控砂失效，最后一道防线——筛管的损坏导致大量出砂，也是由于冲蚀损坏所致；由于筛管与井筒环空无充填物，地层中随流体产出的砂会直接冲击筛管，造成冲蚀损坏风险。因此，尽管目前我国天然气水合物短期试采没有遇到冲蚀损坏的问题，但是不排除该风险将是制约长期开采的重要因素，需予以重点考虑。

（4）腐蚀损坏：海域天然气水合物的分解本身不产生二氧化碳或硫化氢等腐蚀性气体，本身不会造成腐蚀环境。因此，腐蚀损坏并非降压法开采天然气水合物中控砂介质的主要失效形式。但未来一旦多种开采方式联合应用，外界物质介入有可能形成腐蚀环境，如注热法开采和 CO_2-CH_4 置换开采均可能造成 CO_2 侵入；另外，浅表层地层中存在的 H_2S 气体如果进入井筒，则可能导致控砂管柱的 H_2S 腐蚀。这两种条件都有可能造成腐蚀损坏。

（5）介质堵塞阻力增加故障：天然气水合物开采井中的控砂介质堵塞将导致控砂附加表皮系数的增大，严重影响天然气水合物开采产能。但实际上，堵塞并非真正意义上的"失效"，可以结合适当的工作制度调整或解堵方案予以缓解或解除，恢复生产。本章将重点讨论天然气水合物开采过程中控砂介质的泥质堵塞和水合物二次生成堵塞及其潜在耦合效应。

（6）蠕动沉降失效：控砂介质的蠕动沉降失效主要出现在裸眼砾石充填井中，如2013 年日本首次海域天然气水合物试采井中发生了砾石层的蠕动沉降失效。蠕动沉降失效可以采用化学剂预胶结或预充填筛管模式予以解决，但不排除长期开采条件下由于地层亏空导致预胶结筛管或预充填筛管发生横向震动失稳。

在降压法开采南海泥质粉砂型天然气水合物过程中，上述不同失效形式发生、发展的概率存在差异，其中最大的风险是介质堵塞和冲蚀失效，因此本章后续将重点针对介质堵塞和冲蚀失效问题展开。

二、控砂介质工况综合模拟的基本内涵

基于实验和理论方法，分析水合物储层长周期开采条件下挡砂失效形式，形成工况综合模拟、控砂完整性评价及服务期限预测方法，能够为水合物储层控砂方式优选提供重要的指导。天然气水合物开采井控砂介质工况综合诊断的基本内容如图 6.1 所示。本节第三部分仅简要阐述目前常用的控砂介质腐蚀破坏规律的分析方法，本章第二节至第六节将详细阐述控砂介质的堵塞和冲蚀失效规律。

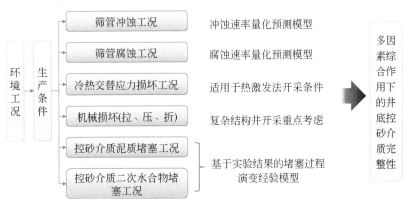

图 6.1　控砂介质工况综合诊断的基本内容

三、控砂介质腐蚀破坏规律分析方法

天然气水合物的成分主要为甲烷水合物，其分解不产生二氧化碳，不会造成二氧化碳腐蚀环境，但外界物质介入有可能形成二氧化碳腐蚀环境，如隔层中的 CO_2 和 H_2S 混入、外界注热、CO_2 置换开采等。因此进行腐蚀分析也是有必要的。目前预测 CO_2 腐蚀的主要模型是 Norsok 模型（Aeran et al.，2017；Zhao et al.，2021），它是根据低温实验室数据和高温现场数据而建立的经验模型，这一模型已经成为挪威石油工业在抗 CO_2 腐蚀选材和腐蚀余量设计的标准方法。Norsok 模型腐蚀速率的表达式为（Sotoodeh，2021）：

$$v_{corr} = K_t \times f_{CO_2}^{0.62} \times \left(\frac{\tau_w}{19}\right)^{0.146+0.032\times lg(f_{CO_2})} \times f(pH)_t \times f_{scale} \qquad (6.1)$$

式中，v_{corr} 为腐蚀速率，mm/a；K_t 为与温度和腐蚀产物膜相关的常数，无量纲；τ_w 为管壁切应力，Pa；f_{CO_2} 为 CO_2 的逸度，bar；f_{scale} 为腐蚀产物膜影响系数，无量纲；$f(pH)_t$ 为溶液 pH 对腐蚀速率的影响因子。

与温度和腐蚀产物膜相关的系数 K_t 随温度的变化关系如表 6.1 所示。

表 6.1　系数 K_t 随温度的变化关系

温度/℃	系数 K_t	
20	4.762	
40	8.927	
60	10.695	
80	9.949	
90	6.250	
120	7.770	
150	5.203	

CO_2 逸度 f_{CO_2} 的计算公式为

$$\alpha = \exp\left[P \cdot \left(0.0031 - \frac{1.4}{T}\right)\right], \quad P \leq 250bar$$
$$\alpha = \exp\left[250 \cdot \left(0.0031 - \frac{1.4}{T}\right)\right], \quad P > 250bar \qquad (6.2)$$

$$P_{CO_2} = \beta_{CO_2} \cdot P \qquad (6.3)$$

$$f_{CO_2} = \alpha \cdot P_{CO_2} \qquad (6.4)$$

式中，P 为环境压力，bar；β_{CO_2} 为 CO_2 摩尔分数，按照 CO_2 在气体组分中的摩尔百分数来计算，无量纲；α 为 CO_2 逸度系数，无量纲；P_{CO_2} 为 CO_2 分压，等于摩尔分数与环境总压力的乘积，bar。

$f(pH)_t$ 随 pH 和温度的变化情况如表 6.2 所示。

表 6.2 $f(\mathrm{pH})_\mathrm{t}$ 随 pH 和温度的变化情况

温度/℃	pH	$f(\mathrm{pH})_\mathrm{t}$
20	pH<4.6	$f(\mathrm{pH})=2.0676-(0.2309\times\mathrm{pH})$
	4.6≤pH	$f(\mathrm{pH})=5.1885-(1.2353\times\mathrm{pH})+(0.0708\times\mathrm{pH}^2)$
40	pH<4.6	$f(\mathrm{pH})=2.0676-(0.2309\times\mathrm{pH})$
	4.6≤pH	$f(\mathrm{pH})=5.1885-(1.2353\times\mathrm{pH})+(0.0708\times\mathrm{pH}^2)$
60	pH<4.6	$f(\mathrm{pH})=1.836-(0.1818\times\mathrm{pH})$
	4.6≤pH	$f(\mathrm{pH})=15.444-(6.1291\times\mathrm{pH})+(0.8204\times\mathrm{pH}^2)-(0.0371\times\mathrm{pH}^3)$
80	pH<4.6	$f(\mathrm{pH})=2.6727-(0.3636\times\mathrm{pH})$
	4.6≤pH	$f(\mathrm{pH})=331.68\times\mathrm{e}^{(-1.2618\times\mathrm{pH})}$
90	pH<4.6	$f(\mathrm{pH})=3.1355-(0.4673\times\mathrm{pH})$
	4.6≤pH<5.6	$f(\mathrm{pH})=21254\times\mathrm{e}^{(-2.1811\times\mathrm{pH})}$
	5.6≤pH	$f(\mathrm{pH})=0.4014-(0.0538\times\mathrm{pH})$
120	pH<4.3	$f(\mathrm{pH})=1.5375-(0.125\times\mathrm{pH})$
	4.3≤pH<5	$f(\mathrm{pH})=5.9757-(1.157\times\mathrm{pH})$
	5≤pH	$f(\mathrm{pH})=0.546125-(0.071225\times\mathrm{pH})$
150	pH<3.8	$f(\mathrm{pH})=1$
	3.8≤pH<5	$f(\mathrm{pH})=17.634-(7.0945\times\mathrm{pH})+(0.715\times\mathrm{pH}^2)$
	5≤pH	$f(\mathrm{pH})=0.037$

Srinivasan 和 Kane 研究了直管道流动中的壁面剪切力 τ_w，计算公式为

$$\tau_\mathrm{w}=\frac{\Delta P\cdot D}{4\cdot\Delta L} \tag{6.5}$$

式中，ΔP 为压力降，Pa；D 为管道直径或当量直径，m；ΔL 为管道长度，m。

腐蚀过程中，如果材料表面形成完整的、具有保护性的腐蚀产物膜，则离子在表面的扩散将受到抑制，金属受表面附着的腐蚀产物保护。有研究表明，有腐蚀产物的保护作用时，腐蚀速率将降低 20 倍，因此，腐蚀产物对腐蚀速率有很重要的影响。De Waard 研究了腐蚀产物膜对 CO_2 腐蚀的影响，其腐蚀产物膜的影响系数计算式为

$$
\begin{aligned}
&f_\mathrm{scale}=1, && T\leq T_\mathrm{scale}\\
&f_\mathrm{scale}=\exp\left[2400\cdot\left(\frac{1}{T}-\frac{1}{T_\mathrm{scale}}\right)\right], && T>T_\mathrm{scale}\\
&T_\mathrm{scale}=\frac{2400}{6.7+0.6\cdot\lg(f_{CO_2})}
\end{aligned} \tag{6.6}
$$

式中，T_scale 为腐蚀速率达到最大时的温度或称为腐蚀产物膜的标定温度，K；T 为环境温度，K；f_{CO_2} 为 CO_2 逸度，bar；f_scale 为腐蚀产物膜影响系数，无量纲。

第二节　筛管类控砂介质泥质堵塞特征

一、实验原理、实验装置与实验材料

　　控砂筛管的挡砂特性和抗堵塞特性是对立统一的：控砂介质挡砂过程中很难避免细粒组分完全不侵入控砂筛管内部，细粒组分的长期堆积将显著增大控砂筛管的流动压耗，增大井底控砂表皮系数。控砂筛管的挡砂精度越高，发生上述泥质沉积物堵塞的风险也会越高。为模拟气水携砂流动条件下天然气水合物储层产出泥质细粉砂对筛管挡砂介质的微观堵塞和挡砂过程，构建了微观可视化挡砂模拟实验系统，其流程和实物照片如图6.2、图6.3所示。实验装置由主体单向驱替装置、主体单向驱替装置、储液罐、集砂器、砂浆泵、数据采集传感器、控制系统等组成。主体径向驱替装置和主体单向驱替装置为实验装置的核心部件，内径300mm，高度265mm，能够容纳外径为900～250mm、长度245～248mm的筛管短节，主体单向驱替装置由内径50～150mm的四根驱替短节组成，可以放置5～10mm厚度的平板状挡砂薄片或充填类挡砂介质。挡砂介质放置于容器内部后，两端封闭以确保携砂流体通过挡砂层进入挡砂介质内部。实验流体携带地层砂，直接冲击挡砂介质，模拟实际井底的出砂与挡砂堵塞过程。实验时通过设置于径向流井筒底部筛管内外，以及单向流驱替短节侧壁的差压传感器测量通过挡砂介质的压差。

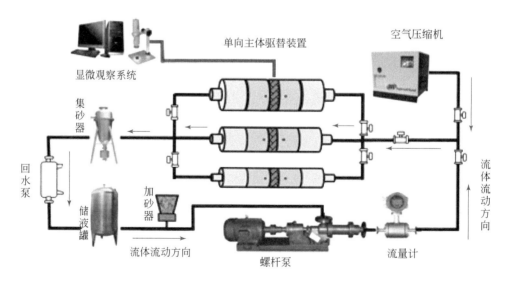

图6.2　挡砂介质微观可视化挡砂模拟实验系统流程图

　　实验时，首先将挡砂介质网片放置在主体单向流驱替单元中。地层砂通过自动加砂器在泵前混入水相。通过设置螺杆泵和空气压缩机排量可调整驱替装置内水气比和流量。经过气液混合器混合后的气水携砂流体冲击驱替单元中的挡砂介质，模拟介质堵塞及挡砂过程。数据采集系统实时记录驱替挡砂过程中的气水流量、压力、挡砂介质两端压差随时间

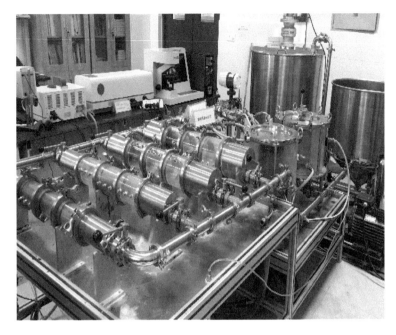

图 6.3　挡砂介质微观可视化挡砂模拟实验系统实物照片

的变化。利用集砂器中收集实验过程中通过挡砂介质的地层砂，全部分离、干燥后称重并使用激光粒度仪分析过砂粒径分布（Dong et al., 2018，2020）。

利用实时采集测试得到的介质网片两端的压差、流量及网片厚度参数，根据达西定律计算介质渗透率。需要特别指出的是，虽然本实验为气、水、砂三相流动，但由于加砂浓度较低，并且所使用的固相砂粒为中值 $10\mu m$ 级的粉砂，粒径较细，实验观察到砂粒全部在水相中迁移，水表现为浑浊状态。因此，在计算筛网介质的渗透率时，按照水相流动计算。并且，气水（砂）混合物在到达主体单向流驱替单元后，出现明显的气水分层现象，即气体在上、水在下。因此，利用水相的流量、水相通过挡砂介质网片的流通面积（可通过水相高度计算）以及水相中的差压传感器测量得到的压差，代入达西公式计算介质网片的渗透率。

实验流体分别使用清水和空气模拟水合物储层产出水和天然气。地层砂模拟目标为南海神狐海域水合物储层典型地层砂，地层砂中值粒径约 $10\mu m$。实验所用泥质细粉砂模拟砂由湖沼沉砂与石英砂、黏土矿物混合配制而成，配置的基准样品泥质含量为 20%，模拟泥质含量影响过程中根据实际需要加减黏土矿物的含量，黏土矿物主要成分为伊利石和伊/蒙间层。从模拟砂样品中随机位置取 4 份进行重复激光粒度测试分析，粒度分布曲线如图 6.4 所示。模拟砂平均中值粒径为 $10.1\mu m$，不均匀系数为 6.27。

分别从纵向和横向两个维度来探讨泥质粉砂对控砂介质堵塞规律的影响：从纵向维度，使用标称精度为 $10\mu m$、$30\mu m$、$50\mu m$ 的复合滤网，实验过程中直接将特定直径的滤网叠层安装，用以验证标称挡砂精度、滤网叠置层数等因素对堵塞过程的影响。在此基础上，选取特定标称挡砂精度的控砂介质，横向对比绕丝筛板、金属烧结网、金属纤维和预

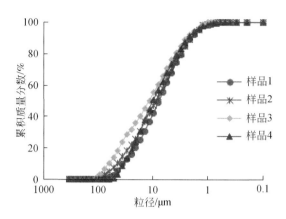

图 6.4　模拟天然气水合物储层泥质细粉砂粒度分布曲线

充填人造陶粒等多种控砂介质的堵塞规律，横向对比实验主要使用的介质精度为 40μm。上述所有实验中，筛管挡砂介质均被切割制作成厚度 3mm、直径 80mm 的网片。考虑预充填类筛管的颗粒充填厚度远高于其他类型筛管的介质厚度，预充填颗粒类介质使用人造陶粒制作，充填厚度设置为 8mm。四类筛管挡砂介质的样品照片如图 6.5 所示。

(a)绕丝筛板　　　　(b)金属烧结网　　　　(c)金属纤维　　　　(d)预充填人造陶粒

图 6.5　实验使用的四类筛管挡砂介质样品照片

二、复合滤网的堵塞规律分析

1. 典型堵塞过程分析

以标称控砂精度 10μm 的单层滤网为例进行实验过程介绍。实验沉积物使用粒度中值 10μm、泥质含量 20% 的沉积物；实验使用清水驱替，螺杆泵排量为 1.3m³/h；实验管路流通内径 75mm。实验过程中采集到的筛网介质两侧的压差与渗透率随时间变化曲线如图 6.6所示。

实验整个过程中，随着携砂驱替过程进行，加砂开始，地层砂逐步堵塞挡砂介质造成渗透率降低，通过介质两侧的压差升高。整个驱替过程呈现明显的堵塞开始、堵塞加剧及堵塞平衡三个阶段。在堵塞加剧阶段，介质两侧驱替压差以较快速度上升，渗透率则急剧降低；然后驱替压差和渗透率逐步达到平衡，趋于稳定。

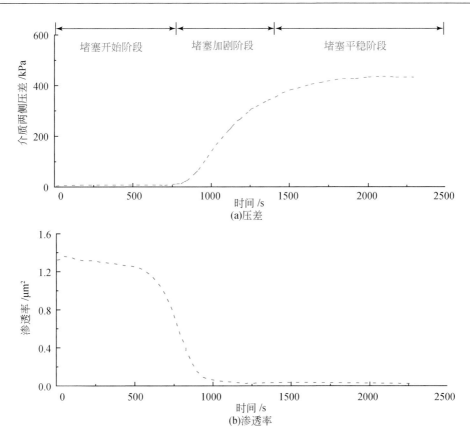

图 6.6　10μm 单层滤网驱替过程中的介质两侧压差和渗透率随时间的变化

2. 介质精度对泥质粉砂堵塞的影响

为了研究介质标称挡砂精度参数对堵塞规律的影响，采用标称精度 10μm、30μm 和 50μm 的金属滤网介质（单层）进行泥质粉砂堵塞实验，驱替流量 1.28m³/h。实验结束后，计算实验过程中介质的渗透率，观察其变化过程及堵塞后的最低值，得到的介质两侧压差、渗透率变化结果如图 6.7 所示。

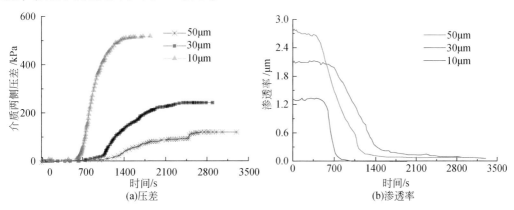

图 6.7　实验过程中介质两侧压差与渗透率变化情况

由图 6.7 可知，介质孔径越大，其流通性能越好，初始渗透率越大，堵塞后的最终渗透率及剩余渗透率比值也越大，10μm 精度介质的初始渗透率、堵塞后最终渗透率和堵塞后渗透率比均最小。同时，即便 50μm 精度的滤网介质堵塞后渗透性能也仅剩初始值的 2.4%，说明泥质粉砂对金属滤网介质有明显的堵塞作用。

3. 介质层数对泥质粉砂堵塞的影响

为了研究介质精度参数对挡砂介质堵塞程度的影响规律，分别用单层、双层、三层标称精度为 10μm 的金属滤网介质进行泥质粉砂堵塞实验，驱替流量 1.28m³/h。介质两侧压差及渗透率随时间的变化趋势分别如图 6.8 所示。

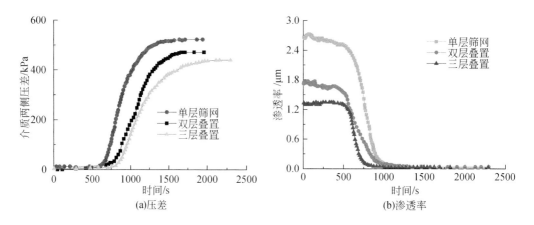

图 6.8　不同层数 10μm 精度介质两侧压差与渗透率随时间的变化情况

从图中可以明显看出，介质层数越多其初始渗透率就越低，堵塞后的最终渗透率也越低。一个值得注意的现象是：介质层数增加，堵塞后剩余的渗透率百分比更高，这是因为实验所用介质种类相同，堵塞后渗透率差异不大，但介质层数的增加会大大降低其初始渗透率，因此计算后剩余渗透率百分比反而增加。相同层数条件下，介质孔径越小，堵塞后的最终渗透率越低，剩余渗透率百分比也越低。

三、不同介质的堵塞规律横向对比

1. 宏观堵塞过程对比

利用上述实验装置、材料和参数，进行了标称精度为 40μm 的四种挡砂介质和四种精度的挡砂模拟横向对比实验。图 6.9 分别为实验测试得到的四种介质挡砂驱替过程中的介质两侧流动压差和渗透率随时间变化动态。实验时由于挡砂介质堵塞导致流体入流压力升高以及气液不稳定湍流等因素，水气排量在 1.4~1.53m³/min 范围内波动。

由图可知，实验使用的四种介质虽然具有相同（近）的标称精度，但由于微观介质结构差异，其堵塞的渗透率变化规律差异较大，主要体现在堵塞达到平衡的时间以及堵塞初始和平衡后的渗透率两个方面：四种介质达到堵塞平衡的时间相差不大，为 3000~4000s，堵塞平衡渗透率分别为 $0.59μm^2$、$3.08μm^2$、$0.75μm^2$ 和 $3.01μm^2$，渗透率下降幅度超过

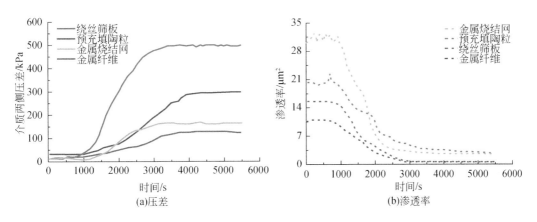

图6.9　精度40μm四种介质两侧流动压差和渗透率随时间的变化规律

90%。因此，挡砂介质堵塞平衡渗透率决定防砂阻力层的流动阻力，对产能有直接影响。不同挡砂介质类型和微观结构对水合物储层防砂井流动阻力和产能的影响差异明显。

2. 微观堵塞机制对比

利用显微成像系统对控砂介质在不同驱替时间的堵塞情况进行成像，对比在堵塞开始、堵塞加剧、堵塞平衡三个阶段介质内部及表面泥质细粉砂沉积的微观图像，如图6.10～图6.12所示。

图6.10　堵塞开始阶段四种挡砂介质表面砂粒沉积图像

(a)绕丝筛板 0.05cm

(b)金属烧结网 0.05cm

(c)金属纤维 0.05cm

(d)预充填陶粒 0.05cm

图 6.11　堵塞加剧阶段四种挡砂介质表面砂粒沉积图像

(a)绕丝筛板 0.05cm

(b)金属烧结网 0.05cm

(c)金属纤维 0.05cm

(d)预充填陶粒 0.05cm

图 6.12　堵塞平衡阶段四种挡砂介质表面砂粒沉积图像

根据图 6.10~图 6.12，挡砂介质对泥质细粉砂的阻挡动态在不同堵塞阶段存在明显差异。在堵塞开始阶段，仅有部分粒径较大的粗砂粒被阻挡在挡砂介质缝隙或孔喉内（图 6.10），堵塞加剧阶段挡砂介质缝隙内出现泥质微粒在粗砂砾表面附着且相邻粗砂砾聚集形成砂团的现象（图 6.11），而堵塞平衡阶段泥质细粉砂砂团在介质表面互联形成整体砂桥将介质表面完全覆盖（图 6.12）。

第三节　水合物二次形成诱发的控砂介质堵塞特征

机械筛管是目前最常用的控砂介质，滤网则是控砂筛管中的核心挡砂单元，也是整个机械筛管中网孔最小、最容易发生堵塞的部位。本节将以不同标称精度的滤网介质为载体，分析气、水两相混合流体在低温高压条件下通过滤网时，水合物在滤网介质上生成、聚集导致的滤网渗透性变化特征，探讨实际试采条件下控砂筛管中二次水合物堵塞的机理及其影响因素，在此基础上建立基于井底温压实时监测数据的二次水合物堵塞远程诊断方法。

一、实验装置及实验过程

1. 实验原理与实验装置

控砂筛管作为连通水合物储层和井筒的唯一通道，通常由金属材质制造而成。与地层泥砂颗粒相比，天然气水合物在金属材料表面的附着力通常较大。因此，一旦井底存在二次水合物生成，则极有可能在控砂筛管中堆积。控砂介质的筛网缝隙有效尺寸可能受二次水合物的影响而变化，导致筛管渗流能力的变化，进而对连续产气过程产生不利影响。为此，有必要探索控砂介质中二次水合物的生成、富集特征，为井底工作制度的调控提供必要的支撑。

在真实试采工况下，天然气水合物开采井中的水合物生成堵塞过程属于二次生成富集现象。受记忆效应的影响，水合物一次成核富集过程通常比二次生成过程所需的条件更为苛刻（Ripmeester and Alavi, 2016; Cheng et al., 2019; Li et al., 2021）。因此控砂筛管中的二次水合物堵塞规律与水合物第一次生成导致的堵塞规律可能存在差异。但室内实验条件下对水合物分解后二次生成之前所经历的时间、温压、循环控制难度非常大，水合物记忆效应敏感因素复杂，数据结果的不确定性因素增多。因此，本书采用水合物一次生成堆积过程来模拟控砂筛管的二次水合物生成堵塞规律。

基于上述考虑，青岛海洋地质研究所研发了控砂介质水合物生成堵塞评价模拟装置（李彦龙等，2018，2019，2020），实验装置及流程如图 6.13 所示。系统的主体模块为控砂介质夹持反应釜；装置辅助部分由恒温水浴槽、高压气液两相泵、真空泵、甲烷气瓶、压力（或压差）传感器、温度传感器、流量传感器、数据记录采集等组成。其中控砂介质夹持反应釜为内径 50mm 的圆柱短节，浸没在水浴槽中，内部能够夹持直径 32~50mm 的挡砂介质圆形切片，介质的层数、厚度、标称精度（标准机械筛网的精度等效于缝网宽度，缝网宽度越大，挡砂精度越低）可以根据实验需要灵活调整。另外，本装置也可以根据需求填装一定厚度的砾石充填层，因此能够模拟大多数水合物井的实际生产条件。水浴槽的温度调节范围为 –10 ~ 50℃；高压两相泵的最大恒流流量为 5000mL/min，系统耐压 15MPa。本节仅模拟温度 0℃以上、压力 8MPa 以下范围内的水合物生产井机械筛管二次水合物堵塞规律。

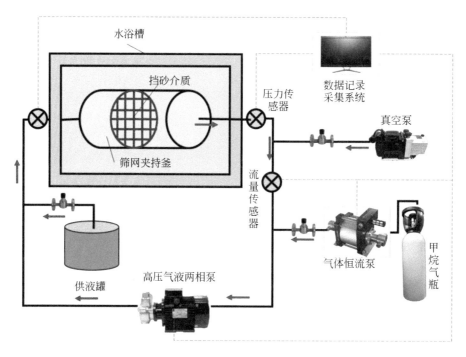

图 6.13　实验装置及流程图

2. 实验材料及实验方法

常用的机械筛管主要包括三种结构类型：①以割缝衬管为代表的单层结构筛管；②以不锈钢绕丝筛管和环氧树脂石英砂滤砂管为代表的双层结构筛管；③以金属网布型精密筛管为代表的三层结构筛管。其中以三层结构筛管的应用最为广泛，典型金属网布精密筛管由内向外依次由基管、控砂单元、外保护罩组成（图 6.14）。其中，外保护罩与基管通过焊接模式相互固定，中间安装控砂单元。控砂单元是由支撑层与挡砂层叠置形成的复合结构，挡砂层为滤网；基管由常规套管按一定孔密、孔径规则打孔形成，主要起支撑作用；外保护罩为不锈钢金属薄壳，其作用主要是防止控砂单元受井壁挤压变形，部分外保护罩入流孔眼做特殊设计以减缓地层砂对内部控砂单元的冲蚀。

因此，挡砂滤网作为筛管中主要的控砂单元，也是整个筛管中流通孔喉最小、流动阻力最大的区域。气液混合流体在高压低温条件下穿越筛管时，挡砂滤网承受的二次水合物堵塞风险最大。因此，在探讨控砂筛管二次水合物堵塞风险时，直接采用挡砂滤网作为研究对象，能够在抓住主要矛盾的同时，简化直接采用真实筛管进行实验模拟的复杂程度。这也是目前控砂精度优选、泥质堵塞规律室内模拟实验的通用做法（董长银等，2019）。因此，本实验涉及的机械筛管二次水合物堵塞实验研究具有理论与技术可行性。

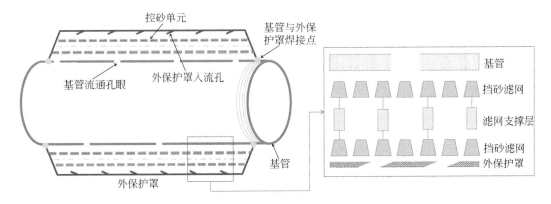

图6.14　精密筛管基本结构示意图

挡砂介质选用精密筛管中所使用的滤网介质，考虑实际泥质粉砂水合物储层的地层砂中值粒度（8～30μm）范围（Bu et al., 2019；Li et al., 2020a），本实验选用标称精度为10μm与30μm两种筛网进行实验，筛网介质的材质为316L不锈钢（图6.15）；实验流体使用的气体是纯度为99.9%的甲烷，液体为去离子水。

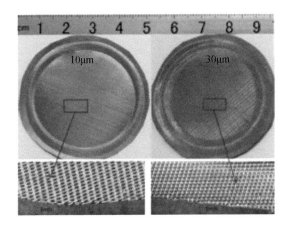

图6.15　实验用金属滤网挡砂介质

本实验系统为闭路循环系统，实验过程中无需再次向系统补水补气。实验前，首先将循环管路抽真空，通过自吸方式将整个管路充满去离子水；向系统中注入甲烷气体，排出一定体积的水，根据排水量计算注气量。然后，持续向管路中注入甲烷气增压，基于气体状态方程计算增压过程中的气体注入量，当系统压力达到预设条件时停止加气，确定最终气水比。

此后，开启恒温水浴槽给系统降温，降温的同时启动高压气液两相恒功率泵，气、水两相在闭路循环管路中循环并混合。当循环管路中的温度、压力条件满足水合物生成条件时，就会有水合物生成。此过程中持续记录挡砂介质两端的压差、压力、温度和流量数据，进而计算挡砂介质渗透率随时间的变化，探究挡砂介质中水合物的富集堵塞规律。

二、控砂介质二次水合物堵塞基本过程

1. 渗透率降低过程

由于单层滤网介质很薄，气、水两相混合流动过程中难以根据达西定律计算其真实渗透率。因此，使用驱替流量 Q 与介质两端压差 ΔP 的比值，即 $Q/\Delta P$ 来定量表征挡砂介质渗透性能的大小，称为拟渗透率（k_p）。

在 5.5MPa 起始压力条件下，分别使用单层标称精度为 $10\mu m$ 和 $30\mu m$ 的滤网介质，设定驱替流量 4000mL/min，记录挡砂介质两端压差、温度等参数，计算挡砂介质拟渗透率。其中 3℃、5℃恒温水浴温度下介质拟渗透率变化规律如图 6.16 所示。

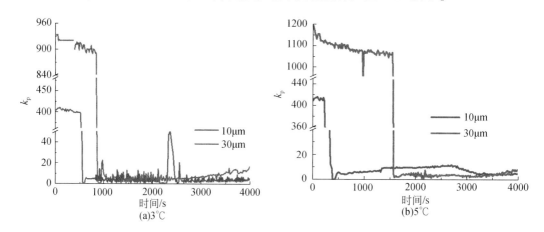

图 6.16　实验过程中两种精度的滤网介质拟渗透率变化特征

由图可知：驱替初期滤网介质自身流动附加阻力小，拟渗透率高，渗透性能好且随时间延续降低非常缓慢；随着时间的推移，挡砂介质拟渗透率会在某一时刻迅速下降。这是由于在恒温水浴控制下，一旦系统内部的温度、压力条件进入水合物相平衡区，水合物大量生成并嵌入筛网孔隙中，遮蔽流体的流动空间，产生堵塞现象，进而引起介质渗透性能迅速降低。

由此推断，在实际天然气水合物试采井中，一旦筛管控制介质中的水合物二次生成富集达到一定的程度，有可能导致控砂介质在短时间内快速堵塞，造成非常严重的渗透率损失。图 6.16 显示，天然气水合物在挡砂筛网介质中形成堵塞后介质的拟渗透率只有初始拟渗透率的1%~2%。此外，图 6.16 还表明：无论实验温度如何，$10\mu m$ 筛网介质的拟渗透率从原始值过渡到快速降低所需时间远小于 $30\mu m$ 筛网介质，即 $10\mu m$ 筛网介质的被堵塞速率远大于 $30\mu m$ 筛网介质，这就意味着：在现场条件下，筛管缝宽越小，越容易发生二次水合物堵塞。

挡砂介质堵塞以后，保持系统当前温压条件，持续以 4000mL/min 的额定排量进行驱替，监测实验过程中的流量、压差数据，计算拟渗透率的变化，如图 6.17 所示。

由图 6.17 可知，随着驱替的进行，已堵塞介质的拟渗透率逐渐回升。由于上述实验

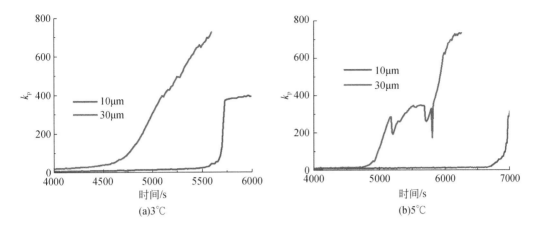

图 6.17　已堵塞介质的渗透性能随实验进行逐渐恢复

过程中控制系统的温压条件始终处于水合物相平衡条件以内，因此不存在由于水合物分解导致的渗透率恢复。分析认为，控砂介质拟渗透率的逐步恢复为纯机械力作用：实验过程中，当气体消耗到一定程度后不再有进一步的水合物生成，流动的气液混合流体对已在筛网表面结晶沉积的水合物颗粒有一定的冲击破碎和剥离作用。堵塞后的挡砂介质流体流通空间变小，以恒定流量穿过筛网网片时的流速更高，因而破碎剥离作用更强。

由此推测，在没有进一步的水合物生成前提下，附着在筛网介质上的水合物在流体作用下被逐渐破碎，流体流通面积逐渐增大，介质的拟渗透率逐渐恢复，此即为控砂介质二次水合物堵塞的自解堵现象。由图 6.17 可知，当滤网介质被二次水合物完全堵塞后，$30\mu m$ 滤网介质拟渗透率恢复所用的时间远小于 $10\mu m$ 滤网介质。这表明：二次水合物堵塞发生后，筛管缝宽越小，发生自解堵越困难，对生产的负面影响越大。

然而，实际天然气水合物生产井井底很难发生由于"缺气"引起水合物二次生成停止的现象，因此该现象只能发生在室内试验条件下，在现场试采井中很难出现，因而后续讨论中仅考虑堵塞过程，不再过多涉及自解堵过程。但该现象对实际试采仍具有重要的启示意义：当井底控砂介质发生堵塞以后，如果采用适当的手段控制二次水合物的进一步生成，控砂介质的渗透率可在机械力作用下随时间而逐渐得以恢复。

2. 堵塞过程中的温度-压力演化规律

温度、压力是控制水合物生成的关键。图 6.18 为实验过程中的典型温度-压力演化曲线，图中所有实验的最终恒温箱控制温度均为 5℃，起始温度均为 8.5℃（高于相平衡温度），实验所选用的筛网孔径为 $10\mu m$，起始泵速为 3000mL/min，起始压力分别为 5.16MPa、4.98MPa、4.75MPa。

由图 6.18 可知，在实验初始阶段，随着系统温度的降低，系统压力随之小幅下降。当系统内部的温度降低到水合物相平衡温度以下时，筛网介质上游、下游的温度-压力演化特征表现出完全不一致的演化路径。在上游，当实验进行到一定程度时我们观察到压力的陡然升高和温度的略微震荡，在温度-压力演化路径上出现一个逆时针"O"形结构，然后继续沿着平行于相平衡曲线的趋势降低并最终维持在 5℃；在下游，与上游压力陡增

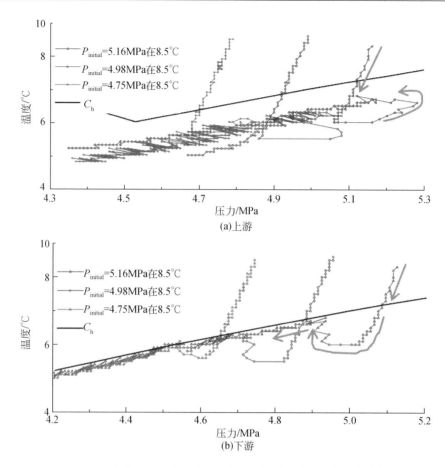

图 6.18　实验过程中筛网介质上游、下游的温度–压力演化特征
C_h 为纯甲烷水合物的相平衡曲线

同步地，我们发现了压力的陡然降低，之后伴随温度的小幅回升，在温度–压力演化路径上出现一个"J"形结构，然后继续沿平行于相平衡曲线的趋势降低并最终维持在5℃。

　　为了进一步验证上述实验现象是否是实验操作误差引起，我们选择起始压力为5.2MPa（其余实验条件同上）进行三组重复实验。重复实验的结果如图6.19所示。由此，我们能够得到确定的答案：在气、水两相流体穿透井底控砂介质的时候，如果筛网中有水合物二次生成现象，则其上游温度压力的逆时针"O"形演化特征和下游温度压力的"J"形演化特征的出现具有必然性。

　　因此，上游温度–压力曲线的逆时针"O"形演化特征和下游温度–压力曲线的"J"形演化特征可以用来表征井底控砂介质中水合物的二次生成（Li et al., 2020b）。我们将图6.18和图6.19中的温压演化数据进一步做理想化处理，得到如图6.20所示的理想曲线。对于实际水合物开采工况而言，本实验的筛网介质流动上游相当于筛管外围与地层接触的位置，而本实验中的筛网介质流动下游相当于井筒内部。

　　上述特殊演化现象的发生机理是：对于上游而言，水合物在控砂介质表面堆积将减小气液流通面积，导致冲击到筛网上的气液两相流体产生反向流动涡旋，反向流动涡旋作用

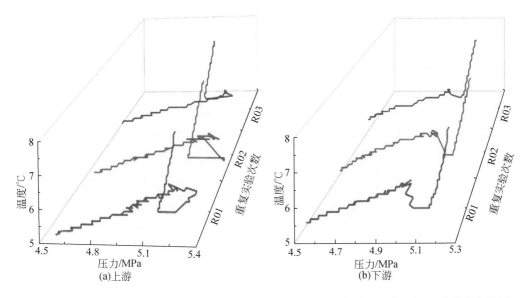

图6.19 起始压力为5.2MPa条件下的重复实验观察到的筛管介质上下游温度-压力演化曲线图

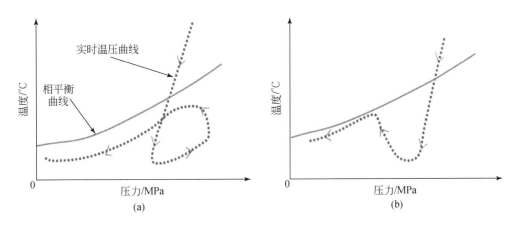

图6.20 筛网水合物二次生成堵塞温度-压力演化特征平滑曲线图

在筛网上游的压力传感器上就表现为压力的陡然升高,由于实验中观察到压力的陡然升高发生速率非常快,由此推测,一旦达到了一定的临界条件,水合物在控砂介质表面的堆积速率将非常快。

然而,对于下游而言,由于穿透筛网介质的流体没有任何阻挡,能够快速流动离开,因此不会存在压力的陡升;相反,由于上游水合物快速生成堆积消耗了大量的天然气和水,实际系统的压力就会降低,下游压力传感器测量的压力降低。而温度升高则可以归结为水合物快速生成的放热效应。

三、机械筛网二次水合物堵塞的影响因素

为了比较不同影响因素对挡砂介质二次水合物堵塞过程的影响,取挡砂介质被二次水

合物堵塞后拟渗透率处于低位时的平均值作为挡砂介质二次水合物堵塞的极限响应条件，称为二次水合物堵塞极限渗透率。以下根据实验条件，分别探讨控砂介质堆叠层数、温度、流速等因素对筛网二次水合物堵塞的影响。

1. 筛网层数的影响

实际控砂筛管内部由若干层筛网介质堆叠而成，为了探讨多层筛网堆叠造成的筛管二次水合物堵塞效应差异，分别用标称精度 $10\mu m$ 与 $30\mu m$ 的介质，在相同的温压、流量（5℃、5.5MPa、4000mL/min）条件下，统计介质堆叠层数对二次水合物堵塞极限渗透率的影响，如图6.21所示。随着筛网介质堆叠层数的增加，标称精度 $10\mu m$ 挡砂介质的二次水合物堵塞极限渗透率降低，而标称精度 $30\mu m$ 的挡砂介质二次水合物堵塞极限渗透率升高。其原因如下：

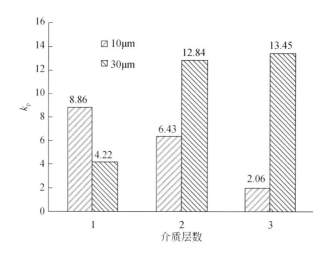

图6.21　不同筛网介质堆叠层数条件下的二次水合物堵塞极限对比

（1）对于精度 $10\mu m$ 的介质，随着层数的增加，水合物在筛网网孔和各层之间生成附着，增加了流体高阻力流动区的厚度，缩小了介质流动孔道有效半径，同时密集的金属丝相互遮挡，也增加了流体流动通道的迂曲度。因此，层数越多挡砂介质二次水合物堵塞后的极限拟渗透率越低。

（2）对于精度 $30\mu m$ 的介质，随着介质层数的增加，虽然水合物的聚集减小了流动孔径半径，但其影响远小于对 $10\mu m$ 筛网的影响。因此，挡砂介质区域的流动阻力改变不明显。但筛网层数的增加却增大了水合物赋存区域，使得更多的水合物颗粒以表面附着形式存在，一定气水比和温压条件下，水合物生成总量是一定的，层数的增多反而减少了能够形成颗粒桥架的水合物颗粒的数量，因此挡砂介质的二次水合物堵塞极限渗透性随介质层数的增加而略有增加。

2. 温度的影响

采用单层标称精度 $10\mu m$ 与 $30\mu m$ 的筛网介质，在相同的压力、流量（5.5MPa、4000mL/min）条件下，探讨温度对筛网介质二次水合物堵塞极限渗透率的差异，如图6.22所示。总体而言，温度对筛管二次水合物堵塞非常敏感，随着实验温度的升高，两种标称挡砂精度的筛网介质的二次水合物堵塞极限渗透率均增大。

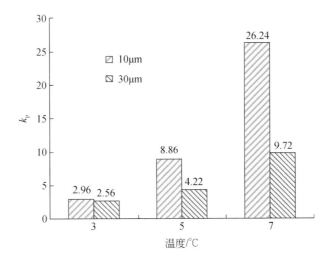

图 6.22　温度对筛网介质堵塞程度的影响

　　本实验系统为闭路循环系统，实验过程中不进行持续补气操作，因此一定起始气水比条件下，温度升高导致水合物生成量的减小，整体堵塞程度有所减缓。由于 10μm 筛网孔道半径原本很小，对水合物生成量的影响非常敏感，温度升高造成其二次水合物堵塞极限渗透率的增大幅度也较大；而 30μm 筛网的堵塞程度对温度因素的响应较弱。

　　3. 流速的影响

　　标称精度 10μm 与 30μm 的单层筛网介质在 2000mL/min、4000mL/min 条件下的二次水合物堵塞极限拟渗透率如图 6.23 所示。对标称精度 10μm 的挡砂介质而言，二次水合物堵塞极限渗透率随着流体流速（流量）的增大而增大，但标称精度 30μm 挡砂介质的二次水合物堵塞极限渗透率则随着流体流速的增大而降低。

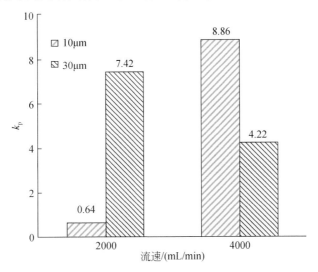

图 6.23　不同流速条件下筛网介质二次水合物堵塞极限对比图

导致上述变化规律的原因可能是：对标称精度 10μm 的筛网而言，以表面附着堵塞机理为主导。随着流速增加，流体对附着水合物的破碎剥离作用增强，部分附着水合物颗粒被流体切削剥离，因此介质堵塞后的二次水合物堵塞极限渗透率更高。对标称精度 30μm 的筛网而言，以颗粒桥架堵塞为主导。这种情况下的水合物堵塞过程与常规泥质组分对介质的堵塞过程相似，因此其堵塞规律也类似：即在相同的实验条件下，介质二次水合物堵塞极限渗透率随驱替流速的增加而降低。

四、机械筛网二次水合物堵塞机理其现场调控启示

1. 二次水合物堵塞机理探讨

挡砂介质的空间结构复杂、比表面积大，水合物在挡砂介质表面附着阻挡流体流动通道会造成介质堵塞。同时，水合物会在流动管路的其他部位依托结晶核直接结晶（Cheng et al., 2020；Maeda, 2018），形成大量水合物颗粒，这些水合物颗粒被流体携带至挡砂介质并被阻挡下来，也会造成挡砂介质的堵塞。因此，二次生成的水合物可通过如下机理对挡砂介质产生堵塞作用：

其一，水合物沉积附着在挡砂介质表面，逐渐结晶生长，遮蔽流体的流动空间，对挡砂介质产生堵塞，这种堵塞机理称为表面附着堵塞，其主要流动阻力区与挡砂介质所在位置相同，如图6.24（a）所示。

其二，水合物在控砂介质之外的其他部位结晶核生成大量水合物颗粒，在流体携带下对挡砂介质产生类似常规泥质颗粒堵塞的效果，这种堵塞机理为颗粒桥架堵塞，其主要的流动阻力区为挡砂介质上游的水合物颗粒堆积区，如图6.24（b）所示。

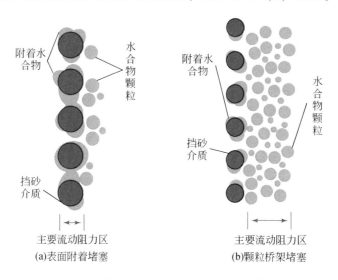

图 6.24　两种不同的挡砂介质水合物堵塞机理

受温压条件的控制，水合物以筛网金属丝为靶点附着沉积难以避免，挡砂筛管的精度越高，其金属丝越密集、比表面越大、经纬线相交节点也越多，可供水合物附着成核的靶

点就越多，越容易造成表面附着堵塞。由于挡砂精度越高的筛管其丝间距越小，一定水合物表面附着条件下导致的渗透率降低现象就越明显。以本实验所用两种滤网介质为例，假设金属丝表面沉积的水合物厚度为 2.5μm，10μm 精度的筛网介质会因此损失 75% 的流通面积［图 6.25（a）］产生严重堵塞；而 30μm 精度的筛网仅因此损失 30.6% 的流通面积［图 6.25（b）］，故后者的主导堵塞机理应为颗粒桥架堵塞。

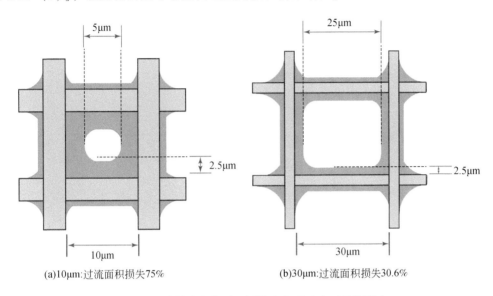

(a)10μm:过流面积损失75%　　　　　(b)30μm:过流面积损失30.6%

图 6.25　附着水合物对不同精度介质过流面积的影响

2. 对水合物试采现场调控的启示意义

（1）二次水合物堵塞平台远程诊断：如本节第二部分所述，水合物在筛管介质中二次堆积可能导致独特的筛管上游、下游温度-压力演化特征。其中，实验条件的"上游"对应实际开采条件下筛管外围与地层接触的位置，而实验条件的"下游"则对应实际开采条件下筛管内井筒。实际试采条件下，筛管内井筒中的温度、压力数据是可以实时测量并实时传输到平台中的。由此，本节第二部分所述的"J"形温压演化特征曲线可以作为远程诊断井底控砂介质实时堵塞工况的标识。

（2）对防止二次水合物堵塞的启示：本节第三部分所述的几类敏感性因素中，对二次水合物堵塞程度最敏感的因素是温度，即维持适当的井底温度是防止井底控砂介质中水合物二次堆积堵塞的关键。其主要原因是：其一，温度升高水合物二次生成的驱动力变小，生成量变少；其二，随着温度的升高，控砂介质——水合物颗粒之间的黏附力降低，水合物颗粒在控砂介质中的堆积减缓。为此，笔者建议：在不影响试采整体工程管柱复杂性和安全性的前提下，试采可采用旁路温水补水或者小功率电加热的模式，在生产层位给控砂管柱适度加热，这将极大地提升水合物试采产气的平稳度，对后续举升泵的调控的压力也会减轻。

第四节　机械筛管挡砂滤网介质的冲蚀失效

冲蚀破坏是指控砂介质在高速气携砂或液携砂长期作用下产生的穿刺型破坏现象，是油气和天然气水合物长期开采面临的主要控砂介质失效形式之一。以目前最常见的多层滤网复合筛管为例，该类筛管是一种典型的三层结构筛管，从内到外由打孔基管内层、多层复合滤网挡砂介质中间层、冲缝外保护罩（外层）组成。对于多层复合滤网筛管，承受冲蚀的部件首先是外保护罩，其次是挡砂介质滤网，一旦这两者损坏，意味着筛管发生冲蚀损毁。为此，本节将以挡砂介质滤网为研究对象，探讨其冲蚀失效的影响因素。后续第五节将探讨控砂筛管整体冲蚀失效行为。

一、实验方法与实验材料

（一）实验装置与方法

本实验针对多层金属滤网挡砂介质分别开展气体携砂和液体携砂冲蚀模拟实验。使用泵送系统将气体或液体与固体砂粒混合，然后通过喷嘴高速喷出，对固体表面产生冲蚀效应。气体和液体携砂对固体表面的冲蚀效应主要与流体流速、固体颗粒粒径、固体颗粒浓度、冲蚀角度、冲蚀距离等因素有关。实验时调整上述主要影响因素对应的实验参数以观察其对冲蚀效应的影响。

液体携砂冲蚀模拟实验使用液体携砂单点冲蚀实验装置，如图 6.26（a）所示。单点液体冲蚀模拟实验系统由高压泵组泵送系统、自动加砂掺混系统、主体冲蚀模拟容器、储液罐、高精度过砂过滤系统、旋流除砂器、磨料槽、流量计、喷嘴、控制台等组成。实验系统可容纳固体颗粒直径 $0.05 \sim 2\,\text{mm}$，固体颗粒浓度（砂比）$0 \sim 10\%$ 可调，泵送系统最大排量 120L/min，喷嘴流速 $0 \sim 120\text{m/s}$，喷嘴系统可更换不同直径（$1 \sim 10\text{mm}$）；冲蚀角度可在 $0 \sim 90°$ 范围内任意调整。

利用液体携砂单点冲蚀实验装置进行液体携砂冲蚀实验时，首先将筛管金属滤网切片样件固定在实验台夹持件上，调整喷嘴到夹持件距离、喷嘴倾斜角度、地层砂粒径、流体流速及含砂率等参数，模拟不同工况下的滤网介质冲蚀情况。设置完毕所有的实验参数后，首先不加砂只泵送流体进行流程测试，检查系统密封性及数据采集系统。无误后开启自动加砂器开始冲蚀模拟实验。实验完毕后，取出样品观察测试冲蚀量和冲蚀深度，并计算冲蚀速率。

气体携砂冲蚀模拟实验则使用如图 6.26（b）所示的气体携砂水平井筒筛管冲蚀模拟装置进行。该系统由冲蚀模拟主体装置（含两组可调节喷嘴）、气体泵送系统、集砂滤砂装置、自动混砂器、局部电加热系统、控制箱/计算机，以及流量压力传感器等组成。冲蚀模拟主体装置长度 2.0m，内径 250mm，安装有耐高压透明视窗用于观察实时冲蚀形态。冲蚀模拟主体装置上设置 2 组共计 16 个可更换喷嘴，可以方便地调整喷嘴直径以便在给定的泵送条件下拓宽喷嘴流速范围。喷嘴角度按照 $90°$、$70°$、$50°$、$30°$ 设置，可调冲蚀距

(a)液体携砂单点冲蚀实验装置

(b)气体携砂水平井筒冲蚀模拟实验装置

图6.26 液体和气体滤网冲蚀模拟实验装置

离范围为 10~80mm。实验系统布置有系列传感器用于实时采集实验系统不同关键位置和节点的压力（压差）和流量，可动态反馈内部的冲蚀动态。高排量空压机及稳压罐满足流速<80m/s 的实验条件。同时，该实验系统也可以进行液体携砂冲蚀实验，在实验条件上与单点冲蚀模拟装置形成互补。

（二）实验材料与实验条件

冲蚀实验使用的挡砂介质是多层滤网复合筛管 ［图6.27（a）］ 中的多层金属滤网挡砂介质。多层金属滤网挡砂介质样品如图6.27（b）所示，每层滤网由圆形金属丝交错编制而成，多层滤网叠加复合在一起形成挡砂介质层。

本实验使用的多层滤网挡砂介质层金属丝材质为316L钢，滤网精度（网孔直径）分为粗细两个系列，粗精度主要针对常规石油与天然气储层地层砂粒径范围，精度为0.15mm；细精度系列主要针对海洋天然气水合物储层的超细粉砂，精度分别为0.01mm、0.03mm 和0.05mm。各精度金属滤网照片如图6.27（b）所示。

实验使用气水两相模拟天然气水合物井冲蚀。实验使用的固体颗粒为模拟地层砂，使用商业石英砂根据目的储层的地层砂粒度分布曲线人工配置而成，使用的5种地层砂的粒径中值分别为0.105mm、0.12mm、0.135mm、0.2mm 和0.35mm。

冲蚀模拟实验主要在室内常温条件下进行，实验系统排出口压力为大气压。喷嘴出口

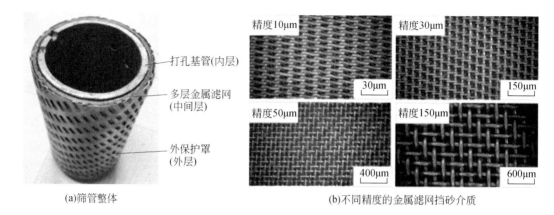

(a)筛管整体　　　　　　　　　　(b)不同精度的金属滤网挡砂介质

图 6.27　实验使用多层金属滤网挡砂介质样品

液体流速分别设置为 10.8m/s、14.1m/s、18.5m/s、20m/s、25m/s、30m/s、40m/s、50m/s 和 60m/s，气体流速设置分别为 25.5m/s、31.1m/s、37.8m/s 和 48.3m/s，冲蚀角度分别设置为 30°、45°、50°、60°、70° 和 90°；冲蚀距离分别设置为 10mm、15mm、20mm、25mm、30mm、40mm、55mm、85mm 和 105mm；液体体积含砂率分别设置为 2.2%、5.4%、6.1% 和 7.8%，气体体积含砂率分别设置为 0.12%、0.24%、0.36% 和 0.48%。

二、冲蚀损坏过程及机理分析

（一）正面冲蚀损坏现象及机理分析

使用水平井筒冲蚀模拟实验装置进行液体携砂冲蚀模拟实验，设置冲蚀角 90°，冲蚀距离为 40mm，分别使用液体流速为 18.5m/s 和 14.1m/s，对标称精度为 50μm、30μm 和 10μm 的三种滤网介质分别进行冲蚀实验。两种流速条件下冲蚀实验的压力动态曲线如图 6.28 所示。

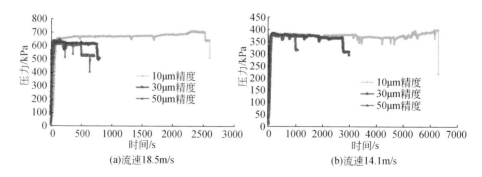

(a)流速18.5m/s　　　　　　　　　　(b)流速14.1m/s

图 6.28　不同流速条件下的冲蚀压力动态曲线

　　液体携砂冲蚀挡砂介质后，需要穿过金属滤网介质才能排出（模拟实际井底生产流动工况）。在滤网介质未被冲蚀穿透的情况下，滤网外（筛管外）环空压力保持稳定。一旦滤网介质被冲蚀穿透，则压力会产生突降，如图6.28（a）、（b）所示。图6.28（a）所示的流速18.5m/s条件下，10μm、30μm、50μm精度滤网对应冲蚀穿透时间分别为2600s、750s和600s。图6.28（b）所示的流速14.1m/s条件下，30μm、50μm精度滤网对应冲蚀穿透时间分别为2950s和1000s。根据冲蚀损坏时间及金属滤网厚度，可计算冲蚀速率。需要特别指出的是，对于多层滤网挡砂介质，其表观厚度按照单层滤网的表观厚度与滤网层数的乘积计算。

　　精度50μm金属滤网挡砂介质的正面冲蚀破坏过程及冲蚀形态照片如图6.29所示，局部放大照片如图6.30所示。

 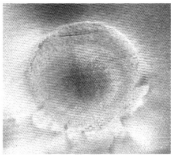 

(a)原始状态　　　　　　　　　　(b)开始破坏　　　　　　　　　　(c)冲蚀穿透

图6.29　精度50μm金属滤网正面冲蚀破坏过程实验照片

(a)正面啮噬点蚀破坏　　　　　　(b)啮噬穿透　　　　　　(c)边缘切削冲蚀破坏

图6.30　精度50μm金属滤网正面冲蚀破坏过程局部放大照片

　　如图6.29、图6.30所示，正面冲击条件下，金属滤网的冲蚀破坏机理包括正面啮噬点蚀机理和侧向切削冲蚀机理。正面啮噬点蚀是指正面冲击条件下，固体砂粒正面碰撞金属表面并被反弹出现不规则跳跃［图6.31（a）］。颗粒碰撞金属表面瞬间，固体砂粒对金属表面产生正面啮噬作用，其破坏取决于颗粒冲撞速度、砂粒的尖锐程度等。而侧向切削冲蚀机理是指，当流体携砂高速通过贯穿的孔洞时，固体砂粒对孔洞边缘产生侧向切削作用，使得孔洞外缘被切削而向周围延伸［图6.29（c）、图6.31（b）］。

　　对于金属滤网表面的正面冲蚀，在冲蚀过程初期，由于通过滤网的砂粒较少，大量的砂粒被滤网表面反弹，冲蚀机理以正面啮噬为主；同时，由于组成金属滤网的金属丝为圆形丝，其相互编制叠加形成一定的纵深；少量细小砂粒通过具有纵深结构的金属滤网，产生侧向切削作用。在以正面啮噬机理为主，侧向切削机理为辅的双重作用下，金属滤网表面逐渐不规则且不连续的点蚀小孔洞，并逐渐形成连续的较大冲蚀孔洞，如图6.32（b）所示。

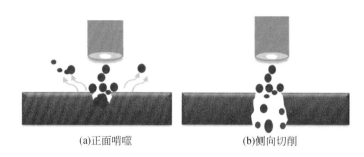

(a)正面啃噬　　　　　　　　　　　(b)侧向切削

图 6.31　正面冲蚀条件下金属表面的正面啃噬和侧向切削机理

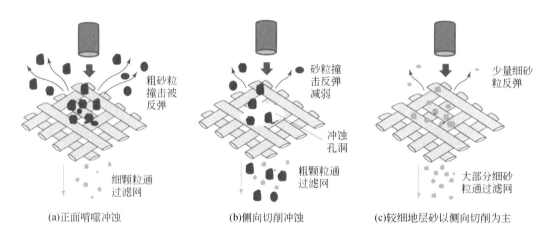

(a)正面啃噬冲蚀　　　　　　(b)侧向切削冲蚀　　　　(c)较细地层砂以侧向切削为主

图 6.32　金属滤网正向冲蚀条件下的冲蚀破坏机理示意图

当金属滤网被正面啃噬穿透形成孔洞后，大量的砂粒不再被滤网表面反弹，而是直接随流体高速通过冲蚀孔洞，此时的冲蚀机理转变为侧向切削机理；快速流动的固体颗粒从侧向冲蚀破坏边缘表面，使得冲蚀孔洞扩展。

正面冲蚀条件下，金属滤网的冲蚀破坏机理还与地层砂粒径与金属滤网网孔的相对大小有关。在防砂领域的正常匹配条件下，金属滤网主要用于阻挡砂粒。滤网直径小于大部分地层砂粒径，此时的冲蚀机理是穿透前以正面啃噬为主、侧向切削为辅；冲蚀穿透后以侧向切削为主。但当地层砂粒径远小于金属滤网网孔直径时，滤网被冲蚀穿透前，大量的地层砂粒会穿过滤网，此时的冲蚀破坏机理则以侧向切削为主，如图 6.32（c）所示。

（二）滤网介质侧向冲蚀损坏现象及机理

使用清水作为携砂流体，设置冲蚀角度 45°，地层砂粒径中值为 0.12mm，冲蚀距离为 40mm，进行精度 50μm 金属滤网挡砂介质的冲蚀损坏过程实验模拟，得到如图 6.33 所示的冲蚀形态。

金属滤网在侧向冲蚀条件下，其冲蚀形态及机理与正面冲蚀有所不同。如图 6.33（b）所示，对纵横交错的金属编织网，侧向冲击条件下，首先垂直于冲击方向的金属丝被冲蚀破坏，然后进一步冲蚀穿透形成孔洞。产生贯穿孔洞后，大部分砂粒穿过孔洞处流

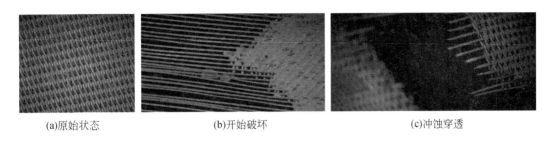

(a)原始状态　　　　　　　　　(b)开始破坏　　　　　　　　　(c)冲蚀穿透

图 6.33　金属滤网侧向冲蚀条件下的冲蚀破坏放大照片

动，转变为端面侧向切削机理为主；最终主要破坏形态是不规则孔洞，断丝截面尖锐，切削效应明显。

图 6.34 展示了金属滤网侧向冲蚀破坏机理。相较于垂直正面冲蚀方式，小角度入流条件下更容易发生冲蚀破坏。当冲蚀角度较大时，颗粒对金属滤网表面的撞击作用明显，其机理约接近于正面啃噬机理。有明显倾角的情况下，冲蚀机理为侧向切削啃噬机理；并且随着冲角度越小，侧向切削啃噬的作用越明显。

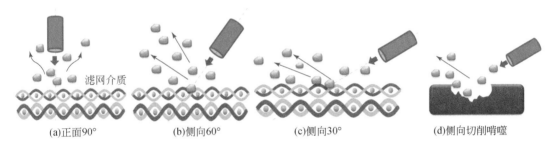

(a)正面90°　　　　　(b)侧向60°　　　　　(c)侧向30°　　　　　(d)侧向切削啃噬

图 6.34　金属滤网侧向冲蚀条件下的冲蚀破坏机理示意图

三、滤网介质冲蚀速率的影响因素

(一) 介质精度及金属丝直径的影响

设置冲蚀角 90°，冲蚀距离为 40mm，使用三种液体流量比为 18.5m/s、14.1m/s 和 10.8m/s，分别对标称精度为 50μm、30μm 和 10μm 的三种滤网介质进行冲蚀实验，对比不同液体流速条件下介质精度对冲蚀特性的影响规律（前两种流速下的动态曲线如图 6.28 所示），不同流速下冲蚀损坏时间和冲蚀速率随介质精度的变化如图 6.35 所示。

根据图 6.28 和图 6.35，在流速为 18.5m/s 的冲蚀条件下，50μm、30μm 和 10μm 三种精度的滤网介质均发生冲蚀破坏，冲蚀损坏时间分别为 800s、2600s 和 7800s。随着介质精度增加，所需的冲蚀损毁时间越长，特别是 10μm 介质冲蚀破坏时间明显高于 30μm 和 50μm 介质。在 14.1m/s 冲蚀流速条件下，10μm 介质滤网未发生冲蚀破坏，30μm 和 50μm 精度的滤网介质发生冲蚀破坏，冲蚀破坏时间分别为 7300s 和 2000s。总体规律是：

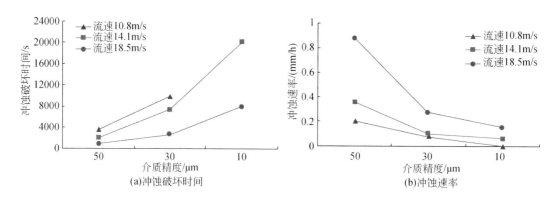

(a)冲蚀破坏时间　　　　　　　　　　　(b)冲蚀速率

图6.35　不同流速条件下冲蚀损坏时间和冲蚀速率随介质精度的变化规律

随着滤网介质精度升高（精度数值减小），冲蚀损坏时间明显增加，冲蚀速率明显降低，并且三个不同流量下的实验均显示相类似的规律。

图6.36为使用10倍显微镜放大观察三种不同精度介质。相同的地层砂条件下，精度越低（数值越高），滤网网孔直径越大，正面冲蚀流动时地层砂粒越容易通过滤网，其冲蚀机理越倾向于侧向切削冲蚀，冲蚀速率明显高于正面啃噬冲蚀。本实验中，$10\mu m$精度介质的抗冲蚀性能明显高于$30\mu m$和$50\mu m$精度介质的另一个原因是，实验使用$10\mu m$精度介质的金属丝直径为$320.5\mu m$，而$30\mu m$和$50\mu m$精度介质的金属丝直径分别为$195.4\mu m$和$196.2\mu m$，明显比$10\mu m$精度介质金属丝直径要细，抗冲蚀能力差。综上所述，对于相同的地层砂和冲蚀流速等条件，决定冲蚀特性的关键因素除了网孔直径（精度）外，金属丝直径也是一个关键因素。要提高金属滤网的抗冲蚀性能，加粗金属丝直径是有效的途径之一。

(a)50μm精度介质　　　　　　　(b)30μm精度介质　　　　　　　(c)10μm精度介质

图6.36　三种精度滤网介质放大10倍照片

（二）多层滤网不同层数条件下的冲蚀形态差异

图6.37为液体携带0.2mm中值地层砂冲蚀精度$150\mu m$的三层滤网破坏后的隔层滤网冲蚀形态。筛管金属网布随层数递增冲蚀减弱，破坏形成的孔洞面积逐渐减小。实验过程中大部分地层砂被阻挡在第一层金属网布外侧，在相同时间内，通过各层金属网布的地层砂逐渐减小，切削作用减弱。介质冲蚀破坏形式以切削破坏为主，主要破坏形态为不规则孔洞，冲蚀破坏断口边缘较为粗糙，部分金属丝未完全冲蚀断开。

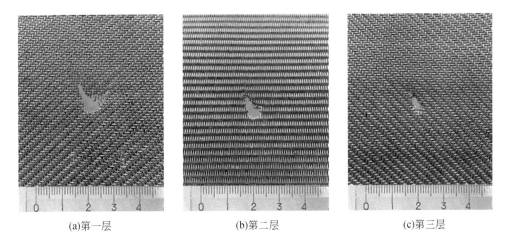

(a)第一层   (b)第二层   (c)第三层

图 6.37 精度 150μm 三层滤网冲蚀破坏形态

(三) 冲蚀流速的影响

使用 10μm、30μm、50μm 精度的三种滤网介质，设定冲蚀距离 40mm、冲蚀角度 90°，液体含砂率 6.1%，使用清水携带粒径中值 200μm 的地层砂进行不同冲蚀流速条件下单层滤网冲蚀模拟实验，得到三种介质精度下介质冲蚀速率随流速的变化规律如图 6.38 (a) 所示。

使用精度 150μm 的三层滤网介质，设定冲蚀距离 40mm，冲蚀角度 90°，液体含砂率 5.2%，使用清水携带粒径中值 105μm 的地层砂进行不同冲蚀流速下的冲蚀模拟实验，得到滤网介质冲蚀速率随流速的变化规律如图 6.38 (b) 中的曲线 A 所示。同时，使用精度 150μm 的三层滤网介质，设定冲蚀距离 30mm，冲蚀角度 90°，气体含砂率 0.48%，使用气体携带粒径中值 105μm 的地层砂进行不同冲蚀流速下的冲蚀模拟实验，得到滤网介质冲蚀速率随流速的变化规律如图 6.38 (b) 中的曲线 B 所示。

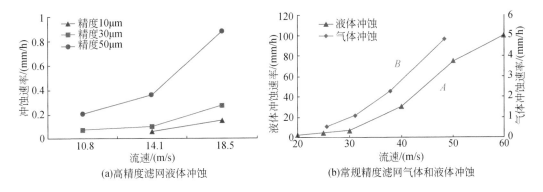

(a)高精度滤网液体冲蚀   (b)常规精度滤网气体和液体冲蚀

图 6.38 不同类型滤网介质冲蚀速率随流速的变化规律

由图 6.38 可知，无论是液体携砂还是气体携砂，冲蚀流量 (流速) 越大，冲蚀损坏所需时间越短，冲蚀损坏速率越高；并且其变化规律为非线性关系，更倾向于指数式关系。需要特别说明的是，图 6.38 (b) 中的液体冲蚀和气体冲蚀实验所使用的流体、流速、地层砂样品均不同，气体携砂和液体携砂冲蚀条件下的冲蚀速率并无直接可对比性（此处仅为绘图方便将两者绘制在同一副图中）。

（四）冲蚀距离和冲蚀角度影响

使用精度 150μm 的三层滤网介质，设定冲蚀角度 90°，冲蚀流速 40m/s，液体含砂率 5.2%，使用清水携带粒度中值为 105μm 地层砂进行不同冲蚀距离下的冲蚀模拟实验，得到滤网介质冲蚀损坏速率随冲蚀距离的变化规律如图 6.39 中的曲线 A 所示。

使用精度 150μm 的三层滤网介质，设定冲蚀角度 90°，冲蚀流速 48.3m/s，气体含砂率 0.48%，使用气体携带粒度中值为 120μm、200μm 地层砂进行不同冲蚀距离下的冲蚀模拟实验，得到滤网介质冲蚀速率随冲蚀距离的变化规律分别如图 6.39 中的曲线 B、C 所示。

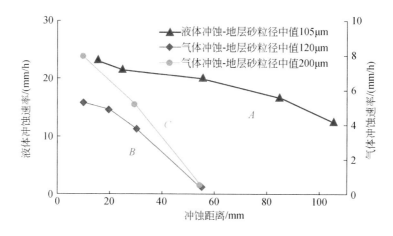

图 6.39　不同实验条件下滤网介质冲蚀速率随冲蚀距离的变化规律

由图 6.39 可知，各种实验条件下，滤网介质冲蚀损坏速率随冲蚀距离的增加而明显降低。在给定的喷嘴出口流速下，冲蚀距离越长，携砂流体的速度衰减效应越明显，达到冲蚀介质表面的砂粒速度越低；同时，由于喷射的流动界面扩散效应，冲蚀砂粒作用于介质表面的面积也随冲蚀距离的增大而扩大，也会降低冲蚀速率。图 6.39 所表示的冲蚀速率随冲蚀距离的递减关系可近似为线性关系，但其非线性特征也比较明显，需要在后续的冲蚀速率预测经验模型中给予考虑。

使用精度 10μm、30μm、50μm 的三层滤网介质，设定冲蚀流速 14.1m/s，冲蚀距离 40mm，液体含砂率 6.1%，使用清水携带粒度中值为 200μm 的地层砂进行不同冲蚀角度下的单层滤网冲蚀模拟实验，得到滤网介质冲蚀速率随冲蚀角度的变化规律如图 6.40（a）所示。

使用精度 150μm 的三层滤网介质，设定冲蚀流速 40m/s，冲蚀距离 40mm，液体含砂率 5.2%，使用清水携带粒度中值为 105μm 地层砂进行不同冲蚀角度下的冲蚀模拟实验，得到滤网介质冲蚀速率随冲蚀角度的变化规律如图 6.40（b）中的曲线 A 所示。

使用精度 150μm 的三层滤网介质，设定冲蚀流速 48.3m/s，冲蚀距离 30mm，气体含砂率 0.48%，使用气体携带粒度中值为 120μm 地层砂进行不同冲蚀角度下的冲蚀模拟实验，得到滤网介质冲蚀速率随冲蚀角度的变化规律如图 6.40（b）中的曲线 B 所示。

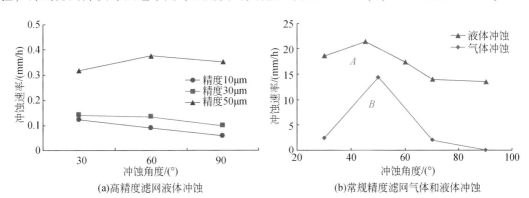

(a)高精度滤网液体冲蚀　　　　　　　　(b)常规精度滤网气体和液体冲蚀

图 6.40　不同精度介质冲蚀速率随冲蚀角度的变化规律

根据图 6.40，常规精度的 150μm 滤网介质冲蚀速率随着冲蚀角度的增加先增加后降低，即正面冲击的损坏速率较慢，侧向冲蚀条件下的损坏速率较快。这是因为高精度介质的网孔直径较小，很难有砂粒通过介质，侧向切削作用较弱，而主要依靠正面啃噬机理达到冲蚀效果，其损坏速率较慢。而在小角度侧向条件下，冲蚀机理以侧向切削为主，冲蚀速率较快。

根据图 6.40 还可以看出，高精度的 10μm 和 30μm 精度介质冲蚀速率随冲蚀角度的变化略有不同。小角度（20°～30°）条件下的冲蚀速率总体高于大角度（80°～90°），垂直冲蚀速率低于侧向小角度冲蚀速率。对于 50μm 中高精度滤网，部分地层砂会通过滤网介质，在中等角度条件下，正面啃噬机理和侧向切削机理达到平衡，出现最快冲蚀效应。

上述实验中精度 50μm 滤网不同冲蚀角下的冲蚀形态如图 6.41 所示。50μm 精度介质在 90°垂直冲蚀条件下，冲蚀区域较为集中，冲蚀孔洞也比较规则；在 60°冲蚀角条件下，冲蚀孔洞形明显不规则；在 30°冲蚀角度下，冲蚀孔洞面积较小。总体而言，60°冲蚀条件下介质冲蚀破坏面积最大。

(a)冲蚀角90°　　　　　　　　(b)冲蚀角60°　　　　　　　　(c)冲蚀角30°

图 6.41　50μm 精度单层滤网不同冲蚀角下的冲蚀形态

（五）地层砂粒径和含砂率的影响

使用精度 150μm 的三层滤网介质，设定冲蚀流速 40m/s，冲蚀角度 90°，冲蚀距离 40mm，液体含砂率 5.2%，使用清水携带不同粒度中值的地层砂进行冲蚀模拟实验，得到滤网介质冲蚀速率随地层砂粒度中值的变化规律如图 6.42（a）中的曲线 A 所示。

使用精度 150μm 的三层滤网介质，设定冲蚀流速 48.3m/s，冲蚀角度 90°，冲蚀距离 30mm，气体含砂率 0.48%，使用气体携带不同粒度中值的地层砂进行冲蚀模拟实验，得到滤网介质冲蚀速率随地层砂粒度中值的变化规律如图 6.42（a）中的曲线 B 所示。

使用精度 150μm 的三层滤网介质，设定冲蚀流速 48.3m/s，冲蚀角度 90°，冲蚀距离 30mm，使用气体分别携带粒度中值为 120μm 和 200μm 的地层砂进行不同含砂率下的冲蚀模拟实验，得到滤网介质冲蚀速率随含砂率的变化规律如图 6.42（b）所示。

使用精度 150μm 的三层滤网介质，设定冲蚀流速 40m/s，冲蚀角度 90°，冲蚀距离 40mm，使用清水携带粒度中值为 105μm 的地层砂进行不同含砂率下的冲蚀模拟实验，得到滤网介质冲蚀速率随含砂率的变化规律如图 6.42（c）所示。

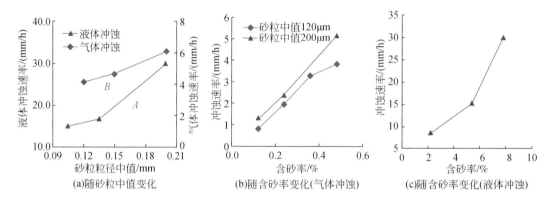

图 6.42　冲蚀速率随地层砂粒径和含砂率的变化规律

根据图 6.42（a）可知，滤网介质冲蚀速率随粒径中值呈近似线性增大。根据图 6.42（b）、（c）可知，随含砂率的变化冲蚀速率也近似线性增大。总体而言，在构建冲蚀速率预测模型时，冲蚀速率随粒径和含砂率的关系可以简化为线性关系。

第五节　机械筛管的整体冲蚀失效

一、实验原理与实验方法

本实验仍采用第四节中所述的水平井筒冲蚀模拟实验装置完成。实验时，首先将主体井筒单元清空，调整喷嘴组状态；然后放置测试筛管短节，封闭端盖，使得井筒与筛管的环空封闭，打开筛管内部的出口通道，使流体必须通过筛管才能排出主体井筒单元（模拟实际井底状态）。按顺序连接流体泵送系统、自动混砂器和过砂集砂器。设置完毕所有的实验参数后，首先不加砂只泵送流体进行流程测试，检查系统密封性及数据采集系统。无误后开启自动混砂器开始冲蚀模拟实验。实验过程中通过实时采集的压力、流量动态曲线以及透明观察窗监控冲蚀形态；判定冲蚀失效后，关闭实验系统。取出样品观察测试冲蚀量和冲蚀深度，对筛管机械结构、材料及综合性能进行评价。

冲蚀实验使用的筛管是多层滤网复合筛管。多层滤网复合筛管是一种典型的三层结构筛管，从内到外由打孔基管（内层）、多层金属复合滤网（中间层）、外保护罩（外层）组成，如图6.43（a）所示。多层滤网复合筛管的外保护罩如图6.43（b）所示，为厚度1~2mm的钢板冲缝而成，冲缝形成侧缝宽度为2~5mm级，供流体通过，避免流体携砂直接冲击内部的挡砂介质。多层滤网复合筛管的多层金属滤网挡砂介质样品如图6.43（c）所示，每层滤网由圆形金属丝交错编制而成，多层滤网叠加复合在一起形成挡砂介质层。多层滤网复合筛管的直径规格为127mm和139mm，外保护罩厚度为2.0mm，材质为304钢；挡砂介质层金属丝材质为316L钢，直径为0.25~0.4mm，精度有0.1mm、0.125mm、0.15mm、0.2mm和0.25mm；滤网表观厚度约1.0mm。

图6.43 实验筛管整体样品及保护罩和挡砂介质层样品

实验流体使用空气模拟气体携砂冲蚀，实验使用的固体颗粒为模拟地层砂，使用的商业石英砂根据目的储层地层砂粒度分布曲线人工配置而成，粒径中值分别为0.12mm、0.15mm、0.2mm和0.35mm。本实验主要在室内常温20~25℃条件下进行，实验系统排出口压力为大气压。喷嘴出口气体流速分别设置为48.3m/s、37.8m/s、31.1m/s和25.5m/s；冲蚀角度分别设置为90°、70°、50°和30°；冲蚀距离分别设置为10mm、20mm、30mm和55mm；气体体积含砂率分别设置为0.48%、0.36%、0.24%和0.12%。

二、气体携砂冲蚀筛管破坏过程分析

使用精密滤网复合筛管在90°冲蚀角正面冲击的条件下进行冲蚀模拟实验，设置冲蚀距离30mm，使用粒度中值0.12mm地层砂，控制气体流速维持在40m/s左右。实验过程中监测筛管外部压力和筛管外部压力至系统排出口的压差，该压差包含了集砂器系统的压力损失。实验过程中的筛管外部环空（喷嘴外）压力及筛管表观渗透率变化曲线如图6.44所示，筛管冲蚀损坏过程照片如图6.45所示。

根据图6.44表征的冲蚀过程中的动态变化曲线发现，实验开始后，压力迅速上升，同时渗透率下降。这是由于冲蚀的过程中，部分细砂进入筛管内部产生堵塞作用，导致筛管流通性能下降。在时间约58min时（图6.44中的T_a），环空压力开始下降，同时渗透率开始升高，表明由于冲蚀作用使得筛管流通性升高，预示着筛管保护罩被穿透［图6.45（b）］，然

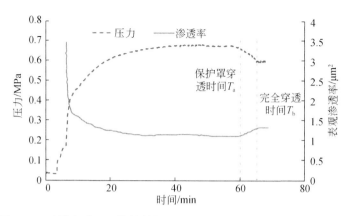

图 6.44　冲蚀实验过程筛管外部环空压力和筛管表观渗透率变化曲线

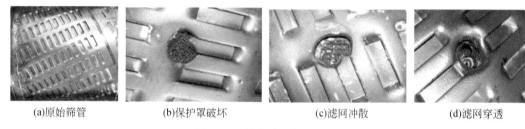

(a)原始筛管　　　　　(b)保护罩破坏　　　　　(c)滤网冲散　　　　　(d)滤网穿透

图 6.45　筛管冲蚀损坏过程

后挡砂介质承受冲蚀损毁。当时间约为 65min 时（图 6.44 中的 T_b），压力和渗透率又出现转折，说明滤网介质被完全穿透［图 6.45（d）］。此处需要特别说明的是，在系统出口排空的情况下，一旦介质冲蚀损毁筛管完全穿透，压力应急剧降低，渗透率会急剧升高。而本实验中出现相反变化的原因是，由于快速穿透筛管的地层砂迅速堆积到后续的集砂器中，造成集砂器过滤体迅速堵塞，压力反馈到主体模拟容器中造成压力回升。分析软件使用压差为整个系统的压差，因此计算得到的渗透率降低。

　　根据图 6.44，本实验外保护罩冲蚀损毁时间约为 58min，而滤网介质损毁约为 7min，即损毁时间 65min 与保护罩损毁时间 58min 的差值。这表明，滤网介质冲蚀损坏时间远小于外保护罩冲蚀损坏时间；一旦外保护罩冲蚀损坏，滤网介质将很快损坏，筛管随即失去挡砂作用。因此提高筛管抗冲蚀性能的关键是提高外保护罩抗冲蚀能力。

　　图 6.46 展示了不同实验条件下多层滤网复合筛管外保护罩的各种冲蚀损坏形态，其冲蚀损坏孔洞尺寸为 5～10mm，具体与喷嘴直径、冲蚀距离和角度有关，并且和冲蚀的具体位置（保护罩的凸起部分还是凹陷部分或其侧面位置）有关。

　　图 6.47 为外保护罩正面冲蚀损坏过程的放大照片。正面冲击条件下，筛管外保护罩首先起抵抗冲蚀作用，冲蚀机理为流体携砂对金属表面的正面啃噬和侧面切削状态。如图 6.47（b）所示，在保护罩未破坏条件下，流体携带砂粒正面冲击保护罩表面，以正面啃噬为主，产生点蚀损坏；当点蚀作用将保护罩穿透后，砂粒倾向于流通穿过孔洞，此时的冲蚀机理转变为边缘切削为主［图 6.47（c）］，快速流动的固体颗粒从侧向冲蚀破坏边缘表面，使得冲蚀孔洞扩展。

　　图 6.48 展示了交错冲缝式外保护罩和多层金属滤网复合结构的冲蚀损坏机理，可以

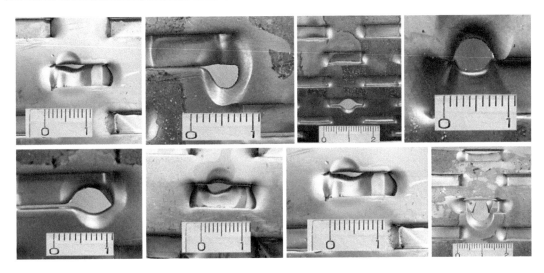

图 6.46　外保护罩冲蚀损坏形态照片

(a)初始状态　　　　　　　(b)局部啃噬点蚀　　　　　　　(c)边缘切削破坏

图 6.47　外保护罩正面冲蚀损坏过程的放大照片

清晰地解释冲蚀过程中的堵塞与冲蚀过程。气体携砂冲击交错冲缝式复合结构时，即使外保护罩未被冲蚀损坏情况下，部分地层砂粒会从冲缝侧孔进入挡砂介质内部，产生堵塞作用，造成实验时的筛管表观渗透率降低和压力升高（图 6.44）。当外保护罩被冲蚀穿透后，携砂流体开始冲击内部的挡砂介质层，随后挡砂介质层损毁，筛管穿透。因此，多层滤网复合筛管的正面冲击损毁过程可分为外保护罩冲蚀和滤网介质冲蚀两个阶段。

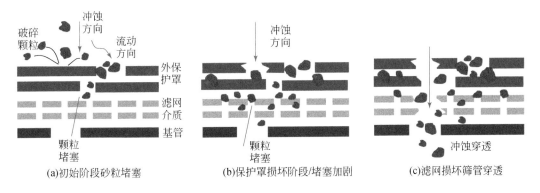

(a)初始阶段砂粒堵塞　　　　(b)保护罩损坏阶段/堵塞加剧　　　(c)滤网损坏筛管穿透

图 6.48　筛管正面冲蚀堵塞及损毁机理示意图

三、封闭空间条件下局部桥架和颗粒堆积保护效应

　　由封闭井筒有限空间内的筛管冲蚀过程模拟实验发现，筛管表面砂粒的局部堆积，以及井筒空间逐步被地层砂填埋对冲蚀有一定的保护效应，即在空间有限的封闭条件下，堆积的砂粒有时会对筛管的冲蚀过程起到阻碍作用。图 6.49（a）为使用气体携砂和精密复合筛管进行冲蚀模拟实验最终形成的筛管外保护罩冲蚀孔洞位置。实验过程中观察发现，在外保护罩形成的局部凹坑及冲蚀凹坑位置，局部堆积有大量的地层砂［图 6.49（b）］，来流冲击携带的固体砂粒会首先冲击这些堆积的地层砂，从而使得堆积砂对筛管表面起到保护作用。

　　图 6.49（c）为实验过程中中断实验打开主体井筒单元端盖观察到的情形，发现大量地层砂沉积在筛管外部环空（本实验中筛管样品位于照片画面的另一侧）。随着实验持续，环空中的堆积地层砂会越来越多，当其达到喷嘴出流位置时，即会对冲蚀起到阻碍作用，并保护筛管减弱其被冲蚀损坏的作用。图 6.50 进一步解释了上述环空砂埋对筛管冲蚀保护效应。

(a)冲蚀孔洞位置　　　　　　　　(b)局部砂桥保护效应　　　　　　　　(c)环空被砂埋情形

图 6.49　实验观察到的砂桥局部保护及砂埋保护效应

　　对于一口实际生产井，筛管下入井中投产初期，筛管与裸眼井壁或套管之间的环空无充填物［图 6.50（a）］。投产后，如果地层出砂并能达到冲蚀条件，则地层产出砂被流体携带冲击筛管表面，产生冲蚀作用。同时，部分细砂会通过筛管，而地层砂中的粗质成分会被筛管阻挡，填埋在筛管与井壁（或套管）的环形空间中［图 6.50（b）］。随着出砂

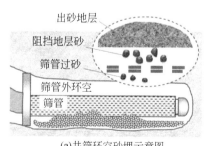 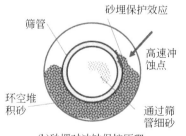 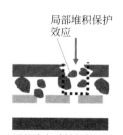

(a)井筒环空砂埋示意图　　　　　　(b)砂埋对冲蚀保护原理　　　　　　(c)局部堆积冲蚀保护原理

图 6.50　井筒封闭空间筛管冲蚀砂埋保护效应原理

继续，当环形空间被地层砂填埋，如果此时筛管仍然未被冲蚀穿透而损坏，则填埋地层砂会对筛管起到保护作用，而使得筛管不再被冲蚀损坏，达到生产平衡。在堆积砂埋过程中，冲蚀孔洞中的砂粒堆积也会对进一步冲蚀产生保护作用，如图 6.50（c）所示。因此，堆积砂粒的缓解冲蚀损坏作用，是井底封闭空间控砂筛管的冲蚀损坏过程区别于开放空间金属材料冲蚀过程的重要体现。

第六节　砾石填充层的冲蚀失效及影响因素

不同于机械筛管类控砂介质，砾石充填层的冲蚀失效并非砾石填充颗粒的直接破碎，而是在不稳定气液携砂流动条件下的蠕动错位或沉降。砾石充填层的冲蚀失效常发生在管外砾石充填环境中，当充填密实度不够或井壁失稳、井周出砂导致井眼扩大，原本密实充填的砾石层错位空间变大，被高速流体冲击离开原始位置，挡砂失效。特别是天然气水合物开采过程中，由于水合物产出导致的储层物质亏空，井周可蠕动空间越来越大，砾石填充层形成冲蚀空洞的概率不断提高。一旦砾石充填层被冲蚀形成孔洞，则内部机械筛管将失去保护层，随即发生冲蚀失效。

为此，采用筛管与砾石层特性评价微观驱替模拟实验装置（其基本结构与原理已在第五章介绍），在筛管外部充填 40～70 目陶粒砂，分别设置充填密实程度为 100%、98%、96% 和 95%，在相同的实验条件下观察砾石层的冲蚀空洞形成及其对控砂效果的影响。

实验过程中采用恒功率泵驱替，驱替介质为清水携带泥砂沉积物，记录驱替流量和充填层内外压差随时间的变化，进而计算得到挡砂层的总体渗透率变化。其中 40～70 目使用陶粒砂和石英砂进行的四次典型实验的总体渗透率变化如图 6.51 和图 6.52 所示。

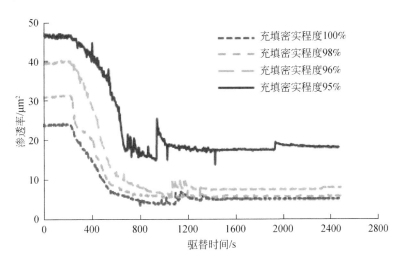

图 6.51　不同充填程度陶粒砂挡砂驱替实验渗透率变化曲线

图 6.51、图 6.52 中可以明显看出，充填密实程度越高，控砂介质的整体渗透率越低，但整体均维持在几十达西级别，因此砾石填充层的密实程度并不会对天然气水合物开采的产能产生负面影响。随着清水携带泥质沉积物侵入砾石充填层，控砂介质整体渗透率随时

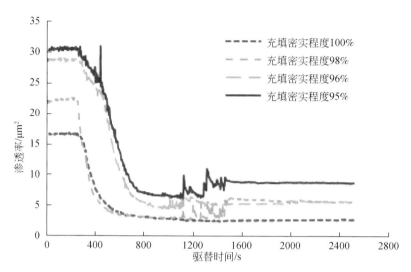

图 6.52　不同充填程度石英砂挡砂驱替实验渗透率变化曲线

间降低一个数量级，然后维持在低位处于稳定状态。

　　图 6.53 和图 6.54 是分别使用 40～70 目陶粒和石英砂，充填密实程度分别为 100%、98%、96% 和 95% 下挡砂驱替实验结束时的最终孔眼入流处冲蚀形态。每次驱替实验大约持续时长 42min。在加砂驱替完毕后，使用清水不加砂持续驱替。在砾石层外围的模拟孔眼入流处（整个容器共 6 个）由于水流冲击造成砾石和陶粒颗粒的压实和重新排列组合，逐步形成冲蚀孔洞。

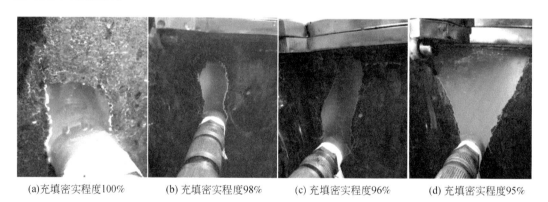

(a)充填密实程度100%　　　(b) 充填密实程度98%　　　(c) 充填密实程度96%　　　(d) 充填密实程度95%

图 6.53　陶粒砂充填不同充填密实程度孔洞形态对比

　　分析发现，即使在 100% 充填密实程度下，无论是陶粒还是石英砂，在孔眼入流处均有明显的小型冲蚀孔洞。这表明，即使在人工密实充填情况下，射孔孔眼入流口附近的砾石充填层冲蚀孔洞也不可避免。当充填密实程度为 98% 和 96% 时，入流口的冲蚀孔洞出现明显的长条形并依次加长，即随着充填密实程度降低，冲蚀孔洞的面积和区域不断扩大；尤其在充填率 95% 时，形成较大区域的充填孔洞，呈明显的倒三角形状，地层砂可以在"三角斜坡面"上形成桥架层。所有实验均可以观察到地层砂侵入表层充填砂并逐渐在孔洞表面形成稳定的桥架层的现象。

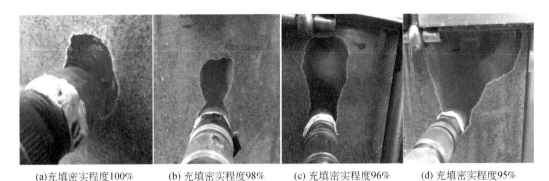

(a)充填密实程度100%　　(b) 充填密实程度98%　　(c) 充填密实程度96%　　(d) 充填密实程度95%

图 6.54　石英砂充填不同充填密实程度孔洞形态对比

图 6.55 和图 6.56 分别为使用 40～70 目陶粒砂和石英砂，充填密实程度 100%、98%、96% 和 95% 下挡砂驱替实验结束时，打开容器顶盖观察到的最顶部孔眼的地层砂径向侵入深度对比。图中充填层中的白色或浅色区域即为侵入的地层砂，从容器外部向内延伸的白色区域代表地层砂的侵入深度。

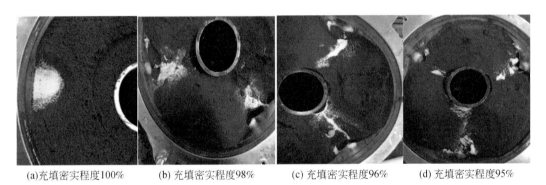

(a)充填密实程度100%　　(b) 充填密实程度98%　　(c) 充填密实程度96%　　(d) 充填密实程度95%

图 6.55　陶粒砂充填不同充填密实程度孔洞深度对比

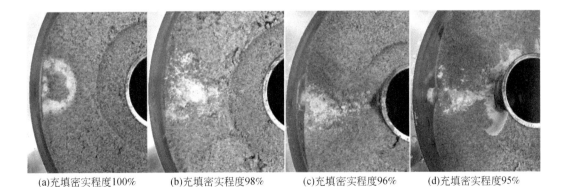

(a)充填密实程度100%　　(b)充填密实程度98%　　(c)充填密实程度96%　　(d)充填密实程度95%

图 6.56　石英砂充填不同充填密实程度孔洞深度对比

分别使用陶粒砂和石英砂进行实验，得到类似的结果：地层砂的侵入深度随着充填密实程度的降低而增加。充填密实程度 100% 时，地层砂侵入区域为近圆形，深度约为砾石层厚度的 1/3，侵入厚度以外（靠近井筒）区域基本保持干净。充填密实程度为 98% 和 96% 时，侵入形状范围开始变得不规则，并且深度增加，接近筛管外壁。当充填密实程度为 95%，地层砂完全穿透砾石层，侵入区域呈不规则状。分别使用陶粒砂和石英砂进行实验，得到类似的结果。这说明随着充填密实程度的降低，砾石层稳定性变差，被冲蚀形成孔洞的可能性越高，控砂失效风险越高。

对于管内砾石充填防砂，由于很难达到 100% 密实充填，生产过程中地层流体产出冲击筛套环空砾石层，并形成孔洞造成地层砂侵入不仅是可能的，并且可能是普遍存在的。这种情况下，砾石层失去稳定性，很难再起到挡砂作用。要起到较好的挡砂作用，必须使筛管承担挡砂功能。鉴于此，在进行管内循环砾石充填设计时，考虑砾石层的不稳定性而失去挡砂功能的可能性，机械筛管缝宽或挡砂精度设计需要根据筛管直接阻挡地层砂的原则来设计，而不是传统的按照筛管仅用于阻挡砾石层的原则设计（只需要筛管精度或缝宽略低于砾石最小粒径即可）。

进一步对比控砂介质整体渗透率和图 6.53 ~ 图 6.56 的结果可知：即使砾石层被冲蚀形成孔穴，但控砂介质的整体渗透率并没有因为孔穴的形成而升高，反而降低。这是因为地层泥砂侵入砾石后导致整体渗透率降低，在孔洞没有完全穿刺充填层的情况下，在砾石层孔隙中形成稳定的砂桥，因此渗透率最终趋于稳定，即使本实验结束后用清水持续驱替，也没有表现出整体渗透率的恢复。这表明一旦形成砾石层孔穴，泥质侵入并在砾石层内部形成稳定桥架，其解除过程有相当难度的，除非砾石层孔穴彻底穿透砾石充填层，导致充填控砂完全失效。

<h2 style="text-align:center">参 考 文 献</h2>

董长银，周玉刚，陈强，等 . 2019. 流体黏速物性对砾石层堵塞影响机制及充填防砂井工作制度优化实验. 石油勘探与开发，46：1178-1186.

李彦龙，吴能友，刘昌岭，等 . 2018. 筛网中水合物生成堵塞规律可视化评价系统：ZL201820327181. 2

李彦龙，董林，刘昌岭，等 . 2019. 砾石充填层堵塞评价微观探测模拟装置：ZL201820854035. 5

李彦龙，吴能友，陈强，等 . 2020. 水合物开采砾石充填层堵塞工况微观机理评价方法及系统：ZL 201910564823. X

Aeran A, Siriwardane S C, Mikkelsen O, et al. 2017. A framework to assess structural integrity of ageing offshore jacket structures for life extension. Marine Structures, 56：237-259.

Bu Q, Hu G, Liu C, et al. 2019. Acoustic characteristics and micro- distribution prediction during hydrate dissociation in sediments from the South China Sea. Journal of Natural Gas Science and Engineering, 65：135-144.

Cheng C X, Tian Y J, Wang F, et al. 2019. Experimental study on the morphology and memory effect of methane hydrate reformation. Energy & Fuels, 33：3439-3447.

Cheng C, Wang F, Tian Y, et al. 2020. Review and prospects of hydrate cold storage technology. Renewable and Sustainable Energy Reviews, 117：109492.

Dong C, Zhong Y, Wu Y, et al. 2018. Experimental study on sand retention mechanisms and feasibility evaluation of sand control for gas hydrate reservoirs with highly clayey fine sands. Journal of China University of Petroleum (Edition of Natural Science), 42：79-87.

Dong C, Wang L, Zhou Y, et al. 2020. Microcosmic retaining mechanism and behavior of screen media with highly argillaceous fine sand from natural gas hydrate reservoir. Journal of Natural Gas Science and Engineering, 83.

Li Y, Ning F, Wu N, et al. 2020a. Protocol for sand control screen design of production wells for clayey silt hydrate reservoirs: A case study. Energy Science & Engineering, 8: 1438-1449.

Li Y, Wu N, Ning F, et al. 2020b. Hydrate-induced clogging of sand-control screen and its implication on hydrate production operation. Energy, 206: 118030.

Li Y, Wu N, He C, et al. 2021. Nucleation probability and memory effect of methane-propane mixed gas hydrate. Fuel, 291: 120103.

Maeda N. 2018. Nucleation curves of methane hydrate from constant cooling ramp methods. Fuel, 223: 286-293.

Ripmeester J A, Alavi S. 2016. Some current challenges in clathrate hydrate science: Nucleation, decomposition and the memory effect. Current Opinion in Solid State and Materials Science, 20: 344-351.

Sotoodeh K. 2021. A Practical Guide to Piping and Valves for the Oil and Gas Industry. Gulf Professional Publishing, 721-798.

Zhao L, Yan Y, Yan X. 2021. A semi-empirical model for CO_2 erosion-corrosion of carbon steel pipelines in wet gas-solid flow. Journal of Petroleum Science and Engineering, 196: 107992.

第七章　水合物开采水平井出砂调控原理与方法

以水平井为代表的复杂结构井是提高天然气水合物开发效率的重要手段。本章将以水平井生产条件下的出砂—控砂—携砂生产一体化为主线，简要概述水平井开采条件下地层泥砂产出规律预测方法，以管内砾石充填为例论述水合物开采水平井段安全控砂关键参数的设计方法，剖析水平井水平段内泥砂的动态迁移与沉降特征，最后提出天然气水合物携砂生产系统优化方法。

第一节　水合物开采水平井出砂预测方法

一、建模方法

在获取井周地应力分布的基础上，基于测井资料的天然气水合物储层物性和水合物饱和度非均质性分布，采用基于本书第四章第四节所述的微观出砂模拟方法，研究通过水合物储层参数、地应力分布和生产参数计算沿井长单元划分，利用单元出砂过程模拟器预测单元出砂规律，最后将全井段计算单元整合，最终形成全井段出砂形态和规律，目前该方法能够实现 10~400m 范围的水平井出砂剖面预测。

上述天然气水合物开采水平井出砂形态模拟和出砂预测工程方法可概括为：单元分解→分块模拟→合并计算。其分段迭代过程如图 7.1 所示，其基本逻辑计算框图如图 7.2 所示。

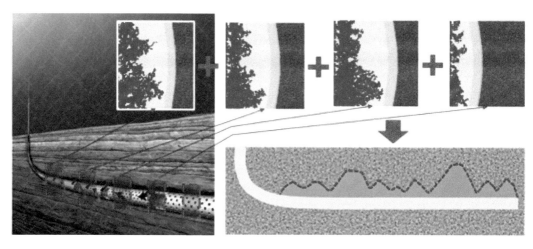

图 7.1　微观储砂模拟迭代计算示意图

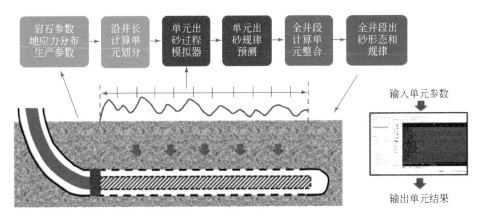

图7.2　水合物储层水平井出砂模拟与出砂预测框图

二、初步模拟结果

采用本书第四章第四节中的基础数据，假定一口位于水合物储层中部的水平井，水平段长度为300m，储层胶结物胶结强度平均约0.15MPa，天然气水合物胶结强度平均约0.2MPa，在总内聚强度中占主要作用。采用图7.2所示的基本流程进行出砂模拟，得到以最大生产压差强采、不控砂条件下的出砂粒径和出砂速度随生产时间的变化规律如图7.3所示。

天然气水合物开采过程中，水合物分解除了使得水合物本身胶结消失，还促进泥质胶结物水化，影响胶结物胶结强度。因此，水合物分解即意味着砂粒剥落出砂。不防砂条件下，随着生产继续，出砂粒径呈逐步减小趋势，由初始的16μm降低为6μm，出砂速度呈上升趋势。

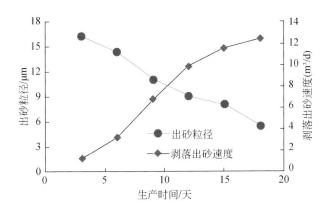

图7.3　不控砂情况下储层出砂粒径和出砂速度变化

图7.4、图7.5分别为使用60μm筛管控砂条件下储层出砂速度、出砂粒径变化。由于筛管的阻挡作用，储层产出砂逐步填满井筒环空后，连续阻滞桥架作用使得储层出砂速度逐步减弱，通过筛管的地层砂粒径逐步降低。

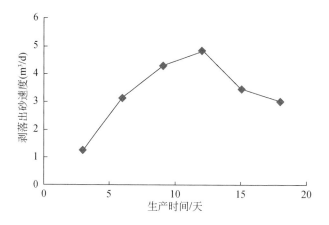

图 7.4　机械筛管控砂情况下储层出砂速度变化

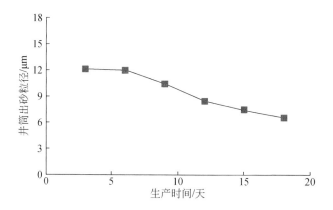

图 7.5　机械筛管控砂情况下储层出砂粒径变化

第二节　水合物开采水平井砾石充填控砂参数设计方法

一、水合物开采水平井砾石充填控砂面临的挑战

从完井的角度，目前全球天然气水合物开发垂直井常用的完井方式有套管射孔不防砂完井、裸眼下机械筛管完井、管外砾石充填完井等。其中，2007 年加拿大 Mallik2L-38 采用套管射孔，在仅 30h 的有效试采时间内出砂 2m³，试采作业中断。2008 年 2 月补充下入机械筛管，开展了 6 天的试采（李彦龙等，2016；宁伏龙等，2020）。此后，历次天然气水合物试采均将如何调控泥砂产出作为试采的重要工程制约因素予以考虑，控砂完井成为保障天然气水合物安全试采的重要途径（刘昌岭等，2017；Jang et al., 2020）。特别是针对水平井等复杂结构井，目前缺乏有效的控砂完井工艺参数设计方法，完井措施在复杂水合物开采工况下的适应性和长期稳定性仍需检验。

相较于垂直井，水平井能够成倍扩大水合物分解阵面，增加泄流面积，改善地层气液两相渗流环境，因此能够在短期内快速提高单井产能（Li et al.，2019a；Sun et al.，2019）。水平井砾石充填完井极大地促进了水平井在深水常规油气田开发中的应用，被普遍认为是一种可靠性良好并具有一定提产作用的完井方式，其成功率远大于独立机械筛管完井方式（Reyes and Sipi，2018）。目前深水常规气井水平井绝大部分采用砾石充填工艺完井（Jeanpert et al.，2018；Pedroso et al.，2020）。本书第五章基于南海高泥质粉砂型水合物储层砾石充填工艺，提出了砾石颗粒粒径优选方法，但未涉及充填工艺参数的设计方法。

砾石充填控砂完井主要包括管内循环砾石充填和裸眼砾石充填两种基本形式。日本2013 年 AT1-MC 项目采用垂直井裸眼砾石充填防砂工艺完井，以 8.5MPa 的大生产压差持续生产了 6 天，累计产气近 $1.2×10^5 m^3$。之后突发性失效，大量出砂给平台和井筒处理系统造成巨大压力，试采被迫终止（Yoshihiro et al.，2014）。裸眼砾石充填完井措施在水合物开采过程中突发性失效的主要原因是：水合物分解产出将导致井筒周围产生一定的物质损失，原本紧密充填的砾石层逐渐变得松散。随着水合物的进一步分解，井周亏空体积增大，砾石层发生蠕动沉降，导致完井段上部充填层失效，高速气液流体携带砂粒直接冲击内部筛管，导致筛管发生冲蚀破坏，泥砂沿冲蚀孔涌入井筒（Li et al.，2019b）。为有效解决充填有效期短的问题，基于砾石充填理念的新型控砂筛管应运而生，如日本 2017 年第二次试采采用 GEOFORM 颗粒膨胀固结筛管（Yamamoto et al.，2019）、中国 2017 年首次海域天然气水合物试采采用新型预充填筛管（Li et al.，2018），其基本思路是将砾石层适度固结或在砾石充填层外围加一定的保护套，防止砾石层的过度蠕动沉降，以此来延长完井有效期。

综上所述，海洋天然气水合物开采水平井砾石充填类控砂完井作业方式的选择需要考虑如下因素的制约：①水平井所处地层浅，造斜段曲率大，预充填筛管和膨胀筛管下入过程中损坏概率高，下入难度大；②水合物储层井眼稳定性弱于深部已成岩的常规天然气储层，如果采用裸眼砾石充填，则充填流体冲刷作用极易导致井壁失稳坍塌；③充填流体循环过程中与储层发生相互作用，导致井壁附近水合物发生分解，分解气进入循环流体，降低井筒携砂效率。因此，对海域天然气水合物开发水平井而言，管内砾石充填一方面能够克服预充填筛管下入困境，另一方面能尽可能减少完井流体对井壁的直接冲刷，是一种理想的控砂完井方案。

为此，提出了如图 7.6 所示的天然气水合物水平井砾石充填控砂完井概念模型。其基本思路是：①钻开生产井水平井段之前注水泥封固垂直井段和倾斜段；②钻穿水平井段后下套管，为了进一步扩大水合物分解面，生产套管固井水泥顶替前缘需超过水平井根部，水平井生产段不固井；③进行水力射孔，然后下筛管和充填管柱，在筛管-套管环空（以下简称筛套环空）中形成密实的充填层，同时兼顾充填套管-井壁环空和射孔孔眼。该完井模式一方面避免了完井流体对井眼的直接冲击，有利于维持井筒完整性，另一方面形成环绕筛管的密实充填层，避免砾石层在开采过程中因地层物质损失而过度蠕动沉降，防止生产过程中气液携带固相颗粒对筛管的直接冲蚀，有利于延长试采周期。

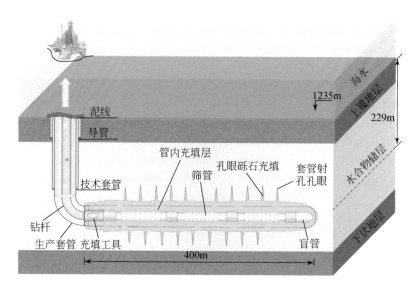

图 7.6　天然气水合物开采水平井砾石充填控砂完井概念模型

上述管内砾石充填过程可采用经典水平井 α-β 波循环充填模型表示，即当携砂液携带砾石到达水平井根部后，进入筛套环空携带颗粒向前运移，砾石颗粒由于重力作用沉降，形成一个较为稳定的砂床，后续携砂液携带砾石在上部未充填环空继续向前运移，砂床前缘呈波浪形式向前推进（即 α 波）；α 波抵达水平井眼指端后，开始反向回填，填充整个环空（即 β 波）。

与深层常规气井水平井相比，该技术在水合物开采中的应用仍面临如下两方面的挑战：①水合物储层处于弱固结、未成岩状态，地层破裂压力梯度，如印度海 KG 盆地水合物储层破裂压力为 1.3 ~ 1.35g/cm³；中国神狐海域水合物储层地层破裂压力梯度在 1.14 ~ 1.15g/cm³ 附近（李文龙等，2019）远小于深水常规油气储层，如英国北海 Kraken 储层破裂压力当量密度约为 1.71g/cm³（Alexander et al., 2019），地层压漏风险大，对循环砾石充填施工的参数优化要求高。②水合物储层所处的浅软地层漏失速率较大，钻井阶段形成的滤饼在携砂液冲刷作用下破坏风险高，容易导致漏失量过大而充填失败。因此，水合物开采水平井砾石充填控砂完井的关键是通过精细控制井筒压力和泵注程序，在满足上述窄作业窗口、高滤失速率前提下将砾石颗粒紧密填充到筛套环空和射孔孔眼中。

二、水合物开采水平井充填参数设计方法

（一）目标区地层及虚拟水平井信息

为便于叙述，基于目前文献已经公开的 SH2 站位信息（表 7.1），假设水合物藏底部（229mbsf）存在一口水平井段长度为 400m 的虚拟水平井，其基本井身结构参数如表 7.2 所示。实际储层水合物饱和度在 6% ~ 47%，为便于分析，在实际计算时假设储层水合物饱和度最大值为 70%。

表7.1　SH2站位水合物藏基本信息

参数名称	取值	参数名称	取值/计算方法
海水深度/m	1235	垂向应力/MPa	$\sigma_v = P_b + 10^{-6} \times \int_0^H \rho_r(h)\,gdh$
水合物层范围/mbsf	185~229	最大水平主应力/MPa	$\sigma_H = \left(\dfrac{\mu}{1-\mu}+A\right)(\sigma_v-\gamma P_p)+\gamma P_p$
地热梯度/(℃/km)	46.9	最小水平主应力/MPa	$\sigma_h = \left(\dfrac{\mu}{1-\mu}+B\right)(\sigma_v-\gamma P_p)+\gamma P_p$
海底面温度/℃	4.0	储层泊松比/无量纲	$\mu = \dfrac{\left[0.5\times\left(\dfrac{\Delta t_s}{\Delta t_p}\right)^2-1\right]}{\left[\left(\dfrac{\Delta t_s}{\Delta t_p}\right)^2-1\right]}$
储层静压/MPa	15.24	储层内聚力/MPa	$C=5.44\times10^{-3}\cdot$ $(1-2\mu)\left(\dfrac{1+\mu}{1-\mu}\right)^2\rho v_p^4(1+0.78V_{cl})$
海底面压力/MPa	12.5*	内摩擦角/(°)	$\varphi = 2.564\lg\left(N+\sqrt{N^2+1}\right)+20$; $N=58.93-1.785C$
地层泥砂密度/(g/cm³)	2.60	纵波速度/(m/s)	$v_p=\begin{cases}1380.3\times S_h+1863.4 & (S_h\leq20\%)\\1083.3\times S_h+1868.4 & (S_h>20\%)\end{cases}$
平均水合物饱和度/%	30.0	横波速度/(m/s)	$v_p=\begin{cases}1599.8\times S_h+573.23 & (S_h\leq20\%)\\801.47\times S_h+709.36 & (S_h>20\%)\end{cases}$
最大水合物饱和度/%	47.0	剪切模量/MPa	$E=\dfrac{10^3\rho v_s^2(3v_p^2+4v_s^2)}{(v_p^2-v_s^2)}$
泥质含量/%	36.0*	抗压强度/MPa	$\sigma_c = E\cdot(0.0045+0.0035V_{cl})$
储层中部相平衡压力/MPa	13.3	抗拉强度/MPa	$S_t=\dfrac{\sigma_c}{12}$

* 表示泥质含量、海底面压力为基于常规南海储层的假设值，并非来源于已发表文献。实际储层饱和度在6%~47%，为便于分析，本书在实际计算时假设储层水合物饱和度最大值为70%。

资料来源：Dong et al., 2019；Bu et al., 2017；Sun et al., 2019；刘洁等，2017；宁伏龙等，2013。

表7.2　水合物储层虚拟水平井井身结构参数

参数名称	取值	参数名称	取值
海水密度/(kg/m³)	1025	水平段长度/m	400
水平井根部垂深/mbsf	300	水平段井径/mm	245.0
套管外径/mm	241.3	井底测深/m	2500
套管内径/mm	220.5	冲管内径/mm	88.3
筛管外径/mm	146.99	冲管外径/mm	101.6
筛管内径/mm	118.62	钻杆长度/m	1900
钻杆外径/mm	140	冲管长度/m	560
钻杆内径/mm	121.4		

(二) α波砂床高度

水平井砾石充填控砂施工过程中，首先在筛套环空中形成稳定的 α 波砂床，砂床上部砾石层在携砂液的携带作用下处于运移、沉降、再启动的动态平衡过程中。α 波砂床高度过高将导致上部流动空间减小，迫使流体进入冲筛环空，同时筛套环空中的有效砂比明显抬升，导致砂床形成逐渐倾斜向上发展的"斜堤"，提前脱砂，充填失败。因此，α 波充填阶段砂床高度的控制是保证全井段密实充填的关键。目前常用的砾石充填 α 波砂床高度计算模型有 Gruesbeck 模型、Oroskar 模型、Penberthy 模型 (Chen, 2007) 以及随机概率模型 (董长银等，2010)。其中以 Gruesbeck 模型的应用最为广泛 [式 (7.1)]，深水常规气井水平井充填通常取 α 波砂床高度为套管内径/裸眼内径的 65% ~ 85% (Martins et al., 2009)，且水平井段越长取值越小。

$$V_c = 15 v_s \left[\frac{r_H v_s \rho_1}{\mu_1} \right]^{0.39} \left[\frac{d_p v_s \rho_1}{\mu_1} \right]^{-0.073} \left[\frac{\rho_p - \rho_1}{p_1} \right]^{0.17} [C_v]^{0.14} \qquad (7.1)$$

式中，V_c 为维持砂床高度的临界流速，m/s；v_s 为携砂液中单颗粒砾石沉降速率，m/s；r_H 为水力半径，m；ρ_1 为携砂液密度，kg/m³；μ_1 为携砂液黏度，Pa·s；d_p 为砾石颗粒的平均直径，m；ρ_p 为砾石颗粒的密度，kg/m³；C_v 为砂比，无量纲。

以表 7.2 所示的虚拟水平井井身结构为例，不同砾石密度、砂比、地层漏失速率条件下 α 波砂床高度（用砂床高度与套管内径之比表示）随平台砂浆泵泵速的动态变化规律如图 7.7 所示。由图可知，α 波砂床高度随着沿水平井井段漏失速率的变化而处于动态调整状态，漏失速率越高，一定泵速条件下的砂床高度越高，提前脱砂堵塞风险越高。因此为了克服高漏失速率对充填施工的影响，必须设法降低砂床高度。

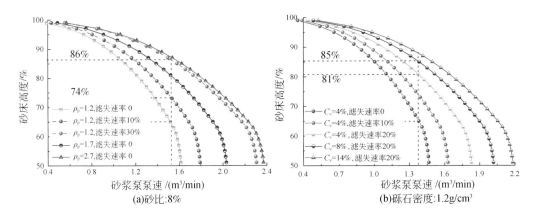

图 7.7　不同充填砂比、地层漏失速率、砾石比重条件下 α 波砂床高度随平台砂浆泵泵速的动态变化规律

由图 7.7 (a) 可知，在一定的砂比、泵速条件下，充填砂密度越小，则 α 波砂床高度越小，越有利于完成长井段水平井的安全充填；同时，较小的充填砂密度意味着充填过程中施加到井底的静水压力越小，因此对漏失压力较低的水合物储层较为有利。图 7.7 (b) 所示为密度 1.2g/cm³ 的轻质陶粒在不同地面砂比条件下 α 波砂床高度的变化规律，在相

同砂浆泵泵速条件下，砂比越小，水平段 α 波砂床高度越小，越有利于完成长井段水合物水平井充填。同时，砂比越低，砂浆有效密度越小，水平井井底液注压力越小，越有利于保证水平井充填过程中压力小于破裂压力。因此，"低密度充填砂+低砂比"充填能同时降低砂床高度和井筒液柱压力，有利于拓展砾石充填工艺在水合物开采水平井中的应用。

为便于分析，除特殊说明外本节后续论述均假设地层平均漏失速率为20%，充填砂采用密度为 1.2g/cm³ 的轻质陶粒，砂比按8%计算。

(三) 充填循环压耗计算

充填过程中水平井井底压力主要有两部分组成：液注压力和循环压耗。液注压力取决于砂浆密度和垂深。由于垂深是由储层本身的深度决定的，因此静水压力的降低实际上仅决定于砂浆密度。除上述"轻质砂+低砂比"组合外，携砂液密度越低，砂浆密度就越小，越有利于完成长井段水平井的充填。但过低的携砂液密度可能导致停泵后地层流体返吐风险的提升。对天然气水合物储层而言，考虑环保、储层保护等因素，建议直接选用海水作为携砂液（本书取海水密度 1.025g/cm³）。

水合物开采水平井砾石充填过程中砂浆从平台砂浆泵流出后依次流经地面管汇、钻杆、充填工具，然后进入筛套环空并在环空中完成脱砂，部分携砂液滤失进入地层，大部分携砂液则进入冲筛环空，并依次流经冲管、钻杆-套管环空。充填过程中携砂液被迫进入冲管-筛管环空（以下简称冲筛环空），从冲管下端面进入冲管内部，最终通过冲管上端面进入钻杆-套管环空（以下简称钻套环空）并返出。上述循环过程中的摩阻压耗主要取决于流体密度、黏度、流速、流型和流通管路的长度等。循环压耗越大，井底充填压力越高，充填过程中压漏地层的风险越大。累积摩阻压耗可用式（7.2）表示。

$$\Delta P_f = \Delta P_{SL} + \Delta P_{DP} + \Delta P_{WP} + \Delta P_{DCA} + \Delta P_{pack} \tag{7.2}$$

式中，ΔP_{SL} 为砂浆在地面节流管汇中的循环压耗，MPa；ΔP_{DP} 为砂浆在钻杆内部的循环压耗，MPa；ΔP_{WP} 为携砂液经冲管上返过程中的循环压耗，MPa；ΔP_{DCA} 为携砂液经钻套环空上返过程中的循环压耗，MPa；ΔP_{pack} 为水平充填井段中的循环压耗，MPa。

其中 ΔP_{DP}、ΔP_{WP}、ΔP_{DCA} 可利用钻井手册中提供的压耗计算方法计算，充填过程中水平井段的压耗 ΔP_{pack} 则根据 α 波、β 波的推进而动态变化，受冲筛比、α 波砂床高度、井底有效砂比等因素的动态控制。在图 7.6 所示的水合物开采水平井井眼中，忽略射孔孔眼中的压耗及套管-井壁环空中可能的窜流引起的压耗，则 α 波阶段的充填压耗主要由砂丘段筛套环空压耗 $\Delta P_{\alpha sc}$、砂丘段冲筛环空压耗 $\Delta P_{\alpha ws}$、未充填段筛套环空压耗 $\Delta P_{u\alpha sc}$、未充填段冲筛环空压耗 $\Delta P_{u\alpha ws}$ 四部分构成，而 β 波充填阶段的充填压耗则主要包含 β 波覆盖段冲筛环空压耗 $\Delta P_{\beta ws}$、β 波未充填段冲筛环空压耗 $\Delta P_{u\beta ws}$、β 波未充填段筛套环空压耗 $\Delta P_{u\beta sc}$ 三部分。

假定砂浆泵泵速为 1.5m³/min，则虚拟水平井充填过程中水平井段压耗随 α 波、β 波的推进长度（采用 α 波、β 波的当前长度占水平井井段总长度的百分比表示充填波的推进长度）的变化规律如图 7.8 所示。由图 7.8 可知，在 α 波充填阶段，砂丘段的压耗比未充填段的压耗高两个数量级，α 波充填阶段的总压耗 $\Delta P_{pack\alpha}$ 主要取决于沙丘段（即 α 波已覆盖段）压耗的大小。在 β 波充填阶段，β 波覆盖段冲筛环空的压耗远大于 β 波未覆盖段，

且 β 波阶段的总压耗大于 α 波阶段的总压耗。因此，水合物开采水平井充填过程中，β 波阶段压漏地层的风险大于 α 波充填阶段，β 波充填阶段的水平井根部压力是井底压力控制的关键。

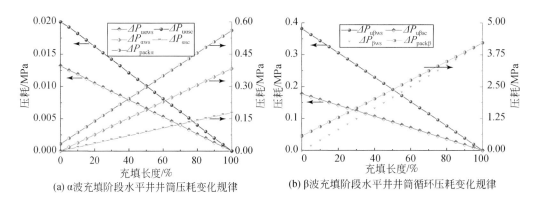

(a) α波充填阶段水平井井筒压耗变化规律　　　(b) β波充填阶段水平井井筒循环压耗变化规律

图 7.8　水平井充填过程中水平井段各子单元压耗

（四）安全作业窗口

对常规深水气井水平井而言，充填施工过程中井筒压力不得大于地层破裂压力，否则导致地层压漏，井筒提前脱砂，充填失败；井筒压力也不得小于地层孔隙压力，防止充填过程中地层流体进入井筒。因此，深水常规气井水平井充填过程中，水平井井筒有效压力必须介于孔隙压力和地层破裂压力之间。对处于水合物层的开采水平井而言，由于水合物地层的内聚力与含水合物饱和度呈正相关（Dong et al., 2020; Li et al., 2018），当水合物饱和度较低时，井筒坍塌压力值相对较高并可能超过地层孔隙压力。为了兼顾地层流体侵入和井筒完整性，我们可以采用式（7.3）计算水合物开采水平井砾石充填压力窗口。

$$
\begin{cases}
\rho_{\text{window}} = \left[\max(\rho_{\text{m}}, \rho_{\text{p}}), \rho_{\text{f}}\right] \\
\rho_{\text{f}} = \dfrac{3\sigma_{\text{h}} - \sigma_{\text{H}} - \gamma P_{\text{p}} + S_{\text{t}}}{g(H_{\text{s}} + H_{\text{w}})} \\
\rho_{\text{m}} = \dfrac{3\sigma_{\text{H}} - \sigma_{\text{h}} - 2CK + \gamma P_{\text{p}}(K^2 - 1)}{g(H_{\text{s}} + H_{\text{w}})K^2}
\end{cases}
\tag{7.3}
$$

式中，ρ_{window} 为安全窗口当量密度，g/cm^3；ρ_{f}、ρ_{m}、ρ_{p} 分别为井筒破裂压力、井筒坍塌压力和孔隙压力当量密度，g/cm^3；P_{p} 为地层孔隙压力，MPa；γ 为 Biot 有效应力系数；$K = \text{ctg}(45° - \varphi)$，$\varphi$ 为水合物储层的内摩擦角，（°）；C 为水合物储层的内聚力，MPa；σ_{h}、σ_{H} 分别为地层最小水平主应力和最大水平主应力，MPa；H_{s} 为海水深度，m；H_{w} 为水平井所处的层位深度，mbsf。

基于表 7.2 所述的虚拟水平井，其充填安全作业压力窗口随水合物饱和度的变化如图 7.9 所示。其中地层破裂压力随着水合物饱和度的升高而增大，坍塌压力随着水合物饱和度的增大而降低。当水合物饱和度较小（<10%）时，坍塌压力大于地层孔隙压力，采用坍塌压力作为充填施工安全压力窗口的下限；当水合物饱和度较大（≥10%）时，地层孔

隙压力大于坍塌压力，采用地层孔隙压力作为充填施工安全压力窗口的下限。对于天然气水合物储层而言，随着水合物饱和度的增大，充填施工作业窗口变大，有利于施工安全。

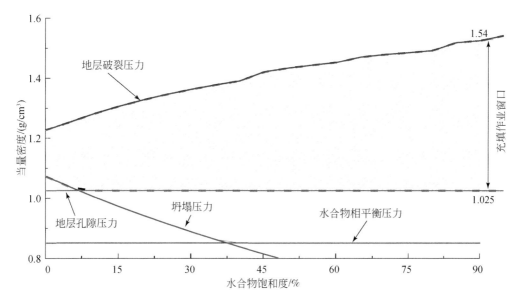

图7.9　充填安全作业压力窗口随水合物饱和度的变化

　　海域天然气水合物开采水平井充填控砂过程必须保证井筒压力处于充填作业安全窗口以内。在一定的井身管柱结构、砂浆理化性质、地层漏失速率条件下，井筒压耗是泵速的函数：α波充填阶段，平台砂浆泵泵速越慢，则所形成的砂床高度越大，越不利于形成稳定的α波砂床，保证α波充填阶段砂床高度设计值的最低泵速即为水平井充填的泵速下限。泵速上限以整个充填过程中水平井根部压力不超过地层破裂压力为准。上述两个泵速确定了砾石充填作业所允许的最大井筒压力值和最小井筒压力值，即所谓的泵速安全作业窗口（Chen and Novotny，2005）。前述虚拟水平井的轻质陶粒充填安全泵速作业窗口取值如图7.10所示。

　　由图7.10可知，随着地层平均含天然气水合物饱和度的降低，砾石充填安全作业窗口减小，当地层平均水合物饱和度为70%时的安全作业泵速窗口为$1.38 \sim 1.82 m^3/min$，当地层平均水合物饱和度为30%时的充填安全泵速窗口则仅为$1.38 \sim 1.56 m^3/min$，作业窗口的变窄对现场施工提出了更高的要求，作业风险成倍增加。随着饱和度的进一步降低，当地层水合物饱和度为15%时，安全作业窗口变为负值，即维持最高α波砂床高度所需的泵速条件对应的井底压力超过了地层破裂压力。因此当地层水合物饱和度过低时，可能不存在安全充填作业窗口，难以进行有效的砾石充填施工。

（五）泵注程序的设计

　　为了满足现场施工需求，需要将基于井底安全压力窗口确定的泵速、泵压转换为充填时间的函数，其中泵速和充填总时长用式（7.4）计算，泵速、泵压与时间的对应关系通过α波、β波在水平井段的推进距离与全部充填井眼所需时间计算。以地层平均水合物饱

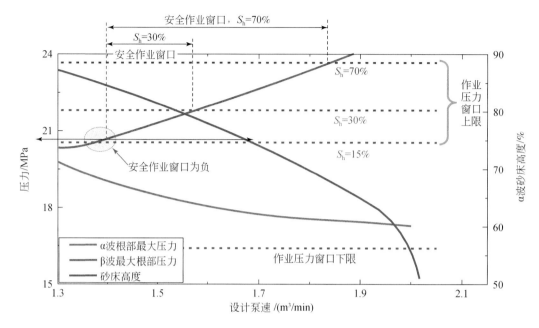

图 7.10　虚拟水平井轻质陶粒充填安全泵速作业窗口

和度为 70% 为例（安全作业泵速窗口：$1.38 \sim 1.82\mathrm{m}^3/\mathrm{min}$，图 7.10），则虚拟水平井充填过程中泵压随时间的变化规律如图 7.11 所示。

$$P_{\mathrm{pump}} = \Delta P_{\mathrm{f}} + P_{\mathrm{DCA}} - P_{\mathrm{DP}}$$
$$t_{\mathrm{all}} = \frac{V_{\mathrm{all}}\delta}{C_{\mathrm{v}}Q} \tag{7.4}$$

式中，P_{DCA} 为携砂液在钻杆–套管环空内循环产生的液柱压力，MPa；P_{pump} 为施工泵压，MPa；P_{DP} 为砂浆在钻杆内循环产生的液柱压力，MPa；t_{all} 为水平井充填总耗时，min；V_{all} 为水平井段环空体积与射孔孔眼体积总和，m^3；δ 为充填系数，无量纲。

　　由图 7.11 可知，在一定的地层漏失速率（20%）、砂比（8%）、砾石密度（$1.2\mathrm{g/cm}^3$）条件下，随着泵速的提高，为了进一步克服充填循环压耗，必须提升砂浆泵出口压力，β 波充填阶段泵压爬升速率远大于 α 波充填阶段；充填施工时间和 α 波充填阶段所需的时间随充填泵速的升高而降低，但 β 波充填阶段所需的时间则随充填泵速的升高而升高，主要原因是：充填泵速越高，α 波阶段砂床高度越低，留给 β 波填充的预留空间越大，因此所需的时间越长。需注意的是，图 7.11 中的时间序列是以砂浆到达水平井根部为起始点计算的，实际施工过程中需要考虑砂浆从井口到达水平井根部所需的时间。

三、充填延伸极限及其影响因素

1. 充填延伸极限的定义
从单井日产量提升的角度，水合物开采水平井井段越长，越有利于提产（Chong et

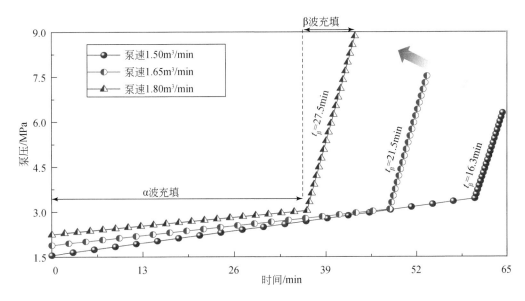

图 7.11　虚拟水平井充填过程中泵压随时间的变化规律

al., 2018；Li et al., 2019a；Sun et al., 2019）。然而，在特定的客观约束条件下，任何一口实际能够建成的大位移水平井，其井眼长度都有一个可允许的极限值，即水平井延伸极限（高德利，2020）。同理，在一定的水合物储层因素和井身结构制约下，一定的充填工艺参数组合能够实现的水平井完整充填段长度也存在一个极限值，我们将其定义为充填延伸极限。为了防止砾石充填完井作业成为海域天然气水合物水平井开采的制约瓶颈，必须保证充填延伸极限不得小于水平井延伸极限。充填延伸极限越长，一定水平井长度条件下的安全作业窗口越大，越有利于实现安全密实充填。

以图 7.6 所示的水合物虚拟水平井为例，充填过程中水平井根部压力变化曲线为例，随着 α 波、β 波在井筒中的延伸，水平井根部压力逐渐上升，β 波阶段的根部压力显著大于 α 阶段的根部压力，且其上升速率明显快于 α 波阶段的压力上升速率。在安全泵速窗口（1.38 ~ 1.82m³/min）范围内，水平井眼完全充填后的最大根部压力小于地层破裂压力，当设计泵速达到 2m³/min 时，β 波延伸至距水平井根部 17%（68m）处时，根部压力超过地层破裂压力，导致该区域无法实现进一步充填（图 7.12）。我们可以认为当前地层条件、施工参数条件下的充填延伸极限为水平段总长度的 83%（即 332m）。

影响天然气水合物储层中水平井充填延伸极限的主要因素有井身结构、地层因素（漏失速率、水合物饱和度）和施工工艺参数（泵速、携砂液密度、携砂液黏度、砾石密度、砂比）等，由于水合物开采水平井井身结构主要取决于钻井设计，完井作业很难改变钻杆、套管结构，完井筛管和冲管的选择也已实现标准化，因此井身结构本身对充填延伸极限的影响有限。以下仅分析储层因素和施工工艺参数对水合物储层中水平井充填延伸极限的影响。

2. 地层因素的影响

取地层平均水合物饱和度 30% 为例，不同地层平均漏失速率条件下水平井充填延伸极

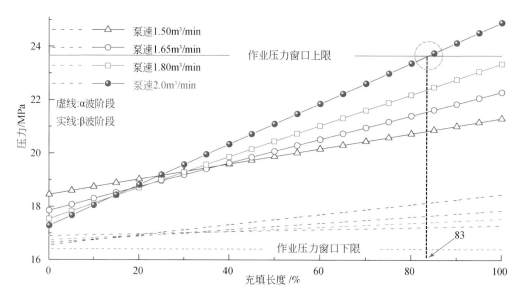

图 7.12　水平井根部压力随充填波延伸长度的变化规律

限如图 7.13（a）所示。由图可知，地层漏失速率越高，一定的充填延伸长度所需的泵速越高，其主要原因是：携砂液携带砾石进入水平井段后，一部分携砂液进入冲筛环空流动，另一部分在筛套环空中携带砾石继续向前延伸，如果地层漏失速率过高，则会导致井筒中的有效砂比攀升，有效砂比的抬升会导致砂床高度的提升并呈"斜堤"特征向前延伸（Chen et al.，2004；Parlar et al.，2016），进而导致筛套环空的减小，进一步增大流动摩阻；为了降低砂床高度，必须提高泵速以降低砂床高度，而泵速的上升也会在一定程度上增大流动摩阻。如此往复，形成充填恶性循环，最终导致充填失败。因此，滤失速率越高，砂床高度与泵速之间的矛盾越突出，充填施工风险越高。为了实现泵速的精确控制，有必要在正式充填施工之前进行循环测试，通过循环测试确定井筒水平段的平均滤失速率，现场施工过程中可通过注入造壁剂等手段调控滤失速率对充填施工的影响。

　　此外，在安全泵速窗口范围内，泵速越小，β 波阶段的根部压力上升越慢，因此在安全泵速窗口范围内降低泵速能够有助于延长水平井充填延伸极限，而安全泵速窗口下限则对应于 α 波砂床高度极限（85%）（图 7.10）。因此如果假定以安全泵速窗口下限对应的临界流速为基准设计泵速下限，则可绕过滤失速率的影响分析地层平均水合物饱和度对充填极限延伸长度的影响：如图 7.13（a）中当水合物饱和度为 30% 时，安全作业窗口下限对应的充填延伸极限值为 725m。不同水合物饱和度条件下安全作业窗口下限对应的充填极限长度如图 7.13（b）所示，储层的平均水合物饱和度越高，水平井砾石充填延伸极限越长。其主要原因是：水合物饱和度越低，地层在充填过程中越容易发生压漏风险，压漏导致携砂液大量流失，造成过早堵塞，充填失败。

　　3. 充填工艺参数的影响

　　以极限砂床高度（85%）条件下的泵速为基准，计算地层平均水合物饱和度 30% 条件下水合物储层中虚拟水平井充填延伸极限随砾石参数、携砂液参数的变化规律，如图

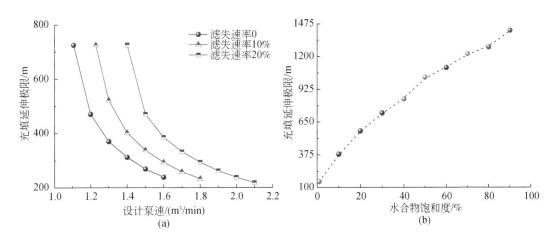

图 7.13　漏失速率和地层平均水合物饱和度对水平井充填延伸极限的影响

7.14 所示。由图可知，充填延伸极限随着充填砂密度的降低而显著增大，随着砂比的降低而有所增加。因此，采用大密度砾石低砂比充填和采用轻质砾石高砂比充填能维持相同的砂床高度，同时降低砾石密度和砂比能够大幅提升充填延伸极限值。

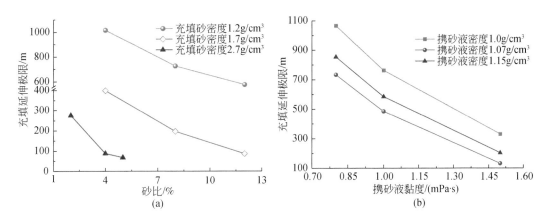

图 7.14　充填砾石参数与携砂液参数对水合物开采水平井充填延伸极限的影响

图 (a) 中采用的携砂液为海水，密度 $1.025g/cm^3$，黏度 $1mPa \cdot s$；图 (b) 中砾石为密度 $1.2g/cm^3$ 的轻质陶粒，砂比为4%

　　低密度充填砂拓展充填延伸极限的主要作用机理是：砾石的脱出与沉降过程取决于砾石-流体的密度差，因此在较低的流速条件下轻型支撑剂形成提前脱砂堵塞的风险较小，一定泵速条件下低密度充填砂形成的砂床高度较低，扩大了未充填区域的面积，降低了实际井筒流速，从而为拓宽作业窗口提供了可选途径。

　　从携砂液的角度，降低携砂液密度能够提升充填延伸极限，但由于携砂液本身密度可调范围有限，因此降低携砂液密度对充填效果的改善较为有限。而携砂液黏度则对充填延伸极限值的影响非常大，如当携砂液密度为 $1.0g/cm^3$ 时，携砂液黏度从 $1mPa \cdot s$ 降低至 $0.8mPa \cdot s$，充填延伸极限从 750m 延长至接近 1100m，极大地拓展了水合物开采水平井的安全充填窗口。因此在保证不污染储层前提下合理使用降黏剂是实现海洋天然气水合物安全充填施工的必然需求。

综上所述，由于水合物储层极窄安全作业窗口的限制，水平井充填延伸极限受地层本身和充填施工参数的双重控制，水合物饱和度越高、地层漏失速率越低，越有利于安全充填。使用轻质砂、低砂比充填，并配合一定的降黏剂，能够大幅降低井筒压耗，提升水合物储层水平井的充填延伸极限，拓宽充填施工作业窗口。

四、多级 β 波充填拓宽安全作业窗口

上述"轻质砂+低砂比+降黏剂"组合延长水平井充填延伸极限、拓宽水合物储层中水平井充填作业窗口的主要机理是降低静液柱压力和循环压耗。围绕拓展砾石充填工艺在浅层低破裂压力梯度地层中的应用，目前提出的方法有多级 β 波充填、多级 α 波充填（Calderon et al., 2007）、旁通筛管工艺（任冠龙等，2019）和冲管转向阀工艺等，以下仅以多级 β 波充填工艺为例，说明砾石充填工艺安全作业窗口拓宽的基本原理。

由图 7.11 可知，在一定的地层条件下，泵速越高，β 波阶段的水平井根部压力上升越快但 α 波阶段的根部压力上升越慢。因此，实际充填过程中可以通过改变 α 波、β 波阶段的泵速组合来拓宽安全作业窗口：首先使用高泵速进行 α 波充填（此时能有助于维持低砂床高度），α 波完成后继续开展 β 波充填，此时水平井根部压力会迅速提升，当根部压力接近地层破裂压力时，按一定的规则缓慢降低泵速，如此往复，直到整个井段完成充填，此即多级 β 波充填。多级 β 波充填理论主要针对超浅层长井段水平井 β 波充填阶段压力控制难题，值得注意的是，每一次泵速的降低都将打破原有的 α 波砂床上部的平衡状态，造成 α 波重建，直至新的 α 波砂床重建平衡后，开始 β 波反向充填。因此，在降低泵排量时也需要考虑设备与人员的操作控制能力，每次降低不能过多。

以表 7.2 所述的虚拟水平井为例，假定地层平均漏失速率为 20%，地层平均水合物饱和度为 30%，轻质陶粒常规充填条件下的施工安全作业窗口仅为 1.38 ~ 1.56m³/min（图 7.10），给施工操作造成极大困难。为此，我们假定 α 波充填阶段的泵速突破常规安全作业窗口上限，设定为 1.95m³/min，对应砂床高度为 63%。常规恒泵速 β 波充填条件下的充填延伸极限仅为全井段长度的 61.8%（247m），无法完成 400m 水平段的全井段密实充填。

为此，操作过程中通过观察 β 波阶段的水平井根部压力，每当根部压力达到地层破裂压力的 0.99 倍时，降低泵速 0.1m³/min（图 7.15），则整个过程中泵速需要经过五次修正，方可使水平井根部压力始终维持在作业压力窗口范围内。泵速的修正引起充填时间的延长和所需的砂浆泵出口压力的降低。

同时，泵速修正引起平衡砂床高度的增大，在多级 β 波充填过程中必须保证最后一级泵速调整后的平衡砂床高度不得超过平衡砂床高度极限（85%），否则可能导致后续充填过程中根部压力过快抬升，进而导致连锁效应：压力过快抬升使平台不得不通过降低泵速以防止压漏地层，而过低的泵速进一步导致砂床高度的抬升，导致提前脱砂，无法实现全井段的密实充填。

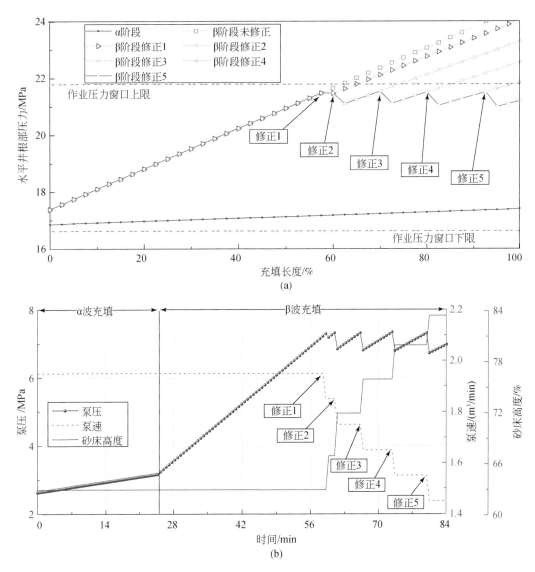

图 7.15　水合物饱和度为 30% 时多级 β 波充填算例分析结果

第三节　水平井筒中气液两相携砂–沉砂动态分析

一、实验原理与方法

根据储层出砂规律预测结果，结合水平井水平段井身结构及生产条件，分析天然气水合物开采水平井水平段出砂特征。以此为基础，开展水平井水平出砂段井筒沉砂动态及规律实验研究；结合实验结果和理论分析模型，进行水平井开采条件下水平段砂堵风险评价及总体调控。这是延长天然气水合物开采水平井安全生产周期的基本思路。

本节的主要目的是，通过实验手段，揭示天然气水合物储层水平井水平段井筒沉砂动态规律，为水平井开采水合物提供有效技术支撑。其基本的原理是：在基本均匀的径向入流条件下，井筒内水平井从趾端到跟端井筒流量和流速越来越高，在某一位置将达到临界携砂流量并对该段水平井沉砂进行携带，如图 7.16 所示。因此，可通过设置水平井筒沉砂动态实验，探究水平井段的径向流对水平井携砂的影响。

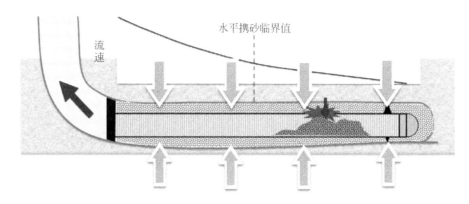

图 7.16　水平井沉砂和携砂动态示意图

基于以上技术原理的气液固三相流动及携砂规律模拟实验装置如图 7.17 所示。该装置是一套综合性流动模拟装置，可以实现气、液、固三相中任意单相或混合流动模拟，以及井筒携砂流动模拟。实验装置用于多相流动机理研究、井筒携砂机理及流动规律研究，以及井筒冲砂机理及过程模拟研究。实验系统主要由玻璃钢制井筒、液体搅拌罐、泥浆泵、流量压力测量仪器、管线及阀门、数据采集系统、配套管线、高精度电子天平及其他附件组成。井筒部分由直井模拟井组组成，直井组管径分别为 40mm、60mm、70mm、90mm 和 100mm，倾角 0° ~ 90°可调。

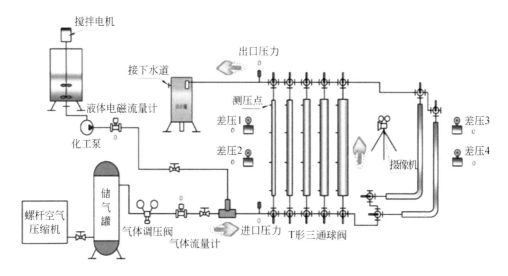

图 7.17　气液固三相流动及携砂规律模拟实验装置示意图

二、水平井段流动形态与携砂临界流速

当气液混合物在水平井筒中流动时，其流动形态与垂直井筒中稍有不同。根据层状模型理论，将水平井筒气液两相流的流动形态大致分为五种。如果管道中的液体流量不变，而气体流量由小到大，则五种流动形态发生的顺序是：分散泡状流、层状流、波状流、段塞流、环状流。

借鉴 Dukler 的水平管气液两相流流动模型，结合现有实验条件，可以预测水气比将会是水平井沉砂与携砂动态的最大影响因素，其流动机理可能为：在气液固三相管向流动中，固相颗粒始终润湿于液相之中，如图 7.18 所示。气相进入井筒后，实际是对液相起到助推或携带的作用，在给定管径空间的条件下，随着气水比的增加，气相开始进入井筒并压缩液相空间从而改变液相流速。因此，井筒能否携砂取决于液相流速的大小。

图 7.18　气液固三相流动机理示意图

水平段条件下气液两相管向流携砂动态实验局部现象如图 7.19 所示。随着气水比的提升，水平段可观察到泡状流、层状流、波状流的流型变化。气水比约为 0 时，井筒呈泡状流，仅有部分气泡位于井筒上部，可认为此时的气泡对于固液运动无影响；气水比提升至 0.16~0.32 时，井筒呈层状流，此时上层气相开始对井筒内液相起推动作用；气水比继续增加至 0.41~0.57 时，水平井筒内出现波状流时，气相对于液相的推动现象明显。

气液两相管向流携砂动态实验条件及实验结果如表 7.3 所示。

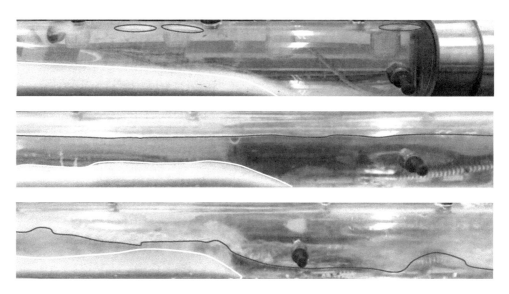

图 7.19　气液两相管向流携砂动态实验局部现象分析

表 7.3　气液两相管向流携砂实验条件及实验结果汇总

序号	实验编号	地层砂粒径 /μm	管径 /cm	液体流量 /(m³/h)	气体流量 /(m³/h)	气水比	备注
13	2-S1-D1-1	15	60	1.57	0	0	泡状流
					0.33	0.21	层状流
					0.69	0.44	波状流
14	2-S2-D1-2	30	60	2.16	0	0	泡状流
					0.69	0.32	层状流
					1.06	0.49	波状流
15	2-S3-D1-3	60	60	2.59	0	0	泡状流
					0.41	0.16	层状流
					0.80	0.31	层状流
					1.35	0.52	波状流
16	2-S4-D1-4	100	60	3.07	0	0	泡状流
					0.86	0.28	层状流
					1.75	0.57	波状流

　　根据实验数据，绘制气液两相管向流携砂动态的气水比曲线如图 7.20 所示。

　　实验结果表明，当气水比较小时，水平井筒内气液分层明显：气水比接近 0 时，井筒呈泡状流，此时仅有部分气泡位于井筒上部，可认为气相对于固液无任何影响；气水比提升至 0.16 ~ 0.32 时，井筒呈层状流，此时上层气相对悬浮于液相中的固体颗粒有微弱的携带作用，但考虑到悬浮于液相中的固体颗粒体积远小于沉积于底部的固体颗粒体积，因此可以认为层状流下气相对于固液的携砂影响也十分微小。当气水比继续增加至 0.44 ~

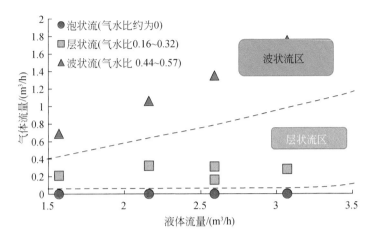

图 7.20　气液两相管向流携砂动态的气水比曲线图

0.57 时，水平井筒内出现波状流时，气相对于液相的扰动现象明显，在保持液体流量不变的情况下增加气体流量，可以观察到气相对于液相的向前移动作用明显，从而对沉积于液相中的固体颗粒移动影响明显。

　　液相流速随气水比的变化曲线，如图 7.21 所示。在给定管径空间的条件下保持液相流量 1.57m³/h 不变，井筒内液相流速随气水比线性增大，证明了气相对液相空间的压缩以及对液相流速的提升作用。以 15μm 地层砂为例，在图中作出临界携砂流速线，得到该特征流速值下对应气水比约为 0.4，与实验观察到波状流气水比范围基本一致。

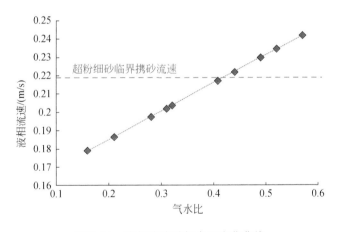

图 7.21　液相流速随气水比变化曲线

三、水平段径向入流条件下的携砂动态

　　与气液两相水平管路携砂实验类似，在给定井筒空间条件下保持径向液量不变，随着径向进入井筒的气相增加，井筒内液相空间被气相压缩，使液相流速增加，进而使存在于

　　液相之中的固体颗粒的移动更加容易。根据上述原理，通过设置水平井筒沉砂动态实验，可探究水平井段的气液两相径向流对于水平井携砂的影响。

　　水平段条件下气液两相径向流携砂动态实验局部和整体现象如图 7.22、图 7.23 所示。与气液两相管向流类似，随着气水比的提升，径向流下水平段同样可观察到泡状流、层状流、波状流、稳定气流的流型变化。当气水比为 0 ~ 0.3 时，水平段中主要为泡状流及层状流，此时井筒内气相含量较低，且基本位于井筒上部，对井筒内固相的携带并无明显影响，携砂流量对应携砂段长度与单液相径向流条件下差别并不显著；继续增大气相流量，当气水比至 1.3 区间时，井筒逐渐过渡至波状流，此时气相对液相的助流作用明显，进而对固相的携带影响明显，大部分固相颗粒的快速移动发生在此阶段；随着气相流量的继续增加，井筒最终出现稳定气流，此时固相颗粒仍存在于液相之中，井筒内液面稳定且流动缓慢。因此，气水比的上升对于携砂状态几乎无影响。

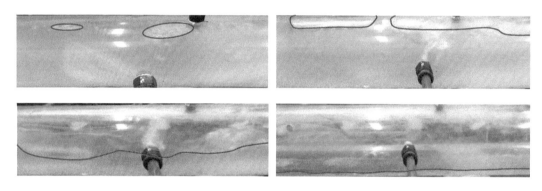

图 7.22　气液两相径向流携砂动态局部现象

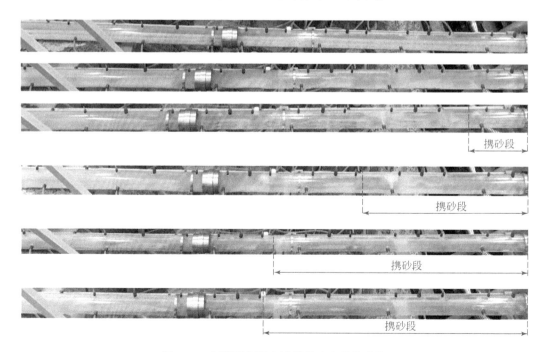

图 7.23　气液两相径向流携砂动态整体现象

分析实验现象，可以发现考虑气液两相径向流下的水平井段地层砂运动状态与单相径向流携砂动态实验和气液两相管向流携砂动态实验中有明显的异同点：气液两相径向流携砂动态实验中，地层砂的运动形态与单相径向流类似，同样分为冲断阶段和运移阶段；随着气水比的增加，井筒内同样会经历泡状流、层状流、波状流的流型变化，且波状流时携砂状态最为明显，不同的是伴随气水比的进一步增大，井筒中将会出现稳定气流，且稳定气流对于固液相的移动影响甚微。单相径向流携砂动态实验条件及所得数据如表7.4所示。

表7.4　单相径向流携砂动态实验条件及所得数据

序号	实验编号	径向液体总流量/(m³/h)	单孔液体流量/(cm³/s)	径向气体总流量/(m³/h)	单孔气体流量/(cm³/s)	气水比	携砂段长/cm
21	4-S1-D1-1	1.62	37.50	0	0	0	90
				0.45	10.5	0.28	100
				0.71	16.5	0.44	120
				1.47	34.13	0.91	160
				2.38	55.13	1.47	170
				4.65	107.63	2.87	170
22	4-S1-D1-2	1.83	42.36	0	0	0	100
				0.42	9.74	0.23	120
				0.84	19.49	0.46	130
				1.56	36.01	0.85	160
				2.43	56.34	1.33	165
				5.11	118.19	2.79	165
23	4-S2-D1-3	1.66	38.43	0	0	0	70
				0.51	11.91	0.31	80
				1.48	34.20	0.89	100
				2.69	62.25	1.62	130
				4.66	107.98	2.81	135
24	4-S2-D1-4	1.72	39.81	0	0	0	80
				0.74	17.12	0.43	85
				1.57	36.23	0.91	120
				2.27	52.56	1.32	130
				5.07	117.45	2.95	130

根据实验数据，绘制气液两相径向流气水比与携砂段长度的关系曲线如图7.24所示。

实验结果表明，气水比对于气液两相的径向流携砂动态影响明显，当气水比接近0时，井筒内呈气泡流，此时的携砂动态与单相径向流携砂类似；当气水比超过约0.3以后，气相在井筒内压缩液相空间使液相流速迅速增加，从而在相同液体流量条件下，该实

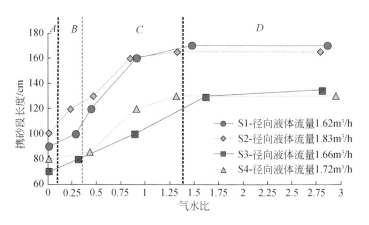

图 7.24　气液两相径向流气水比与携砂段长度的关系曲线

验中携砂段比单相径向入流条件下更长；当气水比超过 1.3 以后，气相对于液相横截面积的压缩作用减弱，从而降低液相流速，井筒内携砂段长度在此阶段几乎无变化。

第四节　水合物泥质粉砂携砂系统协调优化方法

一、携砂生产可行性分析评价

井筒携砂能力分析模型首先考虑流体黏度、流体密度、颗粒密度、颗粒粒径及阻力系数等影响因素结合理论模型、实验修正等方法得到颗粒的静水沉降速度，根据相关经验关系和实验确定动水临界悬浮（沉降）速度和动水合理携砂流速，最终得到天然气水合物开采井最低合理携砂流量并得到最低携砂产量，其具体逻辑关系如图 7.25 所示。

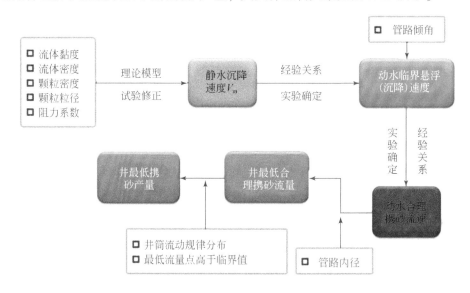

图 7.25　井筒最低携砂产量计算流程图

　　井筒的携砂能力受气水产量、流体密度、流体黏度、地层砂粒径、地层砂密度以及持液率等多方面因素影响。在生产过程中，地层压力、拟产气（液）指数及生产压力均会随开采时间的推移而变化，因此随着生产时间的延续，水合物井的产量会发生变化，进而影响井筒流体流速。而气水的举升过程会发生井筒沿程热损失引起井筒中流体温度变化（通常的变化趋势是温度下降）。由于温度的变化，井筒中流体黏度会随之降低。在两条路线的相互影响下，井筒压力、温度、流量、黏度、密度、持液率均会随时间和深度变化，从而影响井筒不同深度的携砂动态。

　　井筒携砂条件可表示为流体实际流速 V_1>携砂临界流速 V_c 或砂粒流速>0。携砂生产可行性评价指标体系包括如下两个。

　　评价指标1：携砂安全系数 R_1，即实际流速与携砂临界流速的比值 $R_1 = V_1/V_c$>1.0，表示可以携砂。

　　评价指标2：砂粒流速比 R_2，即砂粒流速 V_s 与实际流体流速 V_1 之比 $R_2 = V_s/V_1$>0，表示可以携砂。

　　通过计算不同生产条件下全井段携砂系数 R_1 和砂粒流速比 R_2，即可全方位判断携砂条件，进行总体携砂生产可行性分析。

　　给定一个生产条件，根据已知的原始地应力参数及岩石力学参数进行储层出砂预测，判断储层是否出砂以及根据现有岩心粒度分布曲线判断出砂粒径。接下来根据已有的携砂模型以及水合物井生产资料计算得到与各出砂粒径对应的携砂临界产量。同时，根据计算确定在给定生产压差下水合物井的实际产气和产水量。将携砂临界产量与实际产量相对比，若实际产量大于携砂临界产量，则在该点处，井筒可正常携砂，不会发生砂堵或沉砂现象。

二、携砂生产系统协调优化

（一）携砂生产系统协调基本原理

　　井筒携砂生产系统可分为地层供液与出砂系统、井底挡砂系统和井筒携砂系统三个子系统，如图7.26所示。

　　地层系统向井筒供液，也是储层出砂的来源。可使用出砂临界压差、出砂速度与粒径几个指标来描述其动态特征。地层供气（液）与出砂规律都与生产压差或井底流压有关。储层产气（液）量等于采气（液）指数与生产压差的乘积；当生产压差超过出砂临界压差后，使用出砂速度与出砂粒径预测方法即可预测给定生产压差下的出砂速度和出砂最大粒径。

　　对于井底有挡砂措施的情况，如独立机械筛管挡砂，如图7.27所示，挡砂介质会阻挡一部分地层砂沉积在筛管与套管的环空，未被阻挡的地层砂则通过筛管进入井筒。其逻辑关系是地层出砂速度等于环空沉砂速度与井筒产砂速度之和，三者的粒径之间也有类似的逻辑关系，具体取决于地层出砂粒径与机械筛管挡砂精度的关系。

　　井筒携砂生产系统协调的一个重要原则是通过井下筛管进入井筒的地层砂需要被地层

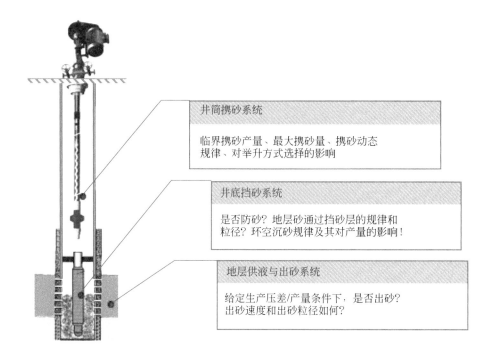

图 7.26   井筒携砂生产系统协调示意图

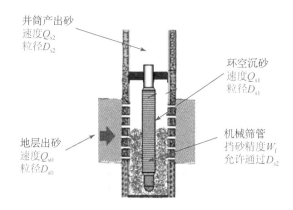

图 7.27   井底挡砂系统示意图

产出流体完全携带，否则会造成在筛管中沉砂。井筒是否能够完全携砂取决于地层砂粒径、含砂率、流体黏度以及流速（产量）。

根据上述分析，携砂生产系统的流畅运行需要上述三个子系统的系统协调。所谓系统协调，是指地层产出砂（含砂率和出砂粒径）通过防砂筛管的部分需要能够被产出流体完全携带。与此同时，地层出砂的含砂率、地层砂粒径和产液量又同时受生产压差的控制。生产压差越大，虽然产气（液）量增加，但同时地层产出砂速度和最大粒径也增加；一味地增大生产压差并不是达到系统协调的手段，而应存在一个能够达到系统协调的合理窗口。

(二) 井筒携砂生产系统设计基本内容

携砂生产系统设计的任务要点就是合理设计筛管防砂精度及生产压差, 以达到三个子系统的协调运行。图 7.28 给出了井筒携砂生产系统设计的基本内容。

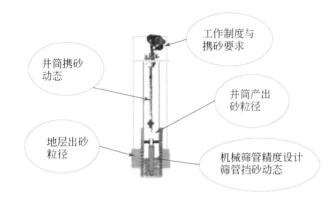

图 7.28　井筒携砂生产系统设计基本内容

(1) 地层流入动态及供液能力: 主要预测采液指数及流入动态曲线 (IPR), 建立产液量与生产压差之间的定量关系。

(2) 地层出砂规律预测: 主要预测出砂临界生产压差, 以及给定生产压差条件下的出砂速度、流体含砂浓度以及出砂最大粒径及粒径范围。

(3) 机械筛管挡砂精度设计及过砂量计算: 以系统协调为原则, 优化筛管挡砂精度; 并在已知地层出砂速度和出砂粒径情况下, 预测通过筛管的出砂速度和最大粒径。

(4) 井筒携砂临界条件预测及携砂动态分析: 根据通过筛管进入井筒的含砂率和最大粒径, 预测井筒携砂临界流速与产量; 或根据给定的产量, 分析井筒是否具备携砂条件及携砂动态。

(三) 携砂生产井举升系统匹配优化方法

携砂生产井举升系统匹配优化是指综合携砂流动实验结果及举升适应性评价, 对地层出砂、井下防砂、井筒携砂以及人工举升系统等因素进行匹配协调的综合优化研究。对携砂生产井进行举升系统匹配优化的主要方法和思路如图 7.29 所示。主要步骤如下:

(1) 根据配产和生产压差利用 IPR 曲线计算地层产量。

(2) 根据生产压差与出砂临界生产压差比较, 判断地层是否出砂, 预测出砂粒径。

(3) 井筒携砂能力评价, 确定允许携砂粒径。

(4) 进行防砂精度设计。

(5) 进行防砂工艺选择及参数设计。

(6) 进行举升参数设计。

(7) 如无法完成设计, 则调整优化配产量。首要满足井底挡砂、井筒携砂需求。

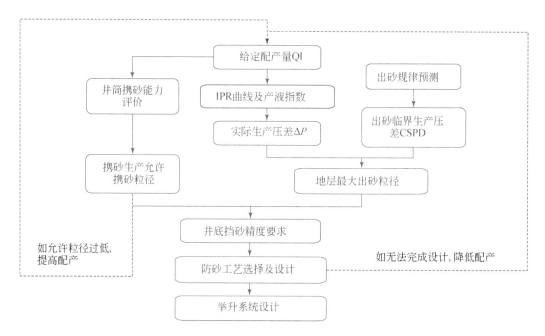

图 7.29　携砂生产井进行举升系统匹配优化的主要方法和思路

参 考 文 献

董长银, 王爱萍, 武龙, 等. 2010. 水平井及大斜度井砾石充填 α 波砂床平衡高度随机概率模型及实验研究. 实验力学, 25: 199-206.

高德利. 2020. 创建大型"井工厂", 推进我国"页岩革命". 学部通报, 249: 2-9.

李文龙, 高德利, 杨进. 2019. 海域含天然气水合物地层钻完井面临的挑战及展望. 石油钻采工艺, 41: 681-689.

李彦龙, 刘乐乐, 刘昌岭, 等. 2016. 天然气水合物开采过程中的出砂与防砂问题. 海洋地质前沿, 32: 36-43.

刘昌岭, 李彦龙, 孙建业, 等. 2017. 天然气水合物试采——从实验模拟到场地实施. 海洋地质与第四纪地质, 37: 12-26.

刘洁, 张建中, 孙运宝, 等. 2017. 南海神狐海域天然气水合物储层参数测井评价. 天然气地球科学, 1: 164-172.

宁伏龙, 吴能友, 李实, 等. 2013. 基于常规测井方法估算原位水合物储集层力学参数. 石油勘探与开发, 40: 507-512.

宁伏龙, 方翔宇, 李彦龙, 等. 2020. 天然气水合物开采储层出砂研究进展与思考. 地质科技通报, 39: 114-125.

任冠龙, 张崇, 董钊, 等. 2019. 乐东气田超浅层长水平井砾石充填技术研究与应用. 中国海上油气, 31: 141-146.

Alexander K, Bruce D, Williamson C, et al. 2019. Evolution of open-hole gravel pack methodology in a low frac-window environment: case histories and lessons learned from the Kraken Field development//SPE Annual Technical Conference and Exhibition. Calgary, Alberta, 19.

Bu Q, Hu G, Ye Y, et al. 2017. Experimental study on 2-D acoustic characteristics and hydrate distribution in sand. Geophysical Journal International, 211: 1012-1026.

Calderon A, Magalhaes J V M, Oliveira T J, et al. 2007. Designing multiple alpha waves open hole gravel pack operations//European Formation Damage Conference. Scheveningen, The Netherlands: Society of Petroleum Engineers, 6.

Chen Z. 2007. Horizontal well gravel packing: Dynamic alpha wave dune height calculation and Its impact on gravel placement job execution//SPE Annual Technical Conference and Exhibition. Anaheim, California, 10.

Chen Z, Novotny R J. 2005. The dynamic bottomhole pressure management: a necessity to gravel packing long horizontal wells with low fracture gradients//SPE Annual Technical Conference and Exhibition. Dallas, Texas, 12.

Chen Z, Novotny R J, Farias R, et al. 2004. Gravel packing deep water long horizontal wells under low fracture gradient//SPE Annual Technical Conference and Exhibition. Houston, Texas, 18.

Chong Z R, Zhao J, Chan J H R, et al. 2018. Effect of horizontal wellbore on the production behavior from marine hydrate bearing sediment. Applied Energy, 214: 117-130.

Dong L, Li Y, Liu C, et al. 2019. Mechanical properties of methane hydrate-bearing interlayered sediments. Journal of Ocean University of China, 18: 1344-1350.

Dong L, Li Y, Liao H, et al. 2020. Strength estimation for hydrate-bearing sediments based on triaxial shearing tests. Journal of Petroleum Science and Engineering, 184: 106478.

Jang J, Waite W F, Stern L A. 2020. Gas hydrate petroleum systems: what constitutes the "seal"? Interpretation, 1-68.

Jeanpert J, Banning T, Abad C, et al. 2018. Successful installation of horizontal openhole gravel-pack completions in low fracture gradient environment: A case history from deepwater west Africa//SPE International Conference and Exhibition on Formation Damage Control. Lafayette, Louisiana, 11.

Li J, Ye J, Qin X, et al. 2018. The first offshore natural gas hydrate production test in South China Sea. China Geology, 1: 5-16.

Li Y, Wan Y, Chen Q, et al. 2019a. Large borehole with multi-lateral branches: a novel solution for exploitation of clayey silt hydrate. China Geology, 2: 333-341.

Li Y, Wu N, Ning F, et al. 2019b. A sand-production control system for gas production from clayey silt hydrate reservoirs. China Geology, 2: 1-13.

Martins A L, de Magalhaes J V M, Ferreira M V D, et al. 2009. Sand control in long horizontal section wells//Offshore Technology Conference. Houston, Texas, 15.

Parlar M, Tibbles R J, Gadiyar B, et al. 2016. A new approach for selecting sand-control technique in horizontal openhole completions. SPE Drilling & Completion, 31: 4-15.

Pedroso C A, Latini C, Araujo Z, et al. 2020. First open hole gravel pack with AICD in ultra deep water//SPE International Conference and Exhibition on Formation Damage Control. Lafayette, Louisiana, 15.

Reyes R, Sipi A. 2018. Optimal sand control design & technique selection: A simplified practical guidance tool//Offshore Technology Conference Asia. Kuala Lumpur, Malaysia, 15.

Sun J, Ning F, Liu T, et al. 2019. Gas production from a silty hydrate reservoir in the South China Sea using hydraulic fracturing: A numerical simulation. Energy Science & Engineering, 7: 1106-1122.

Yamamoto K, Wang X, Tamaki M, et al. 2019. The second offshore production of methane hydrate in the Nankai

Trough and gas production behavior from a heterogeneous methane hydrate reservoir. RSC Advances, 9: 25987-26013.

Yoshihiro T, Mike D, Bill H, et al. 2014. Deepwater methane hydrate gravel packing completion results and challenges//Offshore Technology Conference. Houston, Texas.

第八章　水合物储层出砂管控体系新技术与新方法

天然气水合物开采出砂管控研究方兴未艾，但出砂现象绝不是独立于开发系统的单一工程问题，以增产—控砂—降本为目标的出砂、产气、产水一体化调控是出砂管控技术发展的必然趋势。本章将介绍部分天然气水合物开采出砂室内模拟的新方法，以及基于出砂调控理念的水合物开采新方法的概念模型，期待感兴趣的读者继续深入研究探讨。

第一节　水合物开采出砂室内模拟新方法

一、水合物储层出砂-力学参数耦合分析方法

（一）需求分析

根据历次天然气水合物试开采经验，降压法被认为是最具前景的海洋天然气水合物开采方法，但降压法开采天然气水合物必然会面临产能与出砂或地层稳定性之间的矛盾及其平衡问题：提高生产压差有助于提高产能，但过大的生产压降势必造成井筒坍塌、地层大量出砂等工程问题。因此，要实现南海泥质粉砂型天然气水合物资源的高效开采，必须攻克地层中压力的高效传递问题和出砂问题带来的双重挑战。

常规油气井实践经验表明，储层强度参数和地层应力扰动是引起地层出砂的重要因素。反过来讲，地层出砂将进一步降低储层的强度值，增加骨架有效应力，进一步加剧出砂，形成恶性循环。因此，地层出砂过程与强度参数变化规律间存在复杂的双向耦合过程。特别地，海洋天然气水合物储层本身埋深浅、胶结弱，水合物分解过程中储层本身会面临严重的出砂趋势，再加上水合物分解、气液混相渗流等复杂现象，出砂过程与强度参数之间的耦合关系更加复杂。上述耦合关系给天然气水合物开采过程中储层强度参数的动态变化规律预测带来极大挑战，也给储层出砂预测带来很大困难。虽然目前国内外学者对于含水合物沉积物强度参数与水合物分解过程的相关关系进行了大量的研究（见第二章），但对储层强度参数与储层出砂过程参数之间的关系研究尚落后于工程需要。

在含天然气水合物沉积物强度参数测试方法及测试仪器方面，国内外已经有了非常丰富的研究，如公开号 CN104215499A 的专利提供了一种可以解决含天然气水合物沉积物样品制备过程中管道堵塞问题，且能够原位实时精确控制样品中水合物饱和度的三轴力学参数测试专用反应釜，该专利公开的实验方法和装置能够对含水合物沉积物的轴向应变、体积应变、轴向偏应力参数进行测量，进而为含水合物沉积物力学参数的评估提供有效途径。但该方法无法模拟出砂过程，以及出砂过程对含天然气水合物沉积物强度参数的影响

规律。公开号 CN205786187U 和 CN106353069A 的专利分别公布了一维渗流条件下水合物储层出砂参数的监测方法及地层砂粒的微观运移监测方法，但这些方法均假设地层出砂是由于流体携带作用造成的，未考虑实际地层应力条件下储层强度参数的变化对出砂参数的影响。总之，目前对含水合物沉积物出砂过程、力学参数的独立研究尚无法解决实际工程中所面临的出砂–力学参数耦合难题。

　　为此，发明一套能够在室内实验条件下模拟含水合物沉积物出砂过程参数与其强度参数之间耦合关系的实验方法，并开展耦合关系评价实验，是揭开含水合物沉积物降压开采条件下储层强度参数演化规律和储层出砂机理的重要手段，也是实际矿场天然气水合物降压开采过程中储层出砂量、出砂粒径参数与储层抗剪强度、弹性模量等强度参数之间的耦合关系研究的前提。

（二）模拟装置

　　含水合物沉积物出砂–力学参数耦合过程模拟装置的基本流程如图 8.1 所示（专利号：ZL201710261562.5），主要包括孔压注入系统、围压控制系统、高压反应釜、恒温控制系统、三轴加压系统、出砂参数测试系统和支架，孔压注入系统、围压控制系统、高压反应釜、恒温控制系统。三轴加压系统和出砂参数测试系统均设置在支架上，孔压注入系统、围压控制系统、三轴加压系统分别与高压反应釜连接，通过恒温控制系统控制高压反应釜内的温度，出砂参数测试系统与高压反应釜的出口端连接。

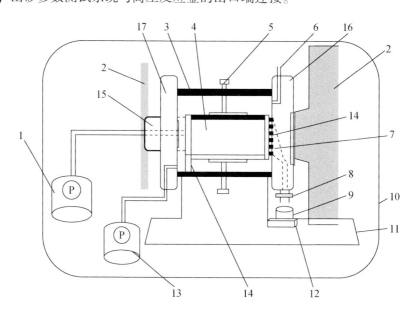

图 8.1　出砂–力学参数耦合过程模拟装置流程图

1. 孔压注入系统；2. 三轴加载仪；3. 反应釜本体；4. 含水合物沉积物试样；5. 抱紧装置；
6. 围压液出口；7. 产出砂收集腔；8. 在线激光粒度仪；9. 产出砂收集容器；10. 恒温控制系统；
11. 支架；12. 在线测量高精度电子天平；13. 围压控制系统；14. 支撑法兰；15. 三轴加压活塞
杆；16. 下法兰盖；17. 上法兰盖

其中，高压反应釜是制备含水合物沉积物样品并实现出砂、力学联合测试的主要场所，是本装置的核心，主要包括反应釜本体、盛装有水合物沉积物试样的胶桶、上法兰盖、支撑法兰、下法兰盖和三轴加压活塞杆。其中，试样胶桶和支撑法兰设置在反应釜本体内，支撑法兰可沿反应釜本体的内壁滑动，并且支撑法兰与反应釜本体的内壁之间设有供围压液流通的通道，上法兰盖和下法兰盖分别安装于反应釜本体的两端，试样胶桶的入口端与支撑法兰密封连接，试样胶桶的出口端与下法兰盖密封连接。支撑法兰与试样胶桶的接触端设有多孔导流板。

围压控制系统主要用来模拟实际水合物储层所受的地层围压，主要由反应釜本体的内壁与试样胶桶外壁之间的盛装围压液的空间，以及与该空间连通的围压液入口和围压液出口构成，该入口和出口设置在上法兰盖，通过外部的围压控制系统向试样胶桶的外侧施加围压。

孔压注入系统包括孔隙压力介质注入直管等，上法兰盖和支撑法兰上均设有与试样胶桶的内部连通的孔隙压力介质注入孔，孔内设有孔隙压力介质注入直管。通过该直管，向试样胶桶中注入高压气体。

为了实现准确收集一定渗流作用下的试样产出砂，防止试样产出的微粒在反应釜出口处及管路中的沉降，并且保证能进行正常的三轴剪切实验，试样胶桶的出口端设有产出砂粒收集腔，设置在下法兰盖内，呈倒三角式圆锥槽。下法兰盖与试样胶桶的接触端固定有高强度钛合金多孔网板，多孔网板设置在产出砂粒收集腔内。当反应釜水平放置时，反应釜本体的出口端即圆锥槽的底部出口位于最下方，保证产出砂粒能全部流出反应釜及管路。

三轴加压系统与第二章所述的高压低温三轴加载系统工作原理类似，包括三轴加压活塞杆和三轴加载仪，三轴加压活塞杆的一端穿过上法兰盖与支撑法兰接触，在支撑法兰的端面设有与三轴加压活塞杆接触的凹槽。三轴加载仪的一侧位于上法兰盖的外侧，且与三轴加压活塞杆活动连接，三轴加载仪的另一侧位于下法兰盖的外侧，且与下法兰盖固定连接。通过外部的定量加压装置，使三轴加压活塞杆向试样胶桶施加轴压。上法兰盖与孔隙压力介质注入直管、三轴加压活塞杆之间采用滑动密封连接。

高压反应釜还包括抱紧装置，反应釜本体沿其轴线方向设有抱紧装置，抱紧装置包括两个对称设置的带孔半开缸套、与带孔半开缸套固定连接的调整连杆、用于放置调整连杆的调整连杆座，调整连杆座固定在反应釜本体上，带孔半开缸套位于试样胶桶的外侧，带孔半开缸套的内径与试样胶桶的外径一致。两个带孔半开缸套抱紧后正好将试样胶桶抱紧，有效解决装样过程中松散沉积物试样无法保持规则柱状体的难题。含水合物沉积物试样合成并且给试样加载地层应力条件后，利用调整连杆向外拧动带孔半开缸套，此时试样会在水平加载条件下维持圆柱状。

出砂参数测试系统包括在线激光粒度仪和在线测量高精度电子天平，在线激光粒度仪与高压反应釜的出口端连接，在线测量高精度电子天平位于在线激光粒度仪下游，在线激光粒度仪实时监测流经其感光元件区域的流体中所含砂粒的粒径分布规律，经过固液分离的砂粒用在线测量高精度电子天平称重计量，获取试样产出砂量数据。

上述装置的主要优势和功能体现在：

（1）能够模拟含水合物沉积物所处的实际地层温度、应力条件，增强室内模拟结果的工程指导意义。

（2）能够测量不同水合物饱和度条件下沉积物出砂量对应力–应变曲线、抗剪强度、弹性模量、内聚力、内摩擦角的影响。

（3）能够测量不同含水合物饱和度条件下沉积物出砂粒径对应力–应变曲线、抗剪强度、弹性模量、内聚力、内摩擦角的影响。

（4）能够评价不同起始孔隙比的沉积物三轴力学参数对出砂粒径、出砂量的影响。

（5）能够实现含水合物沉积物出砂过程参数与三轴强度参数之间的耦合关系分析。

（三）实验原理与实验方法

含水合物沉积物出砂–力学参数耦合过程模拟装置实现水合物储层出砂与强度参数耦合关系分析的基本原理如下：

（1）反应釜和三轴加压装置配合，能够实现给含水合物沉积物施加一定预应力的作用，使沉积物所处的应力条件接近实际地层应力条件，并且温度控制系统可以使沉积物所处的温度环境接近实际地层的温度环境。

（2）用恒压泵向含水合物沉积物试样中注入恒压水流，出口端用背压阀控制背压压力，通过这种手段模拟实际降压开采水合物储层井底压力与地层原始压力之间的稳定压差，从而为模拟实际降压开采出砂过程参数–力学参数之间的耦合关系提供基础。

（3）如果维持恒压泵出口压力恒定，向含水合物沉积物试样中注入流体，则试样出口端的压力越低，含水合物沉积物内部的流体流速越快，流体对沉积物内部松散颗粒的携带运移作用越强，微粒产出粒径和产出量也会相应地增大。

（4）对于起始孔隙度一定的沉积物，含水合物饱和度越高，水合物对沉积物的胶结作用越明显，沉积物强度值越高，相同压降条件、水流流速条件下的出砂趋势也越弱；反之，含水合物饱和度越低，则含水合物沉积物强度参数越低，沉积物内部游离颗粒被水流携带产出的概率越大，因此一定压降条件、水流流速条件下试样出砂量和出砂粒径可能越大。

（5）对于含水合物饱和度一定的沉积物，在恒压泵驱替条件下，沉积物两侧的压降幅度越大，则沉积物内部流体流速越快，一定驱替时间内砂粒产出量就可能越大，产出砂粒径也可能越大；试样游离砂粒的产出导致试样孔隙度增大，并且可能削弱黏土等微小颗粒的胶结作用，导致沉积物的强度值进一步降低。

（6）改变实验条件，如恒压泵泵压、驱替时间等，测量含水合物沉积物强度参数随出砂过程参数的变化规律，探讨出砂过程对含水合物沉积物强度参数的影响规律；改变沉积物初始孔隙度和水合物饱和度，在相同恒压泵泵压、驱替时间条件下观测出砂参数的动态变化规律；结合上述两者，分析出砂过程参数–力学参数的耦合关系。

基于上述实验原理，含水合物沉积物出砂–力学参数耦合过程模拟的基本实验流程如图 8.2 所示，具体的实施步骤如下。

（1）装样：测定天然海滩砂的粒度分布规律，称取天然海滩砂，在天然海滩砂中加入蒸馏水，充分搅拌均匀并静置 24 小时；然后将湿砂样分四次装入试样胶桶，分层压实，

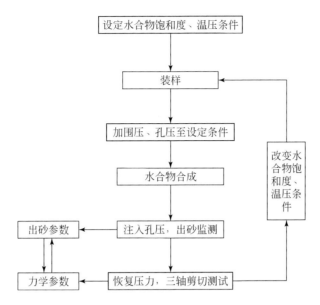

图 8.2　含水合物沉积物出砂–力学参数耦合过程模拟的基本实验流程图

在试样胶桶的入口端安装多孔导流板和支撑法兰，在试样胶桶的出口端安装多孔网板。需要指出的是：为保证力学参数测试结果的可靠性，建议专用反应釜内试样胶桶的尺寸与高压低温三轴测试反应釜内部的胶桶尺寸一致，如 Φ39.1mm×120mm。

（2）生成水合物：通过外部的围压控制系统向试样胶桶的外侧施加围压，同时通过恒温控制系统使反应釜本体降温，通过孔隙压力注入直管向反应釜本体中注入高压气体生成水合物，反应釜内部孔隙压力不再降低并长时间维持稳定后，认为水合物合成结束。

（3）模拟出砂：将孔压出口压力设定为恒定值，通过孔压注入系统向试样中注入恒压的蒸馏水，同时打开反应釜本体的出口阀门并连接在线激光粒度仪和在线测量高精度电子天平，利用在线激光粒度仪测试产出砂粒的粒径变化规律，利用在线测量高精度电子天平测试产出砂液总质量的变化规律，最后换算得到总出砂量。

当根据上述步骤计算得到的砂样产出量为设定值（如 3.0g）时，关闭反应釜本体的出入口阀门，停止流体注入，静置一定的周期（如 30min）使试样内孔隙压力恢复均匀。静置结束后，若孔隙压力没有恢复到设定的孔隙压力值（如 12MPa），打开反应釜本体的孔压入口阀门，以低排量（防止增压过程导致沉积物内部砂颗粒运移）向试样加入孔压，使试样压力恢复到设定值。

（4）进行三轴剪切：启动三轴加载系统，设定剪切速率，通过外部的三轴加载仪，使三轴加压活塞杆向试样胶桶施加轴压，开始三轴剪切实验，记录应力–应变曲线。

（5）改变步骤（1）中沉积物中的的起始含水量，重复步骤（1）~（4），验证不同的水合物饱和度条件下地层出砂参数对沉积物强度参数的影响规律。

（6）改变步骤（3）中的出砂量值，重复步骤（1）~（4），验证相同水合物饱和度条件下出砂量对试样强度参数的影响规律。

二、砾石充填层堵塞工况微观机理评价方法

(一) 需求分析

天然气水合物降压法开采过程中的出砂是不可避免的, 因此控砂介质安装是天然气水合物开采的必然需求和必须环节。在这种情况下, 天然气水合物生产井生命周期或修井周期的长短直接取决于井底控砂介质的生命周期, 因此对控砂介质安装后工作状况的模拟就显得尤为重要。

从常规油气井开采经验来看, 井底控砂介质面临的威胁可能来自腐蚀、冲蚀、堵塞、机械损坏 (包括拉、压、外挤、折断) 等。这些威胁表现在控砂介质工况上, 就集中体现为筛管控砂有效性和流通性能的改变。对于天然气水合物开采井而言, 流体组分较为简单 (纯水和天然气), 发生腐蚀失效的概率较小; 储层埋深较浅, 地应力导致筛管断裂破坏的风险也较小。因此, 天然气水合物开采井防砂介质失效的主要表现形式是冲蚀和堵塞。

总体而言, 水合物井中筛管的冲蚀工况与常规油气井中的冲蚀工况较为相似, 专利公开号 CN107843513A 公开了一种专门用于模拟天然气水合物开采井中筛管介质可能面临的冲蚀破坏规律的装置及方法。然而, 天然气水合物开采井中控砂介质的堵塞规律 (特别是在泥质粉砂型天然气水合物开采井中) 则更为复杂, 主要表现在: 高泥质 (尤其是蒙脱石) 导致筛管极易堵塞, 对控砂介质优选提出了重要挑战; 水合物在控砂介质网孔中存在二次生成风险, 可能加剧泥质堵塞。专利公开号 CN108956659A 和 CN107860569A 分别公开了基于微观 CT 和宏观压差评价砾石充填层、筛管泥质堵塞的评价方法; 专利公开号 CN108226162A 和 CN108301827A 则分别针对控砂介质中的水合物二次生成堵塞风险提出了不同的解决方案。本书第六章已详细叙述了二次水合物堵塞对连续稳定生产的不利影响及其对现场调控的启示意义。然而, 上述解决方案都旨在针对单一的泥质堵塞或水合物堵塞, 无法描述两者共生条件下的耦合或加剧堵塞过程, 也无法用可视化的手段定性、定量表征泥质、水合物双重堵塞对控砂介质工况的影响。

因此, 为了可视化观察水合物、泥质双重工况下控砂介质的堵塞规律, 提出了如下解决方案: 以目前在泥质粉砂型天然气水合物储层中应用前景较为突出的砾石充填层防砂介质为研究对象, 将砾石充填层和基于砾石充填层孔隙尺寸刻蚀形成的孔径等效可视化刻蚀模型结合, 设计专门的工作流程和实验装置, 来定量表征双重耦合堵塞机制对天然气水合物井底砾石充填层的影响, 从而使模拟工况更接近真实的天然气水合物井底工况。

(二) 实验装置

砾石充填层内部泥砂–水合物双重堵塞微观机理评价系统的主要目的是: 模拟海洋天然气水合物开采井砾石充填控砂条件下砾石层的堵塞工况, 从而对水合物开采井尤其是泥质粉砂型天然气水合物开采井的充填控砂参数设计提供依据。其基本的结构流程图如图 8.3 所示 (专利号: ZL 201910564823. X), 具体的技术细节详述如下:

系统的主体结构包括: ①供给模块, 用以提供天然气、水、泥砂; ②主体模型, 用于

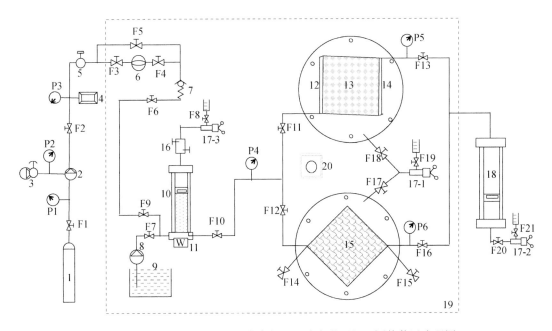

图8.3　砾石充填层中泥砂-水合物双重堵塞微观机理评价装置流程图

1. 高压气瓶；2. 气体增压泵；3. 空压机；4. 气体储存容器；5. 气体减压阀；6. 气体流量计；7. 单向阀；
8. 注入泵；9. 储水容器；10. 活塞搅拌容器；11. 磁力搅拌仪；12. 砾石充填层入口导流槽；13. 砾石充填层；
14. 砾石充填层出口导流槽；15. 有效孔径刻蚀模型；16. 活塞注入缓冲缸；17-1、17-2、17-3. 压力跟踪泵；
18. 回收罐；19. 恒温模块；20. 体视显微系统；F1～F20. 截止阀

观察砾石层孔隙中的泥砂堆积及水合物二次生成堵塞过程；③回收与背压控制模块，主要用于回收主体模型的产出物，并控制主体模型的压力；④恒温控制模块，主要用于控制供给模块、主体模型的温度；⑤微观观测模块，主要由体视显微镜及其数据处理系统构成；⑥数据处理模块，用于采集、保存堵塞过程中的压力、温度、流量、渗透率变化规律，并进行数据预处理。

上述各模块之间的连接顺序依次是：供给模块、主体模型、回收与背压控制模块。微观观测模块与数据处理模块则相对独立，微观观测模块的物镜与主体模型的可视窗对齐，数据处理模块的硬件部分主要由出入口的压力计、压差计、流量计、温度计、回压压力计等构成。上述供给模块、主体模型及数据处理模块的硬件部分都处于步进式恒温箱内，步进式恒温箱构成了本实验系统的控温模块。

主体模型包括砾石填充子模型和等效孔径刻蚀子模型两个部分。

砾石充填子模型主要由上瓣壳体、下瓣壳体、可视窗、混合流体入口、混合流体出口、砾石充填槽、围压腔体，以及位于砾石充填槽上游和下游的分流槽构成。其主要特征如下：上瓣壳体和下瓣壳体为金属耐压材质，上、下两瓣壳体"外圆内方"，通过限位螺纹连接在一起，用密封胶圈密封。上瓣壳体中央为透明方形中空结构，中空结构处安装透明耐压板，用于观察模型内部；下瓣壳体中央设计与上瓣壳体中空结构边长相同的方形槽，方形槽的深度根据金属壳体厚度决定，并满足模拟砾石层中一维流动模拟的需求。方形槽内部填装实际所用的砾石，形成实际井底充填的砾石充填层；透明耐压板为双层结构，双层结构的外层与上瓣壳体固定连接，双层结构的内层与砾石充填槽中的砾石直接接触并通过可活动的密封圈与上瓣壳体密封，内外层透明板与上瓣壳体之间形成的空间即为围压腔体，围压腔体与内部砾石层的隔离是通过安装在内层透明板上的可活动密封圈实现的，上瓣壳体设计围压注入孔，围压注入孔与外部围压跟踪泵连接。

在上述砾石充填槽的入口（即砾石层上游）处设计分流槽，分流槽为边长与方形槽边长相同、厚度与方形槽深度相同的镂空层，镂空层与砾石充填槽之间安装带孔网板，保证气液固流体均匀进入砾石层内部；砾石充填槽的出口（即砾石层下游）同样设计分流槽，保证砾石层出口端的流体均匀产出。上瓣壳体上设计流体入口，流体入口与供给模块的出口连接，从流体入口注入的气水砂混合物进入砾石层入口处的分流槽内；下瓣壳体上设计流体出口，流体出口在主体模型内部与砾石层下游分流槽连通，在主体模型外部与回收和背压控制模块连接。

与上述砾石填充子模型类似地，等效孔径刻蚀子模型同样具有上瓣壳体、下瓣壳体、可视窗、流体入口、流体出口、围压腔体等特殊结构设计，其核心是安装在子模型内部的透明刻蚀板。透明刻蚀板通过提取实际砾石堆积形成的孔隙结构，然后采用激光刻蚀形成的等效孔径刻蚀网络模型。等效孔径刻蚀子模型与砾石充填子模型的最大区别是没有砾石充填槽及其附属的上、下游分流槽。

采用等效孔径刻蚀网络模型来代替实际砾石充填层，也是本实验装置的最大创新之处，这种等效代替的基本依据是：在一定的压实条件下，砾石颗粒堆积形成特定孔隙结构的多孔介质，砾石层堵塞模拟的重点是关注泥砂及水合物在砾石层孔隙中的富集堆积过程。因此，可以应用特殊的刻蚀技术，将砾石堆积形成的孔隙按照相同的孔径分布规律转化为刻蚀网络模型（将砾石堆积形成的孔径转化为刻蚀网络模型的技术本身不是本书的讨论范围）。采用刻蚀网络模型的最大优势是：将不可见的砾石层内部孔隙结构暴露在可见视野内，便于定量化表征。

为了配合等效孔径刻蚀模型的显微镜观察，等效孔径刻蚀模型的下瓣壳体采用与上瓣金属壳体相同的"外圆内方"中空结构，同样设计围压腔体，保证气水砂混合流体不会沿刻蚀模型外表面窜流。下瓣壳体下方安装光源，刻蚀网络模型在上下瓣壳体内部的安装采用菱形结构，即流体从刻蚀模型的对角线方向注入和流出。

供给模块主要包括高压气源、气体增压泵、水箱、水泵、混合罐、磁力搅拌器、单向阀、截止阀及相应的耐压管线等。气源、气体增压泵、单向阀通过耐压管线与混合罐的入口连接；水箱、水泵通过耐压管线与混合罐的入口连接；混合罐为一个带活塞结构并设计带刻度的可视窗的罐体；磁力搅拌器安装在混合罐下方，用于搅拌混合罐内的气液固流体使其均匀混合。

回收与背压控制模块主要由回收罐和回压泵共同构成，回收罐为带活塞结构的耐压腔体，活塞压力通过回压泵控制。回收罐入口与主体模型的流体出口连接。

（三）实验方法

与砾石充填层泥砂-水合物双重堵塞微观机理评价实验装置对应的堵塞过程评价方法如图8.4所示，具体包括如下步骤：

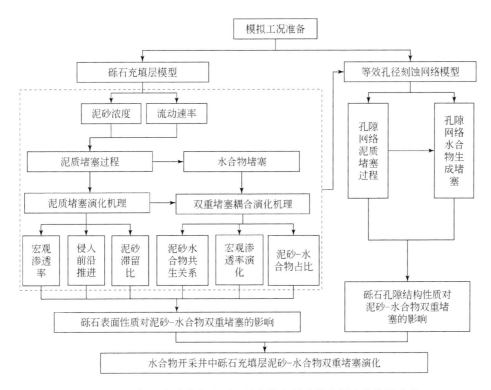

图 8.4　泥质-二次水合物在砾石层中堆积导致堵塞耦合的模拟流程

步骤一：模拟工况准备。

（1）在砾石充填子模型中填入所需的砾石层，在等效孔径刻蚀子模型中安装与充填砾石孔隙相对应的刻蚀模型。

（2）用水泵驱替清水循环，保证整个实验模型及管路中全部充满实验流体，排出空气。

（3）给主体模型施加围压，同时利用水泵给充填砾石层及等效孔径刻蚀网络模型增压，使围压腔压力始终高于充填砾石层或等效孔径刻蚀模型中的压力 0.5～1.0MPa。

（4）按照特定的体积百分比，向混合罐中装入富含泥质的沉积物，通过水泵向混合罐中注入液体，启动磁力搅拌器使液体和泥质沉积物充分混合。

（5）降温控温，使整个系统的温度控制在目标模拟温度内。

步骤二：砾石层泥质堵塞过程模拟。

（1）断开供给模块、回收与背压模块与等效孔径刻蚀子模型间的连接，调整回收罐背压压力，使其与砾石充填子模型出口、混合罐压力相等，接通供给模块、回收与背压模块与砾石充填子模型。

（2）同步调节混合罐的活塞和回收罐的活塞，使混合罐与回收罐之间保持恒定的压力差。

（3）在混合罐-回收罐压力差作用下，液固混合物通过耐压管路进入砾石充填层，此过程中部分泥质在砾石层中堆积，部分泥质与流体一起产出并进入回收罐。

（4）步骤（3）过程中，实时监测砾石充填子模型出入口的压力差随时间的变化，采用微观观测模块观察砾石层表面泥砂堆积前沿的推进规律随时间的变化。

（5）在步骤（4）中，当砾石充填模型的出入口压力差维持恒定，或者当砾石层表面的泥砂堆积前缘推进到砾石层出口端时，停止砾石层泥砂堵塞规律模拟。

（6）利用步骤（5）获得的砾石层出入口压力差，计算砾石层平均渗透率随时间的变化，评价泥质堵塞对充填砾石层流通性能的影响规律；完成上述步骤的同时，也同时完成了对泥质在砾石层中非均匀分布的混合样品的制备，为后续水合物二次生成堵塞的模拟提供基本工况条件。

步骤三：砾石层水合物二次生成堵塞过程。

（1）紧随上述步骤（6）之后，停止泥质堵塞过程模拟；关断供给模块、回收模块与砾石充填子模型之间的连接，维持砾石充填子模型的内部高压不变。

（2）更换混合罐中流体类型：将原有固液混合流体清洗，加满清水，然后向混合罐中注入甲烷气体，甲烷注入过程中推动活塞排出部分液体。持续用甲烷气体加压至混合罐中的压力等于砾石充填子模型压力，根据排出的液体体积计算混合罐中的气水比，开启磁力搅拌，达到模拟真实水合物储层气水混合产出的目的；特别地，本步骤中可以不用清洗原有的液固混合罐，而采用多设计一个与固液混合罐平行的气液混合罐，通过管路阀门调节来实现上述步骤的方法。

（3）接通供给模块、砾石充填模型及回收与背压模块，联动控制混合罐的活塞使混合罐中的压力始终维持恒定，控制回收罐中的活塞使回收罐中的压力始终恒定，通过质量流量控制器控制混合罐中的气液混合流体进入砾石充填子模型的速率，使气液混合流体匀速流过砾石充填层。

（4）与步骤（3）同步地，观察水合物在砾石层中的生成过程，特别是水合物的生成位置与泥质堵塞位置的关系；实时记录砾石层两端的压力差，当两端压力差达到极限压力差（如 4.0 MPa）时，表明砾石层已经完全被堵塞，停止实验。

步骤四：泥质堵塞-砾石堵塞耦合过程分析。

（1）改变步骤三的（3）中泥砂的浓度及混合罐-回收罐压力差，验证不同泥砂浓度、流动速率对砾石层堵塞过程的影响。

（2）步骤（1）是通过如下三种方法实现的：① 平均渗透率，记录不同的泥砂浓度或不同的混合罐-回收罐压力差条件下砾石层主体子模型两端的压力差随时间的变化规律，定量评价泥砂浓度、流速对砾石层平均渗透率的影响；② 侵入前缘推进速率，通过泥砂侵入前缘随时间的变化速率定量评价泥砂侵入导致的砾石层堵塞速率的变化；③ 泥砂滞留比，通过显微镜图像的数值分割，识别显微镜图像中泥质体积占比随时间的演化及最终泥质体积占比，从而评价泥砂侵入导致堵塞的程度。

（3）在步骤（1）、（2）后，重复步骤三，评价有泥质侵入、不同泥质侵入程度条件下的水合物二次生成堵塞规律，实现泥质堵塞、水合物二次生成堵塞规律的耦合分析。

（4）与步骤（3）同步地，在步骤（1）后，可以通过改变气液质量流量控制器的流量和混合罐的压力，并重复步骤三，实现气液流动速率对已有泥质侵入的砾石层中水合物二次生成过程的评价。

由于步骤二～步骤四能观察到砾石层表面的泥质、水合物富集堆积，在模拟真实砾石层材料表面性质方面具有优势，但是在精确反映砾石层内部孔隙的堵塞程度方面仍存在一定的不足，因此与步骤二～步骤四并行地，本实验系统提出了基于等效孔径刻蚀子模型的泥砂–水合物双重堵塞规律评价方法，主要包括以下步骤：

步骤五：等效孔隙中的泥质堵塞过程。

（1）断开供给模块、回收与背压模块与砾石充填子模型的连接，调整等效孔径刻蚀子模型出口和回收罐部分的压力，使其相等，接通供给模块、回收与背压模块与等效孔径刻蚀子模型。

（2）模拟步骤与步骤二相同，通过等效孔径刻蚀子模型的出入口压力差计算刻蚀模型平均渗透率随时间的变化，评价泥质堵塞对充填砾石层的影响规律，同时制备泥质在砾石孔隙中的非均匀分布工况，为后续水合物二次生成堵塞耦合效应模拟提供基础实验条件。

步骤六：等效孔隙中的水合物二次生成堵塞过程。

模拟与分析步骤同步骤三。

步骤七：等效孔隙中泥质–水合物双重堵塞耦合过程分析。

耦合分析的方法与步骤四相同。

必须认识到，上述步骤二～步骤四与步骤五～步骤七为并行步骤，两者并不重复，也不完全独立。由于步骤二～步骤四使用的是实际井底充填所用的砾石，因此砾石层表面性质与真实工况完全一致。因此，步骤二～步骤四的侧重点是探讨真实砾石表面状况下的砾石层泥砂–水合物双重堵塞机制。充分考虑步骤二～步骤四无法直接观察到孔隙内部泥砂–水合物堆积规律的不足，将砾石层孔隙结构提取并进行刻蚀，形成能模拟真实砾石层孔隙结构的刻蚀网络模型。将砾石层转化为孔隙网络刻蚀模型的最大优势是：可以用体视显微技术观察孔隙纵深方向的泥砂–水合物富集堆积过程，不足之处就是刻蚀模型的表面性质可能与实际砾石的表面性质存在差异。

因此，步骤二～步骤四与步骤五～步骤七各有侧重点，两者结合能较为全面地反映真实的砾石层泥砂–水合物双重堵塞机制。

三、X-CT 在水合物储层出砂探测中的应用方法

目前，常规宏观尺度的模拟手段只能对沉积物的最终产出规律（粒径、出砂量等）进行评估，无法对沉积物内部的颗粒剥落、砂粒迁移过程进行有效的评价。实际上，水合物开采过程中沉积物内部泥砂颗粒的剥落、迁移、再沉降过程与沉积物孔隙的连通性、溶解气和水量、水合物饱和度等多参数之间都存在耦合关系，需要有效的手段加以表征。

X-CT 技术的发展及其对沉积物孔隙结构表征技术的提出，对于深入理解天然气水合物沉积物的性质起了很大的推动作用。但目前 X-CT 在天然气水合物领域的应用主要以表征水合物赋存行为为主，对天然气水合物储层微观破坏形态、颗粒剥落与迁移特征的相关表述较少。本节将主要介绍作者团队提出的，基于 X-CT 技术探测含水合物沉积物中泥砂运移、泥质颗粒堵塞规律的方法，为读者进一步研究提供一定的思路借鉴。

（一）含水合物沉积物中泥砂迁移规律的模拟方法

如上所述，泥砂颗粒的迁移与天然气水合物开采过程中沉积物的孔隙连通性、溶解气

和水量、水合物饱和度等参数密切相关。因此，有必要提出一种既能够实时刻画含水合物沉积物中泥砂的移动规律，又能定量表征泥砂颗粒迁移对孔隙结构负反馈作用的装置及方法。为此，我们提出了一种基于 CT 模拟含水合物沉积物中泥砂迁移规律的装置，其基本技术方案如下：

　　实验系统主要包括射线穿透式夹持器、加压釜装置、温控模块、数据采集模块以及设置在射线穿透式高压夹持器外围的 CT 成像系统。其中射线穿透式高压夹持器和加压釜装置是本实验系统的核心，其整体结构示意图如图 8.5 所示（专利号：ZL201821006659.8）。

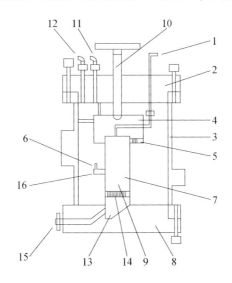

图 8.5　射线穿透式高压夹持器及接口示意图

1. 孔隙压力介质注入直管；2. 上法兰盖；3. 反应釜本体；4. 支撑法兰；
5. 多孔导流板；6. 测压管；7. 沉积物夹持胶桶；8. 下法兰盖；9. 沉积物样品；10. 活塞加压顶杆；11. 围压液出口；12. 围压液入口；13. 产出砂收集腔；14. 多孔网板；15. 孔隙压力介质出口；16. 温度传感器

　　加压釜装置包括反应釜本体、沉积物夹持胶桶、上法兰盖、支撑法兰、下法兰盖和活塞加压顶杆，沉积物夹持胶桶和支撑法兰设置在反应釜本体内，支撑法兰能够沿反应釜本体内壁滑动，且支撑法兰与反应釜本体的内壁之间设有供围压液流通的通道，上法兰盖和下法兰盖分别安装于反应釜本体的两端，沉积物夹持胶桶的两端分别与支撑法兰和下法兰盖密封连接，温控模块与射线穿透式夹持器相连，数据采集模块与 CT 成像系统相连。

　　反应釜本体采用 PEEK 材质，壁厚小于 2mm，反应釜本体的内壁与沉积物夹持胶桶之间设有盛装围压液的空间，上法兰盖上设有与围压液腔体连通的围压液入口和围压液出口，活塞加压顶杆的一端穿过上法兰盖与支撑法兰接触，支撑法兰的端面设有与活塞加压顶杆接触的凹槽，上法兰盖和支撑法兰上均设有与沉积物夹持胶桶的内部连通的孔隙压力介质注入孔。

　　支撑法兰的外边缘设有三个凸起，凸起与反应釜本体的内部接触，且凸起可沿反应釜本体的内壁滑动。支撑法兰的主要作用是支撑样品，通过支撑法兰的三角支撑模式，实现支撑法兰上、下围压液的导通，从而能使样品起始状态处于三向等应力状态。

孔隙压力介质注入孔内设有孔隙压力介质注入直管,上法兰盖与孔隙压力介质注入直管、活塞加压顶杆之间采用滑动密封连接。上法兰盖与活塞加压顶杆、上法兰盖与孔隙压力介质注入直管之间分别采用锥形密封环密封。保证活塞加压顶杆和孔隙压力介质注入直管既能活动,又能在高压条件下保持密封。

支撑法兰与沉积物夹持胶桶的接触端设有多孔导流板。通过多孔导流板,使注入流体能够均匀的进入沉积物夹持胶桶内。

下法兰盖内侧端面设有产出砂粒收集腔,产出砂粒收集腔呈倒三角形,倒三角形砂粒收集腔既能保证落入空腔的砂粒能顺利产出,又能保证下法兰盖的强度。下法兰盖与沉积物夹持胶桶的接触端固定有多孔网板,多孔网板的孔的形状为外楔形,保证从样品中驱出来的砂粒不会滞留在多孔网板内,而是进入砂粒收集腔。多孔网板设置在产出砂粒收集腔内。下法兰盖内设有孔隙压力介质出口,孔隙压力介质出口与产出砂粒收集腔连通。

温控模块的主要作用是控制水合物合成分解的温度条件,包括温度控制器及循环温控系统,其中温度控制器为恒温空气浴控制箱,所有的装置都放在该恒温空气浴控制箱内进行试验;循环控温系统与柱塞泵围压循环系统的注入管线连接,用于控制流体回路中的温度。在温度控制器及循环温控系统两者的共同作用下,实现控温精度±0.2℃。

基于上述方案实现水合物储层中泥砂颗粒迁移规律模拟,其有益效果是:

(1)主体采用PEEK材质,一方面对X射线的穿透性有最大的相容性,另一方面可最大限度地减轻设备重量,有效降低X-CT载重台的负担,有利于维持旋转精度、提高X-CT解析精度。

(2)围压液和活塞加压顶杆联合,有益于实现真实地层条件下试样所处的应力环境模拟,使模拟结果更接近工程实际。

(3)带孔半开缸套与沉积物夹持胶桶的配合,有效解决了松散沉积物装样、围压施加过程中试样形状保持困难和釜体水平放置条件下试样"站立"的技术难题。

(4)通过增加釜体内部三角支撑模式的支撑法兰,克服了试样初始状态无法达到三向等应力状态的困难,支撑法兰内侧多孔导流网板促进了流体在沉积物端面的均匀推进。

(5)下法兰盖内侧的多孔网板的外楔形孔及倒三角形的产出砂粒收集腔,有效避免了微量产出砂在釜体流通通道中的堆积,使测量出砂量更加准确并防止设备堵塞。

(6)反应釜满足水合物沉积物试样原位形成要求,能够通过控制不同的温压、起始气水条件控制沉积物中的水合物饱和度,达到实际含水合物饱和度条件下出砂动态模拟的有益效果。

(7)射线穿透式夹持器能够适应围压10MPa的工作环境,能够在-5℃至室温条件下模拟水合物的合成与分解过程并进行测量。

(8)通过温控模块恒温空气浴控制箱和循环温控系统的配合,提高温度控制精度(±0.2℃),实现精细化实验分析,采用目前已经成熟的扫描技术,保证孔隙连通性测试的准确性。

(二)水合物开采井砾石充填层堵塞模拟方法

如本章第一节所述,砾石充填是海洋天然气水合物开采井中最具前景的控砂方式。如果天然气水合物开采过程中地层泥砂被流体携带进入砾石层，泥砂颗粒在砾石充填层内部孔隙中运移、堆积，使砾石充填层的渗透率降低，最终可能导致砾石充填层堵塞，严重影响开采井的产能。特别是，在砾石充填层尺寸设计不合理的情况下，泥质粉砂储层产出的固相颗粒很容易进入砾石充填层，却无法保证其顺利排出，堵塞程度进一步恶化。另外，在不恰当的井底工作条件下，二次水合物可能在充填层中二次形成，加剧泥质堵塞。从细观尺度揭示砾石层的双重堵塞耦合机理，可为优选控砂材料、控砂施工参数提供重要的支撑。

　　本章第一节已经介绍了基于光学超景深显微技术探测砾石层堵塞的方法。本小节主要介绍一种能够与 CT 扫描技术联合使用的、用于观察天然气水合物开采过程中地层砂颗粒的运移堆积和水合物生成条件下的砾石充填层堵塞规律评价的模拟实验装置。其整体结构流程如图 8.6 所示（专利号：ZL201820854035.5），主要包括：主体反应系统、温度控制系统、供气系统、供液系统、注入系统、分离收集系统、CT 扫描系统、数据处理系统。

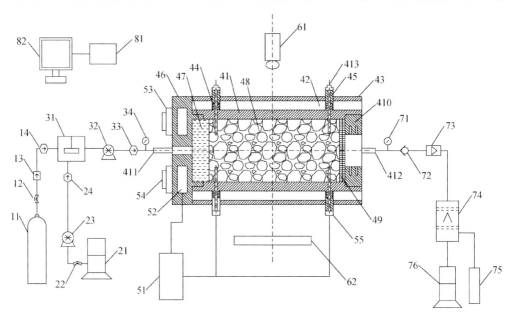

图 8.6　基于 X-CT 探测砾石充填层微观堵塞机理的装置流程图

11. 气瓶；12. 一号阀门；13. 增压泵；14. 一号流量计；21. 水箱；22. 二号阀门；23. 泵；24. 二号流量计；31. 搅拌器；32. 恒速泵；33. 三号流量计；34. 一号压力表；41. 反应腔；42. 真空层；43. 保温层；44. 内接头；45. 外接头；46. 反应釜端盖；47. 分流块；48. 砾石充填层；49. 筛网；410. 密封堵头；411. 流体入口；412. 流体出口；413. 压力传感器；51. 温度控制单元；52. 制冷机；53. 热辐射器；54. 散热风扇；55. 温度传感器；61. X 射线源；62. 探测器；71. 二号压力表；72. 单向阀；73. 集砂器；74. 气液分离器；75. 集气瓶；76. 集水箱；81. 数据处理系统；82. 计算机

　　其中，主体反应系统包括反应釜、保温层、分流块、反应釜端盖及其附属部件组成。耐压反应釜为尼龙材质，耐压 15MPa，尼龙材质与不锈钢材质相比最大的优点是有利于CT 射线的穿透，益于保证 CT 图像的清晰度；耐压反应釜内部经过打毛处理，打毛处理后有助于实验过程中注入耐压反应釜的流体在砾石层均匀推进，而不至于沿釜壁流动，因此打毛设计更有助于模拟实际的砾石充填层工况。耐压反应釜外壁安装真空保温层，保温层材质为 PEEK，与常规反应釜采用的液体保温层不同，本装置采用真空保温层有利于 CT 射线穿透；分流块为烧结滤芯，材质为石英，分流块安装在反应釜端盖内侧流体流向的上游。耐压反应釜内部流体上游（紧挨分流块）填装模拟地层泥砂，下游（紧挨耐压反应釜下游端密封堵头）填装充填砾石层，模拟地层泥砂和充填砾石层段的长度比例为 1:1。

温度控制系统主要包括温度控制单元、制冷机、热辐射器、散热风扇以及温度传感器；制冷机用以控制经流体入口的混合流体的温度以及反应釜内温度，热辐射器与制冷机相连接，并与散热风扇共同起到散热和降温的作用；温度控制单元与制冷机相连接，并与反应釜端盖上安装的温度传感器相连接，通过温度传感器测试的数据来调节制冷机，起到温度调控的作用。

供气系统出口与注入系统相连接，并与搅拌器内部相连通；供气系统包括气瓶，气瓶通过供气管道与搅拌器相连接，在供气管道上设有一号阀门、增压泵和一号流量计，通过管线接头辅助连接。

供液系统出口与注入系统相连接，并与搅拌器内部相连通；供液系统包括水箱，通过供液管线与搅拌器相连接，在供液管道上安装有二号阀门、泵和二号流量计，通过管线接头连接在管线上。

注入系统出口与测试系统相连接，并通过流体入口与反应釜内部相通；注入系统包括搅拌器，通过管线与测试系统的流体入口相连接，在管线上依次安装有恒速泵、三号流量计和一号压力表，通过管线接头安装在管线上。

CT 扫描系统主要由 X 射线源和探测器组成；X 射线源和探测器分别位于反应釜两侧，X 射线由 X 射线源产生，穿透反应釜被探测器接收，从而完成扫描。X 射线源和探测器相对位置固定并围绕反应釜旋转，并通过与其他相应的设备一起扫描反应釜内部的砾石充填层部分。

分离收集系统入口与测试系统相连接，并通过流体出口与反应釜内部相连通；分离收集系统包括二号压力表、单向阀、集砂器、气液分离器、集气瓶和集水箱，通过管线接头依次连接；测试装置安装在测试系统保温层的外壁上，并通过外接口与反应釜内部相连通，主要包括压力传感器、温度传感器及相关的数据线；数据处理系统分别连接供液系统、供气系统、注入系统以及测压装置，包括计算机和数据处理器以及相关的数据线。

在上述技术方案中，搅拌器设置有加砂口，完成搅拌后与恒速泵互相配合完成注入程序；筛网用于模拟防砂筛管上的挡砂单元，通过保护套与反应釜内壁相连接，与密封堵头相接触；集砂器还有相关的保护装置，保证从流体出口流出的携砂流体能够单向流向集砂器；数据处理器上设置有多个接口，通过数据线与流量计和压力传感器等相连接，完成数据的收集和处理工作。

与上述实验模拟系统配套的实验步骤涉及样品准备、砾石层安装、保温搅拌和流体驱替等操作与前述章节一致，不再赘述。本实验系统的核心是 X-CT 扫描涉及五相（气、水、砂、水合物、砾石）识别。为此，推荐使用核桃壳代替石英砂或陶粒作为模拟砾石层。

基于上述实验系统，通过对比不同时刻的砾石层 CT 扫描图像，可以建立细砂颗粒在砾石层中的运移堆积过程和近筛网端砂拱的形成过程，分析特定位置颗粒运移堆积的规律和砂拱变化条件；通过第一压力传感器和第二压力传感器测量数据在驱替过程中的变化，可以计算挡砂介质部分渗透率的变化，结合渗透率变化和颗粒堆积过程，可进一步分析地层砂颗粒沉积和水合物二次形成协同作用对砾石充填层的堵塞演化。

与现有相关实验装置相比，本方法的创新性主要体现在：

（1）通过 CT 扫描系统的运用，能够模拟天然气水合物开采井出砂过程中地层砂颗粒在砾石充填层中的运移过程和砾石充填层的堵塞过程。运用 CT 扫描可得到流体携带侵入的细砂颗粒迁移、堆积规律、砂桥的形成，以及砾石充填层孔隙度的变化情况，可以直观地分析砾石充填层堵塞特性。

（2）分析地层砂颗粒和水合物生成对砾石充填层堵塞过程的协同效果。模拟天然气水合物开采过程中的地层砂颗粒在砾石充填层中的运移堆积，以及在井下的温压条件下天然气水合物的生产，通过 CT 扫描图像和渗透率分析地层砂颗粒和水合物的生成是否对挡砂介质的堵塞具有协同作用或相互影响。

第二节　基于出砂调控理念的水合物开采新方法

天然气水合物开采过程中的出砂问题具有其必然性，并且出砂会带来地层物质亏空、近井地层堵塞等一系列工程、地质问题，妥善解决出砂问题是海洋天然气水合物安全高效开采的必然需求。然而，必须清醒地认识到，出砂问题绝不是孤立存在的，出砂问题与水合物开采方案的其他子系统高度耦合，属于天然气水合物开采"巨系统"中不可分离的一部分。因此，虽然前述章节都在探讨如何弄清楚出砂特征、如何实现有效控砂，但笔者一直坚信："就出砂而出砂"的思路，永远不能从根本上解决出砂问题。为此，笔者一直在探讨如何从天然气水合物开发系统的角度，找到出砂问题与开采系统的"协同方案"。本节将简要介绍笔者团队从出砂视角提出的几种水合物开采方法概念模型，希望能够引起读者的共同思考。

一、多分支孔有限控砂开采方法

1. 需求分析

我国目前已经加快研究步伐，加快对海洋天然气水合物资源的勘探开发进程。根据前期国际历次天然气水合物试开采经验，对常规砂质储层而言，降压法是最行之有效的开采方法。但降压开采势必涉及井底压力向储层深部的扩散过程，只有当井底低压传播到天然气水合物分解前缘位置，才能促进该区域的水合物进一步分解。因此，从工程的角度分析，井底压力降低幅度越大，越有利于天然气水合物的分解产出；从地质条件的角度分析，地层砂粒越粗，沉积物堆积形成的孔隙尺寸越大，越有利于压力的传导，从而越有利于天然气水合物的分解产出。但是，过大的生产压降可能诱发井筒坍塌、地层大量出砂等一系列连锁性的工程、地质难题。因此，要实现天然气水合物资源的高效开采，必须在地层压力高效传递和出砂问题中寻找到最佳的协调方案。

我国目前已经探明的海洋天然气水合物均为泥质粉砂型天然气水合物，该类储层的基本特点是：① 储层砂粒径极低（粒度中值小于 $20\mu m$），泥质含量特别是蒙脱石和高岭石含量高，部分区域泥质含量超过 40%，防砂难度极大；② 储层渗透率低，压力传导性能差，极不利于开采井的提产，单纯降压法条件下提产技术只能是进一步降低井筒压力，但过度放宽生产压差又极易导致储层失稳、严重出砂；③ 储层埋深较浅（这是所有海洋天然气水合物储层的共性），较浅的储层导致沉积物胶结强度差，天然气水合物分解以后面临的井壁失稳问题严重。以上三种特点为我国泥质粉砂型天然气水合物的开采带来了极大的挑战。

为了有效地提高泥质粉砂型天然气水合物储层的开采效率，缓解该类储层提产与出砂问题之间的矛盾，提出了"海洋粉砂质储层天然气水合物多分支孔有限防砂开采方法"（专利号：CN201611024784.7），以及配套的多分支孔钻完井一体化方法，并在此基础上开展了大量的室内模拟研究工作。本节将简要介绍多分支孔有限控砂开采的技术原理和该方法的改良方案。

2. 技术原理

海洋泥质粉砂型天然气水合物多分支孔有限防砂开采方法的基本思路是：通过大尺寸主井眼周围多分支孔和有限控砂技术的结合，实现天然气水合物的有效降压开采。其主要的技术流程如下：

（1）钻开主井眼，并采用预置孔眼的专用套管完井。

（2）穿过专用套管的预置孔眼，钻开多分支孔，其均匀分布在主井眼周围，与主井眼呈一定夹角并定向排列。

（3）在主井眼套管外围、多分支孔孔眼中充填砾石层，进行有限防砂完井作业。

（4）反洗井，投产，进入分步降压阶段。

其中，主井眼钻开方式与常规钻井方式一致，具体为：首先钻开水合物储层上部地层后固井，然后采用大尺寸钻头打开含水合物储层；主井眼穿越水合物储层，人工井底在储层底界以下，预留一定的沉砂口袋。主井眼采用套管完井方式完成，套管上根据优化结果设有一定的预留孔，每一个预留孔即为多分支孔的开口，储层底界以下套管与地层之间用水泥固井，储层段不注水泥。

为防止底水或下部地层流体进入井筒，以及降压开采过程中可能导致的下部异常压力进入井筒，建议主井眼套管底部设置为盲孔。

多分支孔可利用柔性管技术或其他小井眼径向井技术钻开，钻开多分支孔后，大排量进行管外砾石充填。砾石层为石英砂或人工陶粒、核桃壳等，挡砂精度设计按照本书第五章所述的控砂精度设计方法进行设计。

在保证充填压力小于地层破裂压力条件下，尽量提高充填密实程度。主井眼管外充填质量的评价指标有充填厚度、充填密实程度、砂砾比；多分支孔充填层充填施工质量的评价指标有充填密实程度、砂砾比、充填强度等。

在具体实施过程中，根据主井眼类型、主井眼与分支孔的配合关系，该技术涵盖的基本井身结构示意图如图 8.7 所示。可通过数值模拟、实验模拟等方法确定适合于特定水合物储层的最佳分支孔几何参数组合，其中分支孔几何参数包括分支孔相位角、分支孔倾角、分支孔密度、分支孔直径和分支孔水平位移等（图 8.8）。

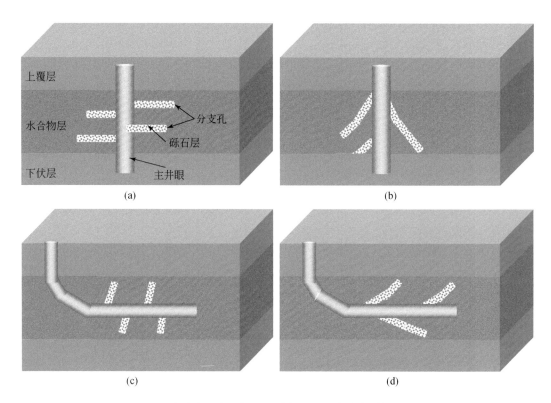

图 8.7　多分支孔有限控砂开采方法的基本井身结构示意图

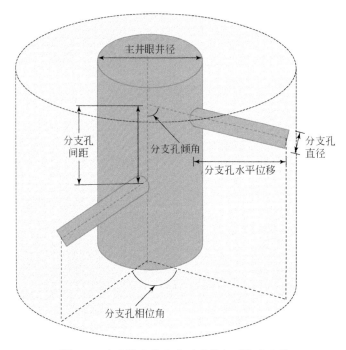

图 8.8　主井眼多分支孔开采的主要技术参数

分支孔相位角的定义类似于常规油气井射孔完井中的射孔相位角，具体是指：相邻两个分支孔轴线在水平面上的投影线之间的夹角。分支孔倾角是指多分支孔轴线与主井眼轴线之间的夹角，储层越薄，对分支孔倾角的限制越大，要求分支孔倾角也越大，分支孔倾角理论上为 0～90°。分支孔密度是指单位长度主井眼上的分支孔数量，可以用分支孔数量与分支孔间距来衡量，分支孔密度越大，越有利于增产。分支孔孔径可以用分支孔孔径与主井眼井径的比值来衡量，该比值小于 1。分支孔水平位移是指某一个分支孔轴线在平面上的投影线的长度，分支孔水平位移越大，越有利于水合物分界面的裸露，越有利于增产，但充填难度可能相应的增大。

上述技术方法实现海洋天然气水合物开采的基本原理如下：

（1）主井眼与多分支孔联合形成压力波快速传递的"双通道"，增大了短期内压力降波及范围，提高天然气水合物分解效率。

（2）主井眼和多分支孔形成的双通道分解模式极大地提高了地层天然气水合物和井壁间的接触面积，有效增大了井底水合物分解阵面。

（3）多分支孔将传统降压法开采水合物过程中井筒附近的径向流转变为双线性流，减少了井筒附近的节流效应，有利于降低井筒表皮效应，提高产能。

（4）有限控砂条件下地层多分支孔及主井眼周围地层孔隙度和渗透率均得到一定的改善，进一步促进压力在地层中的传导，扩大水合物有效分解阵面。

（5）主井眼、多分支孔、近分支孔地层有限出砂形成的产砂通道共同形成压力传导的"三通道"高速带，进一步提升降压效果。

（6）在一定产能要求条件下，多分支孔和主井眼形成的多通道水合物分解模式与单井眼常规开采方法相比，有助于缓解压降幅度，缓解地层出砂，降低井壁坍塌风险。

（7）多分支孔均匀分布在主井眼周围，主井眼采用预留分支孔套管完井，套管对主井眼周围地层有一定的支撑作用，有利于保持分支孔的完整性，能有效延长水合物降压开采时间。

（8）多分支孔内部按照管外砾石充填尺寸设计原理密实充填砾石层，对分支孔孔壁有一定的支撑作用，有效分散了主井眼中套管所承受的应力，有助于维持降压开采过程中的井壁完整性，有效延长降压开采时间。

3. 方案改进：多分支井降压加热联采

上述技术方案达到了实现产能提升和控制工程地质风险的双重目的。但是如果没有进一步的储层改造措施，其增产幅度仍然难以达到预期。如何联合井型创新和储层改造方法，在提高天然气水合物分解效率的同时，扩大产气面积，实现保总量、保持续性开采的目的。由此，提出了海洋天然气水合物多分支水平井降压加热联采方法：基于"主井眼+多分支水平井"的井型结构改进，对矿体储层采取水力割缝改造，以提高天然气水合物分解效率，并借此实现三维零散矿体连通，缓解过度压降带来的大量出砂、储层失稳，防止二次水合物堵塞形成导致的产能负反馈效应。

为实现上述设计目的，海洋天然气水合物多分支水平井降压加热联采方法，核心技术是基于"主井眼+多分支水平井+水力割缝"模式降压与辅助加热的有效联合（专利号：ZL201811501628.4）。其实现主要包括以下 6 个步骤：

（1）主井眼建井：采用常规深水钻井方式钻开主井眼水合物储层上部地层，并固井，之后使用大尺寸钻头钻进，主井眼穿越储层并在储层底界以下的井底留有沉砂口袋。

（2）钻开多分支水平井：在主井眼周围开窗侧钻，形成若干与主井眼呈一定夹角、定向分布的多分支水平井；多分支水平井、多分支水平井与主井眼的连接处，均安装套管和常规防砂筛管结构。

（3）水力喷射改造储层：在多分支水平井通过水合物储层区域，采用水力割缝方式在垂直于多分支水平井处进行360°水力喷射。

（4）有限控砂充填与储层支撑：在多分支水平井内密实充填砾石层。

（5）加热防堵塞：沿多分支水平井内部进行加热。

（6）投产阶段：投产，实施水合物降压开采。

上述改良方法的基本井身结构示意图如图8.9所示，该改良方法基于主井井身和多分支水平井及其水力割缝参数的整体优化设计，达到稳定储层、提高产能、提高动用率的效果。同时，采取"小步降压、大面产气、有限度控砂、疏导性排泥"思路，建立产能提升与地层、井筒稳定之间的平衡关系，形成一套适应于南海泥质粉砂型天然气水合物高效开采的新方法。该方法克服了水合物分布零散且无法自行流动聚集的"先天性"弱点，有效解决了南海北部天然气水合物储层渗透率极低、地层综合强度低、出砂趋势严重等引起的开发矛盾，对延长南海天然气水合物试采持续时间提供了新的技术思路。

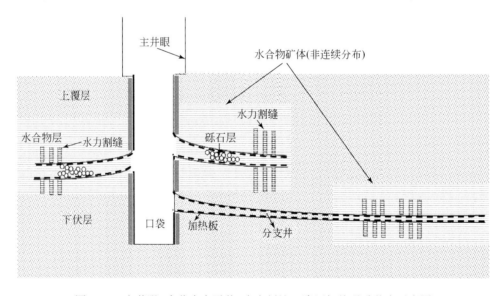

图8.9　"主井眼+多分支水平井+水力割缝"降压加热联采井身示意图

需特别指出的是，上述技术方案的实施应注意如下技术细节：

（1）主井眼的完井方式为套管完井，套管可以预置与多分支水平井对接的预留孔；储层底界以下套管与地层之间用水泥固井，储层段不注水泥；主井眼套管底部可设置为盲孔。

（2）多分支水平井与水力缝几何参数推荐采用分形理论设计，主井眼与每个多分支水平井之间桥接的机械结构以一定维数体现自相似性，整体井型形状呈树叶形结构维持平衡状态；每个分支井采用合理的狗腿度，与主井眼形成一定的定向结构，水平井在横向空间跨度建议在 300~600m。

（3）为防止水合物的二次生成，可在多分支水平井的套管内壁，通过绕丝形成的加热板以提供热量。也可加沿套管布设光纤以监测主井眼和多分支水平井中的温度分布，根据温度分布判断水合物二次生成潜在区，通过针对性的加热保证套管内气流通道流畅。

（4）多分支水平井周实施水力割缝，水力缝间隔、喷射深度因不同的储层厚度、渗透率而异。根据初步模拟，结果建议如下：在横向采用 0.5m、1m 或 2m 的间隔密度，垂向喷射孔深度范围控制在 5~15m；水力喷射力度由水力喷射器控制，采用底层海水作为水力喷射水源，保证温度与储层温度相近。

4. 对建井方案的改良

泥质粉砂型天然气水合物多分支孔有限控砂开采方法在钻完井阶段的关键难点如下：①泥质粉砂型天然气水合物储层稳定性差，分支孔稳定维持能力差，下一分支孔的钻进过程中上一次钻进形成的分支孔可能已经发生蠕变压实，井孔消失；②泥质粉砂型天然气水合物储层埋深浅、储层松软程度高，常规机械侧钻分支孔难度非常大，有必要对上述方法的建井流程做进一步优化。

为此，提出了采用一趟管柱开展泥质粉砂型天然气水合物储层多分支孔钻完井一体化施工的方法，通过连续油管、水力喷射钻井、管柱移动充填方案的结合，实现泥质粉砂型天然气水合物多分支孔开采井的钻完井作业（专利号：ZL201811486319.4）。具体的技术方案如下：

（1）采用常规深水钻井方法钻进，形成大尺寸主井眼，采用套管完井，并固井。

（2）更换连续油管钻具，安装水力喷射钻头。

（3）下入封隔器到指定的含水合物层段，采用水力喷射方式开窗侧钻。

（4）与步骤（3）同步地，水力喷射钻进过程中不断送入连续油管，直至达到设计的分支孔孔深，停止水力喷射作业。

（5）改变地面泵注程序，通过连续油管向步骤（4）形成的分支孔中循环注入特定尺寸的砾石颗粒，进行逆向充填。

（6）与步骤（5）同步地，逐步上提回收连续油管。当连续油管与水力喷射钻头从分支孔提出时，分支孔内填满砾石颗粒，实现了密实充填。

（7）解封封隔器，将封隔器上提至下一处预定层位，重复步骤（3）~（6）。

（8）起出连续油管钻具，循环洗井，冲出大尺寸主井眼中残留的砾石、泥砂和其他杂质。

（9）投产。

在上述步骤中，连续油管端部安装水力喷射头，利用泥质粉砂型天然气水合物储层易于被切割破碎的特点，进行水力喷射钻进。水力喷射钻进储层前采用水力切割手段切穿主井眼的完井套管（若套管设有预留孔，则无需此步骤）。采用水力喷射钻进代替机械钻孔，与连续油管技术配合，控制水力喷射角，达到有效控制多分支孔走向的目的，克服了常规机械钻孔钻杆弯曲困难、分支孔倾角不容易控制的难点。

为了保证井筒完整性，推荐多分支孔成孔按照"从下到上"的顺序钻孔，即钻开并完成储层下部分支孔后，解封并上提封隔器，然后钻进下一组分支孔。如果大尺寸主井眼是水平井，则所述的多分支孔成孔顺序为：水平井指端先成孔，然后依次向跟端推进。这样推荐的主要目的是：通过主井眼下部储层（或水平井主井眼指部）先成孔，上部储层（或水平井主井眼跟部）后成孔，避免了多层多方位多分支孔钻进过程中泥浆循环对已成分支孔的影响，并避免砾石颗粒及钻孔岩屑在主井眼中的沉降。

二、砾石吞吐置换开采方法

1. 需求分析

从开采方法的角度，目前天然气水合物开采方法从机理上主要包括降压开采法、注热开采法、CO_2置换开采法和注化学剂开采法等，从2002年Mallik 5L-38水合物试采到2020年中国南海天然气水合物水平井试采，上述开采方法的适应性得到了较为充分的验证。

试采实践表明，降压开采法是最具有应用前景的天然气水合物开采方法。然而，无论是我国首次海域天然气水合物试采，还是国外历次天然气水合物试采，均处于科学实验阶段，离产业化开采还有很多关键技术需要解决。降压法在开采海域天然气水合物过程中仍然面临着地层失稳、大面积出砂导致的长期开采提产难度大等关键问题。尤其是对于我国周边海域大面积存在的泥质粉砂储层而言，储层沉积物粒径小、黏土含量极高（≥30%），在天然气水合物分解产出过程中不可避免地会发生黏土及粉砂细颗粒从地层骨架上的脱落及运移产出；如果按照常规油气井开发思路，采用严格的防砂作业对地层泥砂"严防死守"，则必然造成井底挡砂介质的严重堵塞，控砂附加表皮系数的成倍增大，从而严重影响水合物生产井的产能。因此，为保证一定的试采产能，无论采取何种降压条件或地层流体抽取方案，试采过程中的泥砂产出都将是不可避免的，再加上水合物分解本身造成的地层体积亏空，泥质粉砂型水合物储层长期开采将面临大面积的地层亏空。

因此，从保证地层产能的角度而言，对地层产出砂的处理不应该单纯的强调"防"，而应该是进行合理的"出砂管理"，允许地层泥质及砂质细颗粒组分在可控条件下流入井筒生产管柱，并排出至地面（平台）井口。但必须认识到，在长期开采条件下，这种出砂管理思路将导致近井地层发生亏空，地层亏空量小则影响井筒管柱的稳定性，亏空量大则可能导致地层发生失稳垮塌，会对整个海底开采装置产生严重破坏。因此，降压法必须配合一定的物料置换，才有可能为上述问题提供有效的解决途径，即降压开采需要向储层中注入其他物质，从而解决上述问题。

CO_2置换开采方法是一种典型的回填补充型开采方法，为维持天然气水合物储层稳定性提供了思路，但该方法在置换过程中会形成CO_2水合物，降低近井地层渗透率，导致后期持续开采困难。该方法在砂质储层（如美国阿拉斯加2012年试采项目）中尚且面临严重的开采效率问题，在泥质粉砂储层中的应用效果可想而知。因此，虽然CO_2置换法能为水合物长期开采提供一定的借鉴思路，但是"以水合物换水合物"的方法，在粉砂质天然气水合物长期开采过程中是不可行的。如果能找到一种用其他高渗透物质置换水合物（同时置换近井泥质或细粉砂），则会对水合物的长期开采产生重要的影响。

如果将上述CO_2换成热蒸汽注入，则CO_2置换法就变成了通常意义上的注热法开采。

该方法虽然有助于维持地层压力，从一定程度上减缓地层失稳，但是也无法从根本上解决地层失稳问题，已经被 Mallik 2L-38 水合物试采证实其适用性非常有限。

2013 年日本首次海洋天然气水合物试采工程采用裸眼管外砾石充填防砂工艺，取得了 6 天内生产 12 万 m³ 天然气的效果，极大地鼓舞了全球海洋天然气水合物研究的信心。管外充填砾石层在生产初期起到了非常好的提高产能和防砂的双重作用，但随着试采因产砂问题被迫终止，"裸眼管外砾石充填"防砂完井工艺则被"扣上了"不适合海洋天然气水合物开采井的"冤枉帽子"：因为天然气水合物分解过程中，管外地层空间逐渐变大，砾石充填发生蠕动和亏空，导致产出流体直接冲击筛管，很快产生冲蚀破坏，导致防砂失效，天然气水合物试开采被迫终止。

综上所述，目前的天然气水合物开采方法与现场实际需求之间还存在如下关键问题亟待解决：

（1）降压法无法解决天然气水合物长期开采条件下的地层亏空问题，常规防砂作业面临着因为地层亏空造成的防砂失效的挑战。

（2）长期稳定的天然气水合物生产迫切需要对地层亏空进行及时的填充或置换。CO_2 置换法只能解决天然气水合物产出造成的亏空却无法解决由于地层泥砂产出造成的亏空，而且还会对天然气水合物的进一步生产产生不利影响。

（3）蒸汽吞吐法在常规稠油储层的开采中已经有了非常广阔的应用，但是蒸汽吞吐法吞吐的"蒸汽"只能促进水合物分解，无法填补地层物质亏空。

（4）一次性裸眼砾石充填防砂完井作业能在短期内起到良好的效果，但由于没有后续物源补给，造成防砂有效期短，不足以满足海洋天然气水合物长期开采需求。

因此，亟待提出一种新型的、能够防止地层大面积亏空的开发方法，配合目前常用的降压法，从根本上解决海域天然气水合物试采面临的地层严重出砂、地层失稳等工程地质灾害，延长天然气水合物的开采生命周期，有效推进我国的海域天然气水合物产业化进程。

2. 主要技术思路

本方法所要解决的技术问题是：目前降压法或地层流体抽取法开采粉砂质天然气水合物过程中，为了保证水合物产能，需要进行适当的出砂管理，而出砂管理必然导致长期开采过程中发生地层亏空、失稳，针对上述矛盾提出一种海洋天然气水合物砂浆置换开采方法（专利号：ZL201710941289.1）。

本方法的基本技术思路如下：

（1）打开水合物储层上覆地层，采用套管完井，并固井。

（2）打开水合物储层并进行裸眼砾石充填，安装并下入井筒管柱组合。具体的施工建议顺序为：①下入机械筛管和砾石充填工具至生产层段，生产层段顶界和底界位置处分别安装上部机械封隔器和下部机械封隔器；②下入砂浆回注管，对水合物储层的生产曾段进行首次管外砾石充填施工；砂浆回注管位于生产套管内，其入口端连接砂浆泵，出口端安装充填工具，且砂浆回注管的出口端穿过下机械封隔器；③下入生产油管及井筒注水管，生产油管和井筒注水管位于生产套管内，且生产油管的入口端安装井下气水分离装置，生产油管的入口端穿过上部机械封隔器，而气体分离装置位于上部机械封隔器的下方，井筒注水管在上部机械封隔器的上方与生产油管连通。

（3）开展降压生产，同时向井筒内注液，携砂生产。

（4）降压和携砂生产同步进行：观察井底气体分离装置的工作情况和地面产气情况，实时调整砂浆浓度，使砂浆回注管出口压力与地层流体流入井筒的压力达到准平衡状态，通过砂浆回注管向水合物储层中挤入充填砂浆。必须非常小心地实时调整注液参数和砂浆注入参数，维持生产。

上述开采方法必须结合特定的生产—注液—充填一体化管柱才能实现，主要包括：生产套管、设置在生产套管内且与生产套管轴线平行的生产油管、井筒注水管和砂浆回注管；生产油管、井筒注水管和砂浆回注管的外壁与生产套管的内壁之间形成的环空为气体流通通道。

其中，生产套管下端连接与其匹配的机械筛管，生产套管位于天然气水合物储层生产层段的上方，而机械筛管位于水合物储层的生产层段，且在机械筛管内生产层段的顶界和底界位置处分别安装有上部封隔器和下部封隔器。

生产油管的入口端安装有井下气体分离装置，且井下气体分离装置位于上部封隔器的下方，通过气体分离装置分离出的砂、液混合物通过生产油管产出，而气相通过气体流通通道产出；所述井筒注水管在上封隔器的上方与生产油管连通，用以向井筒内注入水合物抑制剂或清水，注入流体从气体分离装置上方注入生产油管，增大油管液流量，充分携带地层产出泥砂，有效防止井筒砂沉。

砂浆回注管穿越上部封隔器和下部封隔器，延伸至生产层段的底界位置处，用于将地面粒径较粗的砂粒回填至地层，砂浆回注管的入口端连接砂浆泵，其出口端安装充填工具，且充填工具位于下部封隔器的下方。

上述方法通过向天然气水合物分解、泥砂产出双重作用产生的空间注入粗粒砂浆，实现天然气水合物分解空间、地层砂产出空间与粗粒砾石的置换充填，解决由于过度防砂造成的泥质粉砂储层堵塞难题，更重要的是达到防止地层大面积亏空、维持地层稳定性的效果。

由于砂浆置换开采方案允许地层细砂颗粒流入井筒生产管柱，通过井筒注水管补水将流入井筒的地层细砂排到平台井口，因此必须在试采平台或井口安装砂浆泵，在天然气水合物降压生产井井筒设置砂浆回注管。

通过砂浆置换方法，利用出砂管理技术与砂浆回填技术的配合，克服南海天然气水合物储层高泥质含量的先天性不足，大量的地层泥质成分及细砂颗粒的顺利排出，有效疏通近井地层，改善孔渗参数，促进天然气水合物的分解效率，提高产气效率；而且，持续向地层注入砂浆回填，对上部地层起支撑作用，能维持近井地层的长期稳定性，有效延长降压开采周期及降压开采井防砂作业措施的有效期，具有广泛的应用前景。

上述砂浆置换开采方案适合于高泥质、粉砂质等不适合进行完全防砂工艺的海洋天然气水合物储层，也可应用于低泥质含量但是容易发生沉降的浅层海洋天然气水合物储层。该方法克服了浅层天然气水合物储层防砂作业"一防就死，不防就堵"的"怪象"，以及"置换法"不适合进行泥质粉砂水合物开采的"怪论"，有望解决我国海域天然气水合物开采提产难、失稳风险大的难题。

3. 改进方案一：周期性砾石吞吐置换开采

砂浆置换开采施工过程中，如果持续不断地向井筒周围挤入砾石颗粒，其注入速率调控难度将非常大。于是，我们想到了稠油油藏蒸汽吞吐开采的理念：常规稠油油藏开发过程中常用蒸汽吞吐来实现单井提产，目前已经有了非常成熟的应用，但对海洋天然气水合物储层而言，蒸汽吞吐的效率低，对储层稳定性的改善效果不容乐观。因此，从实际需求上讲，水合物开采需要"吞吐"，但"吞吐"的物质一定不是蒸汽，而是一种即有利于提产，又能填充地层亏空的物质，即砾石。由此提出了海洋天然气水合物周期性砾石吞吐置换开采方法（专利号：ZL201810940908.4）。包括以下四个步骤。

（1）钻进至目标层位，对水合物储层进行裸眼筛管完井：打开水合物储层，利用生产套管封固水合物储层上覆地层，下入机械筛管，对水合物储层进行裸眼下独立筛管完井，打人工井底；机械筛管与其上部生产套管之间预留砾石充填工具安装接口。

（2）安装并下入井筒管柱组合：下入砾石充填工具、生产油管和充填管柱，生产油管和充填管柱位于生产套管内，且充填管柱分别与生产油管和砾石充填工具连通，砾石充填工具位于水合物开采层段的顶界，且在生产油管的入口端安装有控制阀及气体分离器，砾石充填工具与生产油管的连通处安装有单向控制阀，砾石充填工具上设置充填转换阀。

（3）进行筛管外砾石循环充填——"吞"（图8.10）：砾石充填过程中，关闭砾石充填工具下侧的单向控制阀，打开砂砾充填转换阀，关闭生产油管下端的控制阀，通过充填管柱和砾石充填工具形成的通道向机械筛管外部注入砂砾，形成砂砾充填层，砂砾注入过程中携砂液透过机械筛管，由井筒环空上返至平台井口，井筒环空是由生产油管和充填管柱的外壁与生成套管的内壁形成的环空；观察砂砾注入过程中的砂浆注入泵出口压力变化，当砂砾注入压力由 P_0 逐渐增大到 P_1，停止砂砾注入，转入下一个生产阶段，所述 P_0 为砂砾注入启动压力，P_1 为砂砾注入最大允许压力。

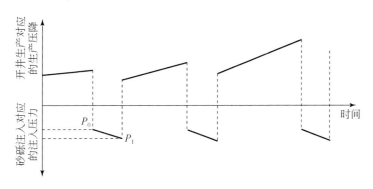

图 8.10　周期性砾石吞吐置换开采周期进度示意图

（4）不起出原管柱，调整阀门流程，开井生产——"吐"：打开砾石充填工具下侧的单向控制阀，关闭砂砾充填转换阀，打开生产油管下端的控制阀，启动举升泵抽取地层流体，开始降压生产；水合物储层产出的气、液、固三相流入井筒后，经过气体分离器的分离，液固混合物通过生产油管流至井口，气体则通过井筒环空产出；实时监测井口含砂浓度参数、井底流动压力变化情况，若出现含砂浓度突然增大或者井底流动压差的突然增大，则停止进一步降压生产，转入步骤（3）。

步骤（3）和步骤（4）根据时间节点及时切换、交替进行，使注入的砾石不断填充置换地层亏空，维持海洋天然气水合物的长效生产。由步骤（4）水合物降压生产过程转入步骤（3）砂砾注入的时间节点根据井筒出砂异常情况进行判断，或者在没有人为调压情况下井底生产压差的突变进行判断；由步骤（3）砂砾注入转步骤（4）水合物降压生产的时间节点是砂砾注入压力迅速抬升，无法继续注入。其中，井筒出砂异常的判断依据包括平稳生产条件下井底压力波动、举升泵砂磨升温和井口监测砂浓度增大。

在地层"吐"水合物分解气和泥砂的过程中，建议由充填管柱不断向生产油管内部注入水或含有水合物抑制剂的液体，保证地层产出泥砂能全部被携带至井口的同时防止水合物二次生成。

为了保证地层顺利返"吐"，步骤（3）中充填所用的砂砾粒径和筛管挡砂精度都建议采用第五章所述的"防粗疏细"控砂精度设计方法设计。

4. 改进方案二：浅层海水携砾吞吐置换开采

温度在降压法开采水合物过程中起至关重要的作用。为了解决储层天然气水合物大面积分解导致的温度降低问题，需在填充地层亏空的同时补充地层的能量损失。由此，我们提出采用间歇式温海水砾石吞吐置换开采水合物的改良方案（专利号：ZL201811514174.4）。其基本思路是：

对于I类天然气水合物藏（天然气水合物藏由上部水合物层和下部伴生游离气层构成），打一主井贯穿水合物层和游离气层，在游离气层射孔，降压开采下伏伴生游离气，通过降低游离气层的压力间接降低水合物层底界压力，使水合物分解；通过采用水合物储层钻取主井加多分支孔的方法来增大水合物的分解阵面。采用表层海水吞吐法、流体抽取降压法相结合的开采技术，使水合物逐步分解；通过间歇式向地层中注入一定粒径的砂砾，不断填补由块状水合物分解造成的地层亏空空间，维持地层稳定的同时提高近井渗透率，促进水合物的有效分解。循环往复，进行表层温海水吞吐、砾石置换相结合的水合物开采，达到安全、持续开采水合物的目的，其基本的原理示意图如图8.11所示。

三、原位再造法开采水合物的方法

1. 需求分析

狭义的海洋天然气水合物系统是指由沉积物、孔隙水、天然气水合物组成的多相多组分体系；广义的海洋天然气水合物系统除了上述组成外，还应当包括与天然气水合物底界毗邻的水合物伴生气，以及与其处于同一压力系统或与其具有相同气源特征的浅层气。天然气水合物、水合物伴生气、浅层气是海洋天然气水合物系统所蕴含的主要资源。无论是基础研究还是现场工作，在技术满足前提下，三者都应该统筹考虑，不能单纯考虑水合物层本身，因噎废食。三者的统筹考量和合并开发不仅能提高产气效率，还能防止部分地质灾害。

在众多天然气水合物勘查开发国家/地区计划的支持下，迄今已在加拿大北部麦肯齐

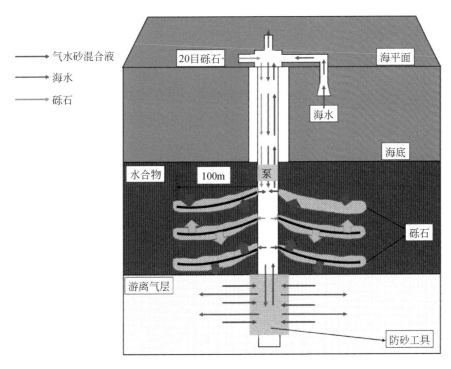

图 8.11　温海水吞吐–砾石置换降压开采方法示意图

三角洲外缘的 Mallik、阿拉斯加北部陆坡 、中国祁连山木里盆地等 3 个冻土区，以及日本东南沿海 Nankai 海槽、中国南海神狐海域等 2 个海域开展了 11 井次的试采工作，在生产装备、技术、理论等方面都取得了一系列进步。但是目前的试采都集中在天然气水合物储层本身，对伴生气和浅层气的兼顾程度不够，特别是浅层气在天然气水合物试采中未曾被考虑作为可开发利用的资源。

文献调研结果显示，浅层气大部分为生物成因气，有机质经过分解后在原位产生大量的烷烃类气体，并在未成岩地层中聚集；然而，由于浅层气所处的浅软地层建井难度大、浅层气本身聚集程度远不及生储盖系统完善的深层油气，开发成本非常高。因此，在深水常规天然气开发过程中通常将浅层气定义为浅层地质灾害，其主要危害表现为：浅层气在钻井过程中快速逸出，导致井筒泥浆密度改变，危及后续压井作业；极端情况下，浅层气不断进入海水，导致海水密度降低，引起半潜式平台的倾覆，可能诱发重大安全事故。

浅层气在常规状态下分散性强，单位体积地层中的丰度极低，没有进一步促进其富化聚集的盖层，因此难以形成规模性气藏。然而，考虑到其极为广泛的赋存特征，尽管目前没有统一的针对浅层气资源量的评价结果公布，但不排除未来常规油气枯竭后浅层气作为一种补充型化石能源（类似于目前天然气水合物所扮演的角色）登上历史的舞台。因此，随着科学技术的不断进步和人类对化石能源“低碳化”需求的不断攀升，浅层气从深水地质灾害逐渐转变为能够为人类利用的非常规化石能源，是完全有可能的。而将浅层气与天然气水合物资源统筹考虑，则可能是未来深海能源发展的大趋势。

相比于浅层气或水合物伴生气，深海天然气水合物具有能源密度高的特点，且经过近

20 年的发展,其开发技术的成熟度远大于浅层气。目前全球已知天然气水合物量的 90% 以上赋存于深水泥质沉积物中,其丰度低、离散性强,储层渗透率极低,很难用常规油气开采的方式实现这类型水合物的大规模商业化开采。因此,这类水合物藏中富集的天然气与浅层气有共性。其开发方式也应有一定的共性特征。特别是对于 I 类天然气水合物储层而言,与水合物底界毗邻的伴生气是天然气水合物系统的重要组成部分,也属于深水浅层低丰度非常规天然气的一部分。

总之,泥质粉砂型天然气水合物、水合物伴生气、浅层气在深水沉积物中的富集丰度极低,赋存储层渗透性差且为未成岩地层,采用常规深水石油天然气开发理论为核心的开采模式,很难实现其大规模的开发利用,主要表现在:如果采用常规深水油气开采模式,使用大型平台抽采,不仅面临的复杂工程地质风险难以控制,其储层超低渗特征也使得开采成本的降低难度极大。

目前,为了提高天然气水合物产能,提出了很多增产概念模型。但实际上,无论采取何种增产措施,天然气水合物的分解速率一定存在其极限值,即地层中的水合物不可能瞬间发生分解。因此,在基于深水石油天然气开发技术改良方案开发天然气水合物的大背景下,天然气水合物开发井的产能一定存在"天花板",不可能按照人为意志无限增大。如果没有颠覆性的、有别于常规深水油气开采的新方法出现,现行产能需求与经济性指标之间的鸿沟将极难弥合。其主要原因是:当前开采条件下,只要开采水合物,大型深水平台(开发平台)就必须长期服役,仅平台日费一项的每天成本都在几百万人民币级别,即使通过水平井、多分支井等技术的改良实现产能的量级突破,也将有很大一部分被平台日费等附属费用抵充。

综上所述:①天然气水合物开采效率低是由天然气水合物本身的分解动力学特征决定的,无论使用何种技术手段加速其分解,其分解速率一定是存在极限值,不可能发生瞬间大面积的分解,因此单井控制条件下的水合物产气速率存在极限门槛;②能否产业化不仅取决于产能能否增加,更取决于开采成本能否降低,在天然气水合物分解速率天花板效应制约下,与其投入巨额的人力物力提高天然气水合物单井产能,不如变平台长期服役式开采为集约型开采;③天然气水合物具备的非连续成藏特征决定了其无法形成连续的、成规模的矿体,单一零散矿体的天然气储量不足以支撑海底输气管道的建设,因此无法直接将天然气水合物产出气输送到产水管道中;④浅层气聚集丰度低,但储量大,与天然气水合物储层压力体系一致或相近,具有与水合物、水合物伴生气合采的潜力。

为此,亟待提出一种集约型、去平台化的、"慢慢来"的低成本开发方案,解决由于水合物分解效率引起的产能低和平台长期服役导致的"耗不起"之间的矛盾,将浅层气"变废为宝",实现海洋浅层低丰度非常规天然气资源的一体化开发。

2. 技术原理

针对现有水合物开采技术为综合考虑浅层气贡献的不足,以及目前开采泥质粉砂型天然气水合物面临的困境,提出一种原位再造法开发深水浅层低丰度非常规天然气的系统及方法(专利号:ZL20201111534.0),通过原位转化、抽吸富化深水浅层低丰度非常规天然气,诱导低丰度浅层气富集并形成高丰度的水合物矿藏,从而实现深水浅层低丰度非常规天然气的低成本开发,并最终促进浅层气、水合物伴生气、水合物的规模化开采。

　　必须强调的是，这里所定义的深水浅层低丰度非常规天然气包括弥散分布的水合物、水合物伴生气以及处于相近压力系统的浅层气。原位再造法开发这类非常规天然气资源的系统应包含诱导二次成矿系统、输导系统和采集系统等三部分，其基本的结构如示意图8.12所示。

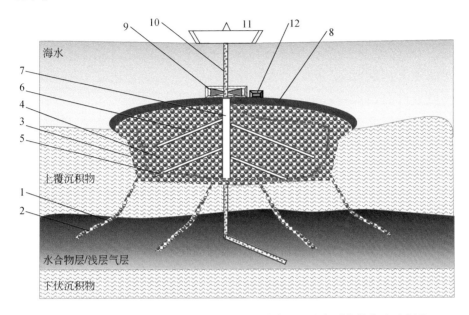

图 8.12　原位再造法开发深水浅层低丰度非常规天然气系统的方法示意图

1. 联通井；2. 砾石颗粒；3. 人工基坑；4. 砂砾；5. 测试传感器；6. 多分支井孔；7. 主井眼；
8. 穿顶盖层；9. 采气树；10. 采气管路；11. 开采平台；12. 数据采集器

　　诱导二次成矿系统用以聚集富化深水浅层低丰度的非常规天然气，形成高丰度的人工天然气水合物藏。诱导二次成矿系统包括人工基坑和覆盖于人工基坑上部的穿顶盖层，人工基坑内填埋砂砾，并在砂砾内部布设用以测试水合物合成和开采过程中水合物动态演化特征的测试传感器。穿顶盖层采用非渗透性材料或渗透性超低的泥质材料制成，覆盖在砂砾的上部并压实，以实现人工基坑内环境与海水的隔绝。测试传感器可能包括温度传感器、压力传感器、电阻率测量传感器、以及声波测量传感器，人工基坑内同一深度水平面内和不同深度垂直面内安装不同类型的测试传感器，所有测试传感器均与数据采集器相连。

　　输导系统用以将深水浅层低丰度非常规天然气所处地层中的低丰度天然气输导至成矿系统，为成矿系统提供合成天然气水合物藏所需的气源，包括连接人工基坑和深水浅层低丰度非常规天然气所处地层的定向联通井，定向联通井内部填充砾石颗粒。

　　采集系统用以对成矿系统中富化深水浅层低丰度非常规天然气形成的天然气水合物藏进行开采，包括固定部件和可拆除部件。固定部件包括布设在人工基坑中的多分支开采井，多分支开采井包括主井眼和分支井，若干分支井呈散射状沿主井眼周向设置，主井眼的井口处安装采气树；可拆除部件包括数据采集器、水合物采气管路和开采平台，数据采集器与测试传感器相连，水合物采气管路连接开采平台与采气树。

在上述技术原理的基础上，原位再造法开采低丰度浅层非常规天然气的方法如下：

（1）优选水合物诱导成矿区位置，并在满足天然气水合物合成条件区域构筑人工基坑；水合物诱导成矿区位置选取过程中，首先确定深水浅层低丰度非常规天然气的分布范围、并测定深水浅层低丰度非常规天然气赋存区及邻区海底浅地层温度和压力，以使人工基坑内的静水压力、温度处于天然气水合物的相平衡条件以内。

为保证人工基坑内形成人工天然气水合物藏的过程中不发生任何侧向气体扩散，所述上述步骤中，若所选取的人工基坑所在地层的外围沉积物渗透率高于深水浅层低丰度非常规天然气所处地层的渗透率，则在人工基坑外沿采用水泥固井方式对其进行浇筑。进一步地，砂砾填埋在人工基坑内部形成多孔介质，砂砾为均匀砂颗粒，其不均匀系数建议小于5，分选系数建议小于1；砂砾采用密度大于海水密度的人工陶粒、玻璃珠或天然石英砂。

（2）钻设数口定向联通井，并在每口定向联通井内充填砾石颗粒，通过定向连通井形成连接浅层气所处地层和人工基坑的连通通道；所钻设的定向联通井在深水浅层低丰度非常规天然气上覆地层中采用套管完井、水泥固井，在深水浅层低丰度非常规天然气所处地层中为裸眼。

（3）在人工基坑内布设水合物采集系统，并填埋砂砾，水合物采集系统包括多分支开采井及测试传感器；多分支开采井包括主井眼和分支井，分支井由控砂机械筛管构成，控砂机械筛管的挡砂精度不小于砂砾的粒度中值的 $1/3$ 且不大于砂砾粒度中值的 $2/3$。

（4）在人工基坑顶部设置穿顶盖层，安装采气树和数据采集器，穿顶盖层实现人工基坑内环境与海水的隔绝。

（5）进入成藏等待期，成藏等待过程中，深水浅层低丰度非常规天然气所处地层中的天然气缓慢上升，通过定向连通井进入人工基坑内，并在人工基坑内富集形成天然气水合物藏。

（6）与步骤（5）同步地，测试传感器定期记录水合物成藏数据。当人工基坑中天然气水合物藏的水合物丰度达到开采要求后，开采水合物。

（7）当水合物产气速率降低到设定产能下限后，停止开采，进入下一个成藏等待期，从而实现低丰度天然气资源的持续开发。

与现有技术相比，本方案的优点和积极效果在于：

（1）本方案通过成矿系统，输导系统和采集系统的配合，有效克服深水浅层低丰度非常规天然气丰度低、聚集程度弱的缺点，通过原位富化，诱导形成高丰度的天然气水合物藏，有效提高浅层气开发利用效率。

（2）本方案属于一次投入、多次开发的技术，成矿系统、输导系统和采集系统一旦建好，后续维护投资小，有助于降低成本。

（3）人工水合物成藏等待期无需水合物开采平台就位，仅在开采时就位，有效减少海工装备现场作业时长，大幅降低成本。

（4）人工基坑中填埋的砂砾与机械筛管挡砂精度配合，避免了常规水合物开采过程中的出砂问题，并且填埋后的砾石孔隙空间远大于常规水合物藏，有利于水合物成藏和水合物开采过程。

（5）克服目前泥质粉砂型天然气水合物储层渗透率差、开采效率低的弱点，采用人工制造高饱和度水合物藏，实现泥质粉砂水合物储层的可持续开发。

3. 备选方案

上述原位再造法方案的缺点是：基坑一次性投入以后，只能在一个固定地点施工，灵活性较差。为此，本小节提出满足灵活性需求的备选方案，方案涉及的开采系统主体包括海底承台模块、海底低温储罐模块和定向联通井模块，整体开采系统结构示意图如图8.13所示。

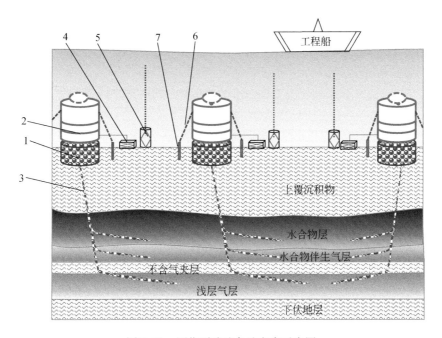

图8.13　原位再造法备选方案示意图

1. 海底承台模块；2. 海底低温储罐模块；3. 定向联通井模块；4. 泵输系统；5. 温差发电机；6. 锚链；7. 锁定桩基

海底承台模块（图8.14）设置在海底基坑内，其顶面高出于海底泥面，作为海底低温储罐模块的地基。海底承台模块上设置连通定向联通井模块和海底低温储罐模块的连通通道。海底承台模块包括承台导墙、吸力桩、支撑槽钢和人工井口；承台导墙用以在浇筑海底承台模块主体的过程中提供支撑，若干个吸力桩沿海底承台模块的底部周向均匀设置，以压入海底基坑底部的沉积物中，用于稳定海底承台模块整体；支撑槽钢设置在海底承台模块的顶部，支撑槽钢的上方设置防震垫，井口设置在海底承台模块中央并贯穿海底承台模块，井口即为连通定向连通井和海底低温储罐模块的连通通道，井口处设置有井口闸板。

海底承台模块建造过程中，为了强化海底承台模块整体稳定性和牢固性，各吸力桩之间采用吸力桩加强筋互连，且在海底承台模块内部安装与承台导墙同心圆结构的承台强化筋，承台强化筋与吸力桩加强筋共同维持海底承台的整体结构牢固性。

海底低温储罐模块（图8.15）安装在海底承台模块上，与海底承台模块密封连接且可拆卸；所述海底低温储罐模块主体为耐压腔体，耐压腔体包括内胆和外壁隔热层，它们之间形成环温夹层；海底低温储罐模块下端面设置与连通通道对接的人工井口对接件，其

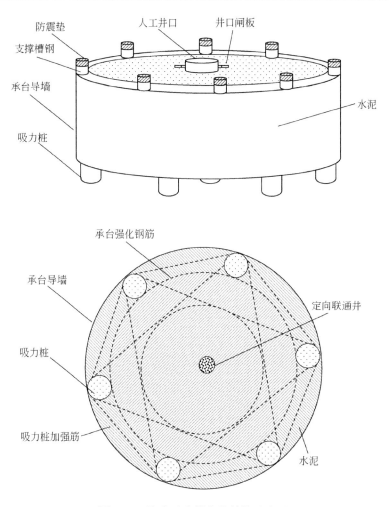

图 8.14　海底承台模块的结构示意图

上端面设置起吊环、排空组件和数据采集器；在海底低温储罐模块内部空间不同位置处安装若干温压探头组，且在其内侧壁上还可以安装声波探头或电阻率层析成像探头，温压探头组、声波探头或电阻率层析成像探头均与数据采集器相连，海底低温储罐模块符合水合物合成要求，用于合成水合物，通过对海底低温储罐模块的回收与重复利用实现水合物系统的持续开发。

其中，人工井口对接件与井口对接，海底低温储罐模块的上端面设置与支撑槽钢匹配的对接套筒，井口对接件上设置有对接件闸板，且海底低温储罐模块的下端面和海底承台模块的上端面具有间距，能够允许海底机器人机械手安装和拆除井口与井口对接件的密封装置。

隔热外壳上分别设置液氮入口和液氮出口，液氮出口处安装有单向阀，在海底低温储罐模块整体上提离开海底至工程船的过程中，向环温夹层循环注入液氮，给海底低温储罐模块内部的水合物冷却，防止在海底低温储罐模块上提过程中内部的水合物过快分解。海底低温储罐模块上还设置有负载压块，海底低温储罐模块回收过程中抛载负载压块，方便回收低温储罐模块。

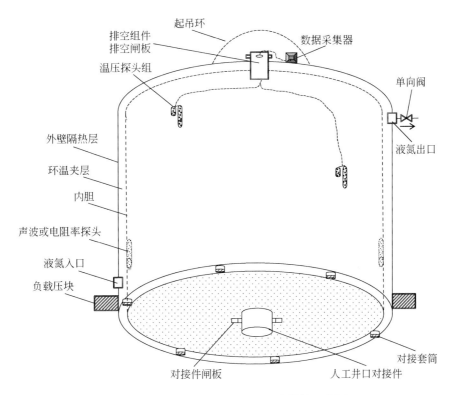

图 8.15　海底低温储罐模块的基本结构示意图

定向联通井模块一端延伸至低丰度天然气储层，另一端与海底低温储罐模块连通，用以将海底地层中的低丰度天然气疏导至海底低温储罐模块内，提供海底低温储罐模块内生成水合物所需的气源条件。

为了配合上述主要模块，开采系统还可能包括若干辅助模块，包括但不限于供电系统、泵输系统、锚定系统、工程船和海底机器人；供电系统用以为装置提供电源；泵输系统用以在安装海底低温储罐模块后，抽空其内部及定向连通井模块内部的水，使多气层和海底低温储罐模块内部建立压力差，促进多气层中的天然气流入海底低温储罐模块；锚定系统用以实现对海底低温储罐模块的固定；工程船用以实现对海底低温储罐模块安装与回收；海底机器人用以实现对海底低温储罐模块的辅助安装，辅助解除和安装锚定系统及解除和安装海底低温储罐模块与海底承台模块之间的连接。

上述技术装备的安装与开采步骤简述如下：

（1）安装海底承台模块：挖掘海底基坑，安装承台导墙，置入吸力桩，对承台导墙进行浇筑并设置中心井眼，中心井眼的设置方式包括两种：①在海底承台模块的中心预留井眼，提前在海底承台模块的中心设置大尺寸套管，定向联通井模块钻井所需的定向器等装置也可以提前预设安装在预留井眼内部；②将海底承台模块浇注为实心结构，候凝结束后钻定向联通井模块的操作时钻开中心井眼。

（2）定向联通井建井：以海底承台模块中心位置为井口坐标，钻设人工井眼，然后以海底承台模块作为定向联通井钻井的转向依托，钻定向井至气源层；根据气源层地层砂粒度分布特征, 优选砾石尺寸并向定向联通井中充填砾石, 充填过程为逆向回填过程, 即充填过程始于定向联通井的指端, 边充填边回收连续油管, 直至全部定向联通井井眼完全被砾石填充; 在海底承台模块上端面井眼上安装人工井口和井口闸板, 关闭井口闸板等待后续的海底低温储罐模块安装。

钻井过程至少为两开钻井, 一开钻井钻至气源层顶界, 不打开储层, 然后用套管完井、水泥固井完成一开井段; 固井完成后二开钻进, 打开气源层, 形成贯穿多气层的定向裸眼井壁。

(3) 安装海底低温储罐模块及辅助模块: 完成海底低温储罐模块与海底承台模块的对接安装, 使海底低温储罐模块平稳坐落在海底承台模块上, 落座后驱动海底机器人关闭排空闸板和对接件闸板; 安装锚定系统, 使海底低温储罐保持稳定姿态; 然后以此在海底承台附近区域分别安装温差发电机、海底泵组, 安装完毕后测试是否正常。

(4) 抽采与等待富集: 打开对接件闸板和井口闸板, 排出海底低温储罐模块中的海水, 抽取海底低温储罐模块和定向联通井模块中的流体, 当观察到海底泵组抽出的物质含有天然气时, 停止抽取; 此后, 天然气进入海底低温储罐模块, 逐步生成水合物, 定期回收数据采集器中的数据, 根据采集数据判断海底低温储罐内的水合物形成情况, 低温储罐系统完全充满水合物后进行回收。

回收低温储罐模块的过程除了常规的抛载压块、解除锚链、解除与海底承台连接等常规操作以外, 在回收过程必须首先向环温腔中注入液氮, 使海底低温储罐在上提回收的全过程中维持低温状态, 防止水合物在上提过程中分解过快。同时, 上提过程中打开位于海底低温储罐下部的对接件闸板, 使上提过程中分解的部分水合物气体释放, 防止内压过高。

(5) 重复步骤 (3)~(4), 实现海洋浅层低丰度非常规天然气资源的持续开发。

与现有技术相比, 本技术的优点和积极效果在于:

(1) 工程船或平台无需长期服役, 只需要在海底承台建造、海底低温储罐模块投放和回收阶段服役, 因此能够大幅降低作业成本。

(2) 充分利用水合物开采产气过程中容易诱发水合物二次生成的特点, 排空海底低温储罐模块中原有的海水, 诱导部分水合物分解水进入海底低温储罐模块内, 使其在低温储罐内形成水合物, 增加天然气储存效率。

(3) 海底承台模块安装后, 不仅能够起到支撑和稳定海底低温储罐模块的作用, 其本身也可以起到深水浅层钻井吸力锚的作用, 有助于定向联通井的建井。

(4) 既能够实现低丰度非常规天然气的多气合采, 也可以实现非连续分布的水合物矿体的低成本单独开采, 替代了海底输气管路的铺设, 进一步降低了开发成本。

(5) 海底低温储罐能够根据实际条件转移, 灵活性强。